云计算·大数据·人工智能

Big Data Practice

实战大数据
（Hadoop+Spark+Flink）

从平台构建到交互式数据分析
（离线/实时）

杨俊 / 编著

机械工业出版社
CHINA MACHINE PRESS

本书详细介绍了大数据工程师在实际工作中应该熟练掌握的大数据技术。全书共 8 章，分别是大数据技术概述、搭建 IDEA 开发环境及 Linux 虚拟机、基于 Hadoop 构建大数据平台、基于 HBase 和 Kafka 构建海量数据存储与交换系统、用户行为离线分析——构建日志采集和分析平台、基于 Spark 的用户行为实时分析、基于 Flink 的用户行为实时分析、用户行为数据可视化。本书以一个完整的大数据项目为主线，涵盖 Hadoop、Spark、Flink 等主流大数据技术，按照大数据工程师的项目开发流程，理论与实践结合，逐步推进，使读者在学习大数据核心技术的同时，也能掌握开发大数据项目的完整流程，从而获得大数据项目开发经验。

本书既可以作为大数据工程师的必备开发手册，也可以作为高校大数据及相关专业的教材或实验手册。

图书在版编目（CIP）数据

实战大数据：Hadoop+Spark+Flink：从平台构建到交互式数据分析：离线 / 实时 / 杨俊编著. —北京：机械工业出版社，2021.5（2024.5 重印）
ISBN 978-7-111-67966-0

Ⅰ. ①实⋯　Ⅱ. ①杨⋯　Ⅲ. ①数据处理软件　Ⅳ.①TP274

中国版本图书馆 CIP 数据核字（2021）第 061593 号

机械工业出版社（北京市百万庄大街 22 号　邮政编码　100037）
策划编辑：王　斌　　责任编辑：王　斌　李培培
责任校对：张艳霞　　责任印制：常天培
北京机工印刷厂有限公司印刷

2024 年 5 月第 1 版第 7 次印刷
184mm×240mm · 15.25 印张 · 376 千字
标准书号：ISBN 978-7-111-67966-0
定价：99.00 元

电话服务　　　　　　　　　　　网络服务
客服电话：010-88361066　　　　机　工　官　网：www.cmpbook.com
　　　　　010-88379833　　　　机　工　官　博：weibo.com/cmp1952
　　　　　010-68326294　　　　金　书　网：www.golden-book.com
封底无防伪标均为盗版　　　机工教育服务网：www.cmpedu.com

前言

大数据技术已经被应用到各行各业，涉及人们生活的方方面面。大数据技术大大提高了数据存储和计算能力，从而为企业快速决策提供了数据支撑，能够助力企业改进业务流程、控制成本、提高产品质量，应用大数据技术为企业核心竞争力的提升打下了坚实的基础。

大数据技术在企业项目开发中主要涉及数据采集、数据存储和数据计算三个方面：数据采集是利用采集技术将各种数据源、不同格式的数据快速采集到大数据平台。数据存储是将采集过来的数据，按照不同应用场景，使用不同技术进行存储，为数据计算做准备。数据计算可以根据数据的时效性，对存储的数据进行离线计算和实时计算，最终的计算结果可以为企业决策提供数据支撑。数据采集、数据存储和数据计算这三个方面是大数据工程师的必备技能。

本书的主要特色是以一个完整的大数据项目为主线，涵盖 Hadoop、Spark、Flink 等主流大数据技术，按照大数据工程师的项目开发流程，理论与实践结合，逐步推进，使读者在学习大数据核心技术的同时，也能掌握开发大数据项目的完整流程，从而获得大数据项目开发经验。

本书共有 8 章。

第 1 章是大数据技术概述，主要讲解了什么是大数据、大数据平台架构、大数据工程师的技能树以及大数据项目的需求分析与设计，让读者对整个大数据平台架构以及需要掌握的大数据技能有一个整体的了解。

第 2 章主要讲解了如何搭建 IDEA 开发环境和 Linux 虚拟机，为大数据项目的开发打好环境基础。

第 3 章是基于 Hadoop 构建大数据平台，介绍了 Zookeeper 基础理论及分布式集群构建、HDFS 基础理论及分布式集群的构建、YARN 基础理论及分布式集群的构建以及 MapReduce 分布式计算框架，让读者掌握 Hadoop 集群构建的同时也能了解 Hadoop 集群运行的原理。

第 4 章详细讲解了 HBase 分布式数据库技术和 Kafka 分布式消息队列技术，基于 HBase 和 Kafka 可以构建海量数据存储和交换系统。

第 5 章是用户行为离线分析，介绍了 Flume 采集技术和 Hive 离线分析技术，并基于 Flume、Kafka、HBase、Hive 等大数据技术构建了日志采集和分析平台。

第 6 章是基于 Spark 的用户行为实时分析，主要讲解了 Spark 的核心、Spark 集群的构建、Spark Streaming 实时计算、Spark SQL 离线分析以及 Structured Streaming 实时计算，并基于 Spark Streaming 和 Structured Streaming 完成了新闻项目的实时分析，基于 Spark SQL 完成了新闻项目的离线分析。

第 7 章是基于 Flink 的用户行为实时分析，主要讲解了 Flink 集群的构建、Flink DataStream 实时计算以及 Flink DataSet 离线计算，并基于 Flink DataStream 完成了新闻项目的实时分析，基于 Flink DataSet 完成了新闻项目的离线分析。

第 8 章是用户行为数据可视化，介绍了 Java Web 技术，然后基于 Java Web 技术完成了前台与后台的开发，实现了对用户行为数据的可视化。

本书内容非常丰富，既可以作为大数据工程师的必备开发手册，也可以作为高校大数据及相关专业的教材或实验手册。

尤其要说明的是，本书还提供了近30GB的学习配套资料，除了包含学习本书内容所需的安装包、配置文件、数据集外，更依照本书章节配置了对应的整套扩展学习视频，可以供读者更为系统全面地学习大数据技术。扩展学习视频一共包含31个课程，与本书章节对应关系如下。

第1章：扩展视频01   第5章：扩展视频13～20

第2章：扩展视频02   第6章：扩展视频21～29

第3章：扩展视频03～08   第7章：扩展视频30

第4章：扩展视频09～12   第8章：扩展视频31

可通过扫描关注机械工业出版社计算机分社官方微信订阅号——IT有得聊，回复67966即可获取本书配套资源下载链接。也可通过添加本人微信号john_1125，获取本书配套资源。

由于大数据技术发展迅速，而且相关技术组件繁多，书中难免有不足之处，恳请各位同仁及读者提出宝贵意见和建议。

杨　俊

目录

第 1 章
大数据技术概述

学习目标

● 了解大数据平台架构。

● 了解大数据工程师的技能树。

● 熟悉大数据项目需求分析与设计。

大数据不是一项专门的技术，而是很多技术的综合应用。可以通过一系列大数据技术对海量数据进行分析，挖掘出数据背后的价值。本章将会详细介绍大数据平台架构、大数据工程师的技能树以及大数据项目的需求分析与设计，使读者对大数据的概念及技术有一个整体的认知。

1.1 什么是大数据

大数据的概念由来已久。其实，早在 1980 年，阿尔文·托夫勒在《第三次浪潮》这本书中已经预言了信息时代的到来会带来数据的大爆发，但是当时的技术还不成熟，所以要等到几十年后大数据才登上历史舞台。因为技术需要持续的积累才能由量变到质变。大数据到底是什么？研究机构 Gartner 给出了定义，大数据是需要新处理模式才能具有更强的决策力、洞察发现力和流程优化能力的海量、高增长率和多样化的信息资产。

谈到大数据，不得不提到 Hadoop。Hadoop 起源于 Google 公布的与 GFS（谷歌文件系统）、MapReduce（面向大型集群的简化数据处理）、BigTable（结构化数据的分布式存储系统）有关的三篇论文，正是这三篇论文奠定了大数据发展的基石，Hadoop 的诞生极大地促进了大数据技术的快速发展。

虽然大数据与 Hadoop 关系密切，但 Hadoop 并不等同于大数据，大数据也不是指 Hadoop，大数据代表的是一种理念、一种解决问题的思维、一系列技术的集合，Hadoop 只是其中一种具体的处理数据的技术框架，目前比较流行的 Spark、Flink 等实时计算框架也属于大数据技术。

为了满足企业对于数据的各种需求，需要基于大数据技术构建大数据平台。大数据平台是指以处理海量数据存储、计算及不间断流数据实时计算等场景为主的一套基础设施。典型的大数据平台包括 Hadoop、Spark、Flink 以及 Flume/Kafka 等集群。

1.2 大数据平台架构

结合大数据在企业的实际应用场景，可以构建出如图 1-1 所示的大数据平台架构。最上层为应用提供数据服务与可视化，解决企业实际问题。第 2 层是大数据处理核心，包含数据离线处理和实时处理、数据交互式分析以及机器学习与数据挖掘。第 3 层是资源管理，为了支撑数据的处理，需要统一的资源管理与调度。第 4 层是数据存储，存储是大数据的根基，大数据处理框架都构建在存储的基础之上。第 5 层是数据获取，无论是数据存储还是数据处理，前提都是快速、高效地获取数据。除了数据服务与可视化外（与业务联系紧密，每个公司不同），本章会通过具体小节分别讲解大数据平台架构的各个层级。

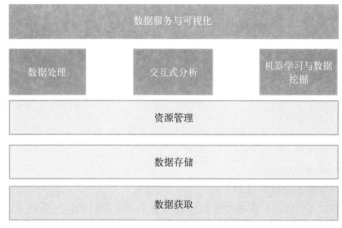

图 1-1　大数据平台架构

1.2.1　数据获取

在大数据时代，数据是第一生产力，因为大数据技术的核心就是从数据中挖掘价值，那么最重要的是要有所需要的数据，而第一步需要做的就是弄清楚有什么样的数据、如何获取数据。在企业运行的过程中，特别是互联网企业，会产生各种各样的数据，如果企业不能正确获取数据或没有获取数据的能力，就无法挖掘出数据中的价值，浪费了宝贵的数据资源。

数据从总体上可以分为结构化数据和非结构化数据。结构化数据也称作行数据，是由二维表结构来逻辑表达和实现的数据，严格地遵循数据格式与长度规范，主要通过关系型数据库进行存储和管理。非结构化数据是指数据结构不规则或不完整，没有预定义的数据模型，不方便用数据库的二维逻辑表来表现的数据，包括所有格式的办公文档、文本、图片、XML、HTML、各类报表、图像和音频/视频信息等。

数据的来源不同、格式不同，获取数据所使用的技术也不同。Web 网站的很多数据来自用户的点击，可以使用低侵入的浏览器探针（一种 Web 脚本程序，实质上是通过网页编程语言（ASP、PHP、ASP.NET 等）实现探测服务器敏感信息的脚本文件）技术采集用户浏览数据、使用爬虫技术获取网页数据、使用组件 Canal 采集 MySQL 数据库的 binlog 日志，以及使用组件 Flume 采集 Web 服务器的日志数据。数据获取之后，为了方便不同应用消费数据，可以将数据存入 Kafka 消息中间件。

1.2.2　数据存储

存储是所有大数据技术组件的基础，存储的发展远远低于 CPU 和内存的发展，虽然硬盘存储容量多年来在不断地提升，但是硬盘的访问速度却没有与时俱进。所以对于大数据开发人员来说，对大数据平台的调优很多情况下主要集中在对磁盘 I/O 的调优。

实验数据得出：1TB 的硬盘，在数据传输速度约为 100MB/s 的情况下，读完整个磁盘中的数据至少要花 2.5h。试想，如果将 1TB 数据分散存储在 100 个硬盘，并行读取数据，那么不到 2min 就可以读完所有数据。通过共享硬盘对数据并行读取，可以大大缩短数据读取的时间。

虽然如此，但要对多个硬盘中的数据并行进行读写，首要解决的是硬件故障问题。一旦开始使用多个硬件，其中个别硬件就很有可能发生故障。为了避免数据丢失，最常见的做法是复制（replication）：系统保存数据的副本（replica），一旦有系统发生故障，就可以使用另外保存的副本。一种方式是使用冗余硬盘阵列（RAID），另外一种方式是本书稍后会讲到的 Hadoop 分布式文件系统（Hadoop Distributed File System，HDFS）。另外还有构建在 HDFS 之上的分布式列式数据库 HBase，其可以提供实时的多维分析。

1.2.3 数据处理

有了数据采集和数据存储系统，可以对数据进行处理。对于大数据处理按照执行时间的跨度可以分为：离线处理和实时处理。

- 离线处理即批处理，用于处理复杂的批量数据，通常数据处理的时间跨度在几分钟到数小时之间。数据的批处理发展的最早，应用也最为广泛，最主要的应用场景是对数据做 ETL（Extract-Transform-Load），如广电领域的收视率计算。用户收看节目的数据经过机顶盒采集上来之后，按照一定的规则将数据转换成以分钟为单位的原始数据，然后根据业务需求，按每小时、每天、每周、每月等粒度计算收视率。早期离线计算主要使用 MapReduce 离线计算框架，但 MapReduce 模型单一、计算速度慢、编程复杂。后来出现了 Spark 内存计算框架以及 Flink 实时计算框架，简化了编码，同时提升了执行效率，逐步取代了 MapReduce。当然 Spark 和 Flink 既支持离线处理也支持实时处理，Spark Core 和 Flink DataSet 支持离线处理，Spark Streaming 和 Flink DataStream 支持实时处理。
- 实时处理即流处理，用于处理实时数据流，通常数据处理的时间跨度在数百毫秒到数秒之间。流处理是一种重要的大数据处理手段，主要特点是其处理的数据是源源不断且实时到来的。分布式流处理是一种面向动态数据的细粒度处理模式，基于分布式内存，对不断产生的动态数据进行处理。其对数据的处理具有快速、高效、低延迟等特性，在当前企业和用户对实时性要求越来越高的情况下，流处理应用越来越广泛。前面提到的 Spark Streaming 和 Flink DataStream 是当前比较流行的流处理模型，后续章节会详细讲解。

1.2.4 交互式分析

在实际应用中，经常需要对离线或实时处理后的历史数据，根据不同的条件进行多维分析查询并及时返回结果，这时就需要交互式分析。交互式分析是基于历史数据的交互式查询，通常的时间跨度在数十秒到数分钟之间。在大数据领域，交互式查询通常用于实时报表分析、实时大屏、在线话单查询等。

因为是查询应用，所以交互式查询通常具有以下特点。

- 低延时。
- 查询条件复杂。
- 查询范围大。
- 返回结果数据量小。
- 并发数要求高。
- 需要支持 SQL 等接口。

传统的方式常常使用数据库做交互式查询，比如 MySQL、Oracle。随着数据量的增大，传统数据库无法支撑海量数据的处理，交互式查询采用分布式技术成为最佳的选择。大数据领域中的交互式查询，主要是基于 SQL on Hadoop。SQL on Hadoop 是一个泛化的概念，是指 Hadoop 生态圈中一系列支撑 SQL 接口的组件和技术。本书后续会讲解几个常见的 SQL on Hadoop 技术，比如 Hive SQL、Spark SQL。

1.2.5 机器学习与数据挖掘

在利用大数据技术对海量数据进行分析的过程中，常规的数据分析可以使用离线分析、实时分析和交互式分析，复杂的数据分析需要利用数据挖掘和机器学习的方法。

机器学习是一门多领域交叉学科，涉及高等数学、概率论、线性代数等多门学科，专门研究计算机怎样模拟或实现人类的学习行为，以获取新的知识或技能，重新组织已有的知识结构，使之不断改善自身的性能。

数据挖掘是从海量数据中通过算法搜索隐藏于其中的信息的过程。数据挖掘中用到了大量机器学习中的数据分析技术和数据管理技术。机器学习是数据挖掘中的一种重要工具，数据挖掘不仅要研究、扩展、应用一些机器学习的方法，还要通过许多非机器学习技术解决数据存储、数据噪声等实际问题。机器学习不仅可以用在数据挖掘上，还可以应用在增强学习与自动控制等领域。总体来讲，从海量数据获取有价值信息的过程中，数据挖掘是强调结果，机器学习是强调使用方法，两个领域有相当大的交集，但不能画等号。

在大数据开发的过程中，利用机器学习对海量数据进行数据分析挖掘，大数据开发人员通常会使用机器学习库即可，不需要自己开发算法。目前，使用较多、比较成熟的机器学习库是 Spark 框架中的 Spark ML，大数据开发人员可以直接利用 Spark ML 进行数据挖掘。当然也可以使用 Flink 框架中的 Flink ML，不过 Flink ML 还在发展过程中，有待成熟和完善。

1.2.6 资源管理

资源管理的本质是集群、数据中心级别资源的统一管理和分配。其中多租户、弹性伸缩、动态分配是资源管理系统要解决的核心问题。

为了应对数据处理的各种应用场景，出现了很多大数据处理框架（如 MapReduce、Hive、Spark、Flink、JStorm 等），相应地，也存在着多种应用程序与服务（如离线作业、实时作业等）。为了避免服务和服务之间、任务和任务之间的相互干扰，传统的做法是为每种类型的作业或服务搭建一个单独的集群。在这种情况下，由于每种类型作业使用的资源量不同，有些集群的利用率不高，而有些集群则满负荷运行、资源紧张。

为了提高集群资源利用率、解决资源共享问题，YARN 在这种应用场景下应运而生。YARN 是一个通用的资源管理系统，对整个集群的资源进行统筹管理，其目标是将短作业和长服务混合部署到一个集群中，并为它们提供统一的资源管理和调度功能。在实际企业应用中，一般都会将各种大数据处理框架部署到 YARN 集群上（如 MapReduce on YARN、Spark on YARN、Flink on YARN 等），方便资源的统一调度与管理。

1.3 大数据工程师的技能树

一般将从事大数据平台构建以及海量数据采集、存储、计算等工作的技术人员称为大数据工程师，工作中的典型应用包含离线计算、实时计算、即席查询、数仓构建、用户画像、个性化推荐、反欺诈等。大数据领域才发展几年，专业人才比较缺乏，高端人才更是企业争抢的对象。至 2025 年大数据人才缺口将达到 200 万。大数据当前正处在落地应用阶段，大数据工程师未来的发展空间比较大，薪资待遇较好，从事大数据工作是个不错的选择。

　　上一节讲解了大数据平台的技术分层，理清了大数据技术架构逻辑。本节结合大数据技术架构与企业实际应用，梳理出大数据工程师需要掌握的技能，包括大数据主流开发语言、大数据平台的构建、大数据采集、大数据存储与交换、大数据离线和实时计算。

1.3.1　大数据主流开发语言

　　大数据开发与传统的 Web 开发类似，都需要基于一种程序开发语言开发应用。大数据生态圈的绝大多数技术组件的源代码都是使用 Java 语言开发的，比如 Zookeeper、Hadoop、Hive、HBase、Flume、Sqoop、Flink 等，而且在大数据开发过程中经常涉及源代码的阅读与使用，所以 Java 语言是从事大数据项目开发的必备语言，也是大数据开发的主流语言。当然除了 Java 语言，Python 语言也可以用于大数据开发工作，Python 语言主要侧重业务数据的分析和挖掘。

1.3.2　大数据平台的构建

　　无论大数据离线计算还是实时计算，都是基于大数据平台，所以大数据开发人员必须掌握大数据平台构建的技能。大数据平台一般是指 Hadoop 集群，Hadoop 集群包含 HDFS 分布式文件系统和 YARN 资源管理系统。HDFS 解决了海量数据的分布式存储问题，YARN 解决了 MapReduce 分布式计算的资源调度问题，除了 MapReduce，还有 Spark 和 Flink 等流式计算框架都可以运行在 YARN 上。当然，在 Hadoop 集群搭建的过程中，还需要搭建 Zookeeper 分布式协调服务，用来实现 HDFS 集群和 YARN 集群的高可用。因此，大数据工程师要掌握 Zookeeper、HDFS 以及 YARN 分布式集群的构建。

1.3.3　大数据采集

　　大数据最重要的是数据，没有数据其他的就无从谈起。大数据项目开发的首要任务就是采集海量数据，这就需要开发者具备海量数据采集的能力。在实际工作中，数据一般有两种来源，一种来自日志文件，一种来自数据库。每种数据源的采集技术有很多种，一般使用 Flume、Logstash、Filebeat 等工具采集日志文件数据，使用 Sqoop、Canal 等工具采集数据库中的数据。在本书中，项目的数据源来自日志文件，所以可以选择企业较为常用的采集工具 Flume。因此，大数据工程师需要掌握 Flume 等大数据采集技术。

1.3.4　大数据存储与交换

　　前面已经构建起 Hadoop 大数据平台，HDFS 分布式文件系统解决了海量数据存储的问题，但是 HDFS 并不支持数据的随机查询与更新，而 HBase 数据库构建在 HDFS 之上，既解决了海量数据存储又能实现数据的实时随机查询与更新，满足线上用户的服务需求。在大数据离线或实时计算项目中，经常需要使用 Kafka 消息队列作为实时的数据中转服务，对来自各个平台的数据（如来自物联网的数据、数据库的数据、移动 App 的数据等）进行流转，达到分享和交换数据的目的。因此，大数据工程师需要掌握 HBase 和 Kafka 等大数据存储交换技术。

1.3.5　大数据离线计算

　　Hadoop 的出现，一方面使用 HDFS 解决了海量数据存储的问题，另一方面使用 MapReduce 解决了海量数据分布式计算的问题，当然 MapReduce 是离线计算框架，仅支持离线计算，但也解决了企业大部分的应用场景，在大数据项目开发的过程中离不开离线计算。当然除了 MapReduce 支持离线计算，本书后面提到的 Hive、Spark Core、Spark SQL、Flink DataSet 等技术都支持离线计算。因此，大数据工程师需要掌握 MapReduce、Hive、Spark Core、Spark SQL、Flink DataSet 等大数据离线计算技术。

1.3.6 大数据实时计算

离线计算解决了大数据批处理的应用问题，但随着社会的发展，企业和用户对服务的响应速度要求越来越高，离线计算难免存在数据反馈不及时的情况，很难适应越来越多的急需实时数据做决策的应用场景，所以实时计算就得到了快速的发展。大数据发展至今出现了很多实时计算框架，本书重点讲解当前比较流行、企业使用较为广泛的 Spark Streaming 和 Flink DataStream 等实时计算模型。因此，大数据工程师需要掌握 Spark Streaming、Flink DataStream 等大数据实时计算技术。

1.4 大数据项目需求分析与设计

本书将会以大数据项目为主线，技术理论与项目实践相结合，按照大数据项目的开发流程逐步推进，读者完成项目后，也就掌握了大数据开发必备的技能和项目经验。本节先讲解项目的需求分析、架构设计以及离线和实时数据流程设计，然后提前规划好大数据项目需要的集群，从下一章开始按照项目的实现逻辑，结合具体的技术组件详细讲解整个大数据项目的开发流程。

1.4.1 项目需求分析

需求分析作为软件工程的第一阶段是整个软件开发项目进行设计和实现的基础，决定了一个项目的成败。但是需求分析不能只看成一个独立的阶段，对需求的了解贯穿整个项目的始终，了解需求的过程是一个逐步细化、逐步深入的过程，整个项目自始至终都需要与客户或用户进行交流。大数据项目需求是以数据为中心，在需求分析阶段就强调数据的分析一点也不为过。大数据项目的需求分析大体分为以下几个阶段。

- 场景需求分析
- 概念需求分析
- 细节需求分析
- 界面需求分析

接下来以新闻项目大数据实时分析案例来进行需求分析，具体需求如下。

- 采集搜狗新闻网站用户浏览的日志信息。
- 统计分析搜狗排名最高的前 10 名新闻话题。
- 统计分析每天哪些时段用户浏览新闻量最高。
- 统计分析每天曝光的搜狗新闻话题总量。

1. 场景需求分析

场景需求分析阶段体现了系统的总体构思与设计，任务是了解系统的组织形式和功能需求概貌，解决"是什么"的问题。结合该项目案例的需求，满足实时计算场景，需要设计大数据实时分析系统，当然同时也可以设计离线分析系统。分析系统包含数据采集、数据存储、数据过滤清洗、数据统计分析以及数据可视化等结构，最终需要统计分析新闻话题排行榜、不同时段用户浏览量以及每天新闻话题总量。

2. 概念需求分析

概念需求分析的任务是对系统中涉及的概念、数据内容等进行分析，解决"有什么"的问题。

该项目数据主要包含用户浏览新闻话题所产生的用户行为信息，主要以日志的形式写到日志服务器本地磁盘，具体日志格式如下所示。

00:00:01,8761939261737872,[年轻人住房问题],11,7,news.qq.com/a/20070810/002446.htm

数据格式由用户访问时间、用户 ID、新闻话题、新闻 URL 在返回结果排名、用户点击的顺序号以及新闻话题 URL 组成。需要利用用户浏览日志数据统计分析相应的需求结果，数据需要经过以下流程。

1）数据采集：新闻日志数据落盘到日志服务器之后，可以利用 Flume 采集工具完成数据采集。

2）数据存储与交换：根据离线和实时应用场景，可以将采集的数据存储到 HBase 或 Kafka。

3）数据计算：利用离线和实时计算框架完成对数据的统计分析，最后将结果输出到数据库。

4）数据可视化：对数据库中的数据进行可视化，完成数据大屏展示。

3．细节需求分析

细节需求分析具体实现用户需求，解决"怎么做"的问题。结合该项目案例，详细的需求分析包括采用怎样的大数据技术架构、详细的数据流程架构设计以及数据库设计等，这些内容将结合项目的具体实现在后续章节详细讲解。

4．界面需求分析

客户能否用好大数据系统最终决定项目的成败，良好的可视化界面也是不可忽视的。系统界面的好坏并不是追求界面的炫酷，而是根据可视化界面能否分析出有价值的信息，帮助决策者快速做出决策。在本书的项目中，最终的可视化界面要准确反映新闻话题排行榜，分析出不同时段用户浏览新闻量以及每天新闻话题总量，可视化系统的实现将在最后一章完成。

1.4.2　系统架构设计

一般情况下，完整的大数据平台架构包含数据获取、数据存储、资源管理、数据处理、交互式分析、机器学习与数据挖掘以及数据服务与可视化，但是一个具体项目的系统架构还需要根据具体的需求来确定。从新闻项目的需求可以看出，该项目不会涉及机器学习，因此可以对项目的系统架构做一些简化和整合，具体架构如图 1-2 所示。

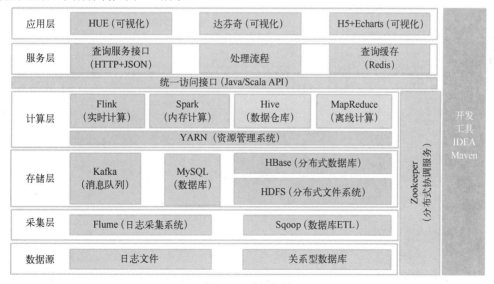

图 1-2　系统架构

系统架构从下至上，第 1 层是数据源，数据源一般主要有两种数据类型，一种是日志文件数据，另一种是关系型数据库数据。第 2 层是采集层，Flume 用来采集日志文件数据，Sqoop 用来采集关系型数据库中的数据。第 3 层是存储层，Flume 实时采集数据写入 Kafka，然后用于实时计算，Flume 实时采集数据写入 HBase，然后用于离线计算，无论实时计算还是离线计算，如果最终的结果数据集比较小，可以存入 MySQL 数据库，反之可以写入 HBase 数据库。第 4 层是计算层，MapReduce 可以做离线计算，由于 MapReduce 模型不灵活，编程成本高，这里可以使用 Hive 集成 HBase 做离线计算，Flink 或 Spark 可以消费 Kafka 中的数据做实时计算，在生产环境中，MapReduce、Hive、Spark 以及 Flink 等作业一般都运行在 YARN 集群中。第 5 层是服务层，主要提供查询服务接口、查询缓存等。第 6 层是应用层，无论是离线计算还是实时计算，最终结果可以通过应用层的 HUE、达芬奇以及 H5+Echarts 等技术对数据进行可视化分析。在项目系统架构设计中，Zookeeper 协调各个技术组件，IDEA 基于 Maven 构建大数据项目进行业务代码的开发。

1.4.3 离线和实时计算数据流程设计

新闻项目既有离线计算需求也有实时计算需求，因此必须梳理出离线计算和实时计算的数据流程，因为项目的开发需要结合数据流程来实现。

在离线计算数据流程中，Flume 实时采集日志服务器中的数据，然后写入 HBase 数据库，接着通过 Hive 与 HBase 集成对数据进行离线分析，并通过 Sqoop 工具将离线分析结果导入 MySQL 数据库，最后应用层读取 MySQL 数据实现大屏展示。离线计算数据流程如图 1-3 所示。

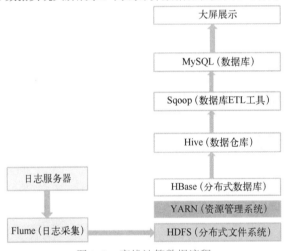

图 1-3　离线计算数据流程

在实时计算数据流程中，Flume 实时采集日志服务器中的数据，然后写入 Kafka 消息队列，接着可以通过 Spark Streaming 或 Flink DataStream 对数据进行实时分析，实时分析结果可以写入 MySQL 数据库，最后应用层读取 MySQL 数据实现大屏展示。实时计算数据流程如图 1-4 所示。

1.4.4 大数据平台规划

大数据平台规划涉及硬件平台的搭建。在实际工作环境中，公司可以选择使用物理服务器、阿里云、腾讯云等不同的方式来搭建大数据平台。书中的实验环境需要准备 hadoop01、hadoop02、hadoop03 这 3 台 Linux 虚拟机来搭建大数据平台。项目中所需要的技术组件按照表格中的规划，分别安装在这 3 台虚拟机中，这样的实验环境较易于读者自行搭建。大数据技术组件与虚拟机节点的对应关系如表 1-1 所示。表格中的值为"是"代表当前节点需要安装该组件，如果为"否"则表示不需要安装该组件。

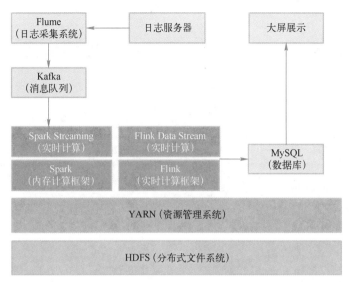

图 1-4　实时计算数据流程

表 1-1　技术组件与虚拟机节点的对应关系

	hadoop01	hadoop02	hadoop03
Journalnode	是	是	是
Zookeeper	是	是	是
NameNode	是	是	否
DataNode	是	是	是
ResourceManager	是	是	否
NodeManager	是	是	是
HMaster	是	是	否
RegionServer	是	是	是
Hive	是	否	否
Kafka	是	是	是
Flume 聚合节点	否	是	是
Flume 采集节点	是	否	否
Spark	是	是	是
Flink	是	是	是
MySQL	是	否	否

1.5　本章小结

　　本章首先介绍了什么是大数据，接着讲解了大数据平台的分层架构，然后介绍了大数据工程师应该掌握哪些大数据核心技术，最后详细讲解了一套方法论，介绍了大数据工程师如何对项目进行需求分析以及架构设计。

第2章
搭建 IDEA 开发环境及 Linux 虚拟机

学习目标
- 熟练掌握 IDEA 工具的安装与配置。
- 熟练掌握 Linux 虚拟机的安装与配置。

在大数据开发过程中，大数据项目代码的开发需要使用 IDEA 工具，大数据项目的运行需要基于 Linux 系统的大数据平台。因此需要提前搭建好 IDEA 开发工具和 Linux 虚拟机，从而为后续章节的学习做好铺垫。

2.1 搭建 IDEA 开发环境

每一个 IT 开发人员都需要一个合适的开发工具，IDEA 开发工具是大数据开发人员的首选。由于大家习惯在 Windows 上开发代码，所以这里也选择在 Windows 操作系统上安装 IDEA，接下来一起安装部署 IDEA 并构建 Maven 项目。

2.1.1 JDK 的安装与配置

由于 Java 代码的开发需要 Java 相关开发工具及 Java 运行环境，所以首先需要安装 JDK 并配置 JDK 环境变量。

1. JDK 的安装

如果 JDK 已经安装成功，这里可以直接跳过 JDK 的安装过程。

注意：搭建运行环境时使用的是 64 位 Windows 系统，所以需要对应下载安装 64 位的 JDK。如果使用的是 32 位 Windows 系统，那么就需要下载安装 32 位的 JDK。

JDK 的下载（本书配套资料/第 2 章/2.1/安装包）、安装这里就不再赘述，下面介绍如何配置 JDK 环境变量。

2. 配置 JDK 环境变量

1）在环境变量中配置 JAVA_HOME（即 JDK 安装目录）和 Path 路径（即 JDK 安装目录下的 bin 目录），具体步骤如下。

在"计算机"图标上单击鼠标右键（以下简称右击），选择"属性"选项，在弹出的对话框中单击"高级"选项卡→"环境变量"按钮，如图 2-1 所示。

在"环境变量"对话框中选择 JAVA_HOME 用户变量（如果没有此用户变量，就单击"新建"按钮，在弹出的"新建用户变量"对话框中的"变量名"框中，输入 JAVA_HOME 创建该用户变量），然后单击"编辑"按钮，在弹出的"编辑用户变量"对话框中，修改"变量值"和自己 JDK 的安装路径保持一致，如图 2-2 所示。

图 2-1　系统属性

图 2-2　用户变量

修改 Path 系统变量，在变量值中添加 JDK 安装目录的 bin 路径，如图 2-3 所示。

图 2-3　系统变量

2）验证 JDK 是否安装成功。

执行完上述操作后，使用 java -version 命令查看 Java 版本，如果出现如图 2-4 所示的结果说明 JDK 配置成功。如果无法查看到 Java 版本，则要再次检查一下 Java 环境变量的配置，一定要保证 Java 环境变量配置正确。

图 2-4　查看 Java 版本

2.1.2　Maven 的安装与配置

Maven 是专门用于构建和管理 Java 相关项目的工具。

使用 Maven 管理项目主要有两点好处：第一点好处，使用 Maven 管理的 Java 项目都有着相同的项目结构；第二点好处，使用 Maven 便于统一维护 jar 包，Maven 风格的项目把所有的 jar 包都放在了本地"仓库"，当项目需要用到哪个 jar 包，只需要配置 jar 包的名称和版本号，这样就实现了 jar 包的共享，避免每个项目都维护自己的 jar 包带来的麻烦。为了便于项目管理，在 Windows 系统中需要先安装 Maven 工具。

1．Maven 下载

首先需要到 Maven 官网（地址为 https://archive.apache.org/dist/maven/maven-3/）下载对应版本的安装文件 apache-maven-3.3.3-bin.zip，如图 2-5 所示。也可通过本书配套资源包直接下载获取（本书配套资料/第 2 章/2.1/安装包）

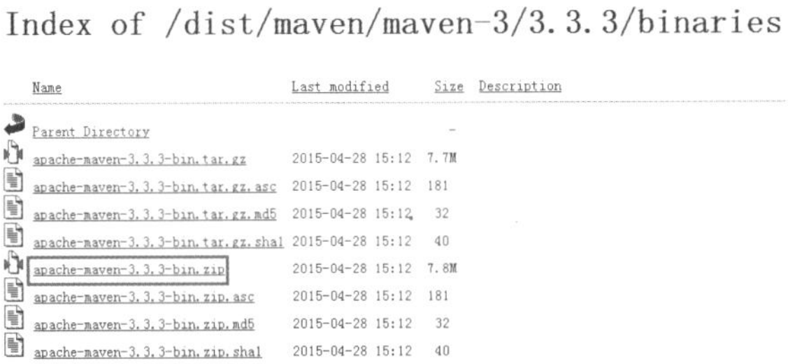

图 2-5　Maven 安装包

2．Maven 安装

Maven 的安装非常简单，将下载好的 Maven 安装包直接解压即可，解压后的 Maven 目录结构如图 2-6 所示。

图 2-6　Maven 目录结构

3. 配置 Maven 环境变量

1）在环境变量中配置 MAVEN_HOME（即 Maven 安装目录）和 Path 路径（即 Maven 安装目录下的 bin 路径），具体步骤如下。

在"计算机"图标上右击，选择"属性"，在弹出的对话框中单击"高级"选项卡→"环境变量"按钮；在"环境变量"对话框中选择 MAVEN_HOME 用户变量（如果没有此用户变量，就单击"新建"按钮，在弹出的"新建用户变量"对话框的"变量名"框中，输入 MAVEN_HOME 创建该用户变量），然后单击"编辑"按钮，在弹出的"编辑用户变量"对话框中，修改"变量值"和自己 Maven 的安装路径保持一致，如图 2-7 所示。

修改 Path 系统变量，在变量值中添加 Maven 安装目录的 bin 路径，如图 2-8 所示。

图 2-7　添加 Maven 用户变量

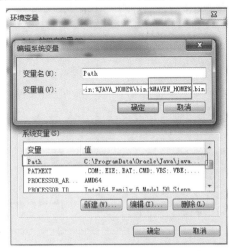

图 2-8　添加系统变量

2）验证 Maven 是否安装成功

执行完上述操作后，使用 mvn –v 命令查看 Maven 版本，如果出现如图 2-9 所示的结果，说明 Maven 配置成功。

图 2-9　查看 Maven 版本

2.1.3　IDEA 的安装与配置

IDEA 全称 IntelliJ IDEA，是进行 Java 编程语言开发的集成环境，在业界被公认为最好的 Java 开发工具。IDEA 官网提供了 Windows、macOS、Linux 不同系统的安装方式。普通的 JVM 和 Android 开发可以选择 Community 版本，Web 和企业级开发可以选择 Ultimate 版本。由于大家习惯选择在 Windows 上开发代码且需要对数据进行可视化，所以下面选择在 Windows 操作系统上安装 Ultimate 版本的 IDEA。

1. IDEA 下载

首先需要到 IDEA 官网（地址为http://www.jetbrains.com/）下载对应版本的安装文件，如图 2-10 所示。也可通过本书配套资源包下载（第 2 章/2.1/安装包）。

2. IDEA 安装

IDEA 安装文件下载到本地之后，双击运行 IDEA 可执行文件即可进入 IDEA 安装界面，如图 2-11 所示，然后可以单击 Next 按钮进入下一步。

图 2-10　IDEA 安装文件　　　　　　图 2-11　IDEA 安装界面

选择 IDEA 安装路径，如图 2-12 所示，该路径可以选择自己期望的安装位置，接着单击 Next 按钮进入下一步。

选择 IDEA 安装选项，如图 2-13 所示，IDEA 安装的相关选项是可选选项，单击 Next 按钮进入下一步。

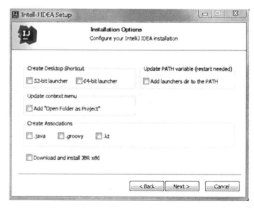

图 2-12　IDEA 安装路径　　　　　　图 2-13　IDEA 安装选项

选择开始菜单文件夹，如图 2-14 所示，IDEA 快捷键默认在 JetBrains 文件目录下，然后单击 Install 按钮开始安装 IDEA。

IDEA 进入安装状态，如图 2-15 所示，IDEA 安装过程大概需要几分钟的时间。

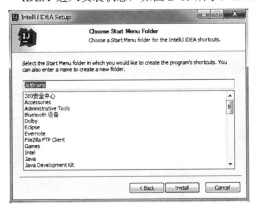
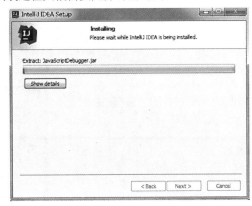

图 2-14　选择 IDEA 开始菜单文件夹　　　　　　图 2-15　IDEA 安装状态

IDEA 最终安装成功界面如图 2-16 所示，单击 Finish 按钮即可完成整个 IDEA 工具的安装。

图 2-16　IDEA 安装成功界面

3. 为 IDEA 配置 SDK

前面已经独立安装好 JDK，接下来配置 IDEA 三种不同范围的 SDK。 首先打开 IDEA 欢迎界面，如图 2-17 所示。

单击 IDEA 欢迎界面右下角的 Configure，在下拉菜单中选择 Structure for New Projects 选项，弹出项目结构界面，如图 2-18 所示。

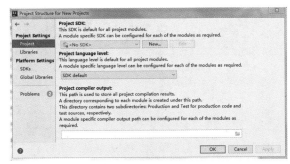

图 2-17　IDEA 欢迎界面　　　　　　　　图 2-18　项目结构

（1）配置全局 SDK

选择项目结构左侧的 **SDKs** 选项，按照图 2-19 标识的先后顺序配置全局 SDK。

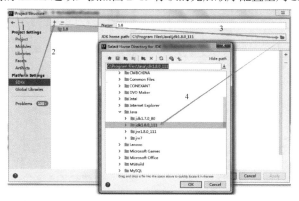

图 2-19　全局 SDK 配置

（2）配置项目 SDK

选择项目结构左侧的 Project 选项，按照图 2-20 标识的先后顺序配置项目 SDK。

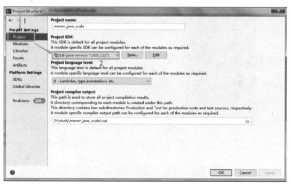

图 2-20　项目 SDK 配置

（3）配置项目模块 SDK

项目具体模块在当前界面中是看不到的，需要通过 IDEA 创建新项目之后，选择 File→Project Structure→Modules 才能配置，具体配置步骤如图 2-21 所示。

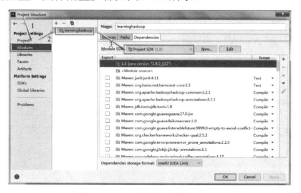

图 2-21　配置项目模块 SDK

4. 配置 Maven

接下来为 IDEA 配置独立安装的 Maven，单击 IDEA 欢迎界面右下角的 Configure，在下拉菜单中选择 Settings 选项，弹出配置界面，如图 2-22 所示。

选择 Settings 配置界面左侧的 Maven 选项，按照图 2-23 标识的先后顺序配置 Maven 安装路径。

2.1.4　使用 IDEA 构建 Maven 项目

前面的工作一切就绪，接下来使用 IDEA 开发工具构建 Maven 项目。

图 2-22　Settings 配置界面

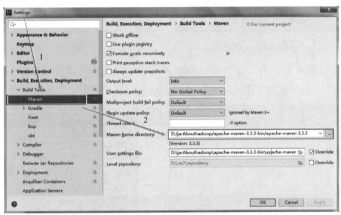

图 2-23　配置 Maven 安装路径

1）打开 IDEA 欢迎界面，选择 Create New Project 选项创建新项目，如图 2-24 所示。

2）在弹出的界面中左侧选择 Maven，右侧选择 Project SDK，下面勾选 Create from archetype，并选择 maven-archetype-quickstart 骨架创建 Maven 项目，具体操作如图 2-25 所示。

图 2-24　创建新项目

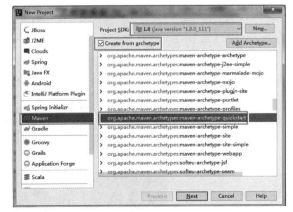

图 2-25　选择 Maven 骨架

3）单击 Next 按钮进入下一步，在弹出的界面中填写项目的 GroupId 和 ArtifactId，具体操作如图 2-26 所示。GroupId 是项目组织唯一的标识符，实际对应 Java 包的结构。ArtifactId 是项目唯一的标识符，实际对应项目的名称。

　　4）单击 Next 按钮进入下一步，配置 Maven 安装目录，选择独立安装好的 Maven 路径即可，具体操作如图 2-27 所示。

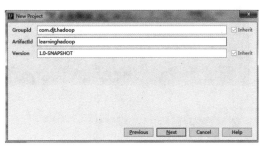

图 2-26　配置 GroupId 和 ArtifactId

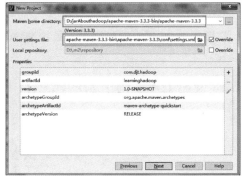

图 2-27　配置 Maven 路径

　　5）单击 Next 按钮进入下一步，修改项目名称和路径，具体操作如图 2-28 所示。

　　6）单击 Finish 按钮即可完成项目的创建。打开项目之后，可以看到项目界面如图 2-29 所示。

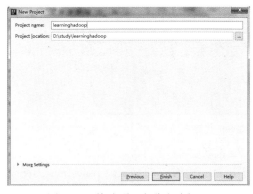

图 2-28　修改项目名称和路径

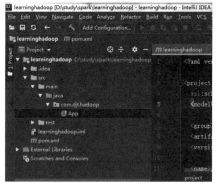

图 2-29　Maven 项目界面

　　7）在创建好的 learninghadoop 项目中，选中自带的 Java 类 App，右击程序，在弹出的快捷菜单中选择 run 运行 App 程序，输出 "Hello World!" 如图 2-30 所示，说明 Maven 项目创建成功。

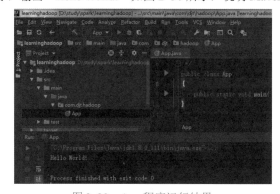

图 2-30　App 程序运行结果

2.2　搭建 Linux 虚拟机

前面已经安装好 IDEA 开发环境，接下来还需要搭建 Linux 虚拟机，为后续部署大数据平台提供基础环境。

2.2.1　安装 Linux 系统

大数据平台通常是构建在 Linux 系统之上的，而大家平时使用的计算机大部分是 Windows 系统。此时可以通过 VMware Workstation 虚拟化软件在 Windows 系统中安装虚拟机，然后在虚拟机上安装 Linux 操作系统，这样大数据平台就可以构建在 Linux 虚拟机之上（生产环境中，公司可以购买物理服务器搭建大数据平台）。读者可通过以下教学视频学习在虚拟机上安装 Linux 操作系统（本书配套资料/第 2 章/2.2/视频）。

2.2.2　配置 Linux 静态 IP

在实际应用中，由于经常使用动态主机配置协议（Dynamic Host Configuration Protocol，DHCP）服务器来分配 IP 地址，每次重启 DHCP 服务器，IP 地址有可能是会变动的。而使用 Linux 系统来搭建大数据平台，希望 IP 地址是固定不变的，因为集群配置的很多地方都会涉及 IP 地址，所以需要将 Linux 系统配置为静态 IP。那么如何进行配置呢？

这里以 hadoop01 节点为例，首先在控制台输入命令 vi /etc/sysconfig/network-scripts/ifcfg-eth0 打开配置文件，然后修改 hadoop01 节点的网卡信息，具体配置如图 2-31 所示。将 BOOTPROTO 参数由 dhcp 改为 static，表示将动态 IP 改为静态 IP；添加固定 IP 地址 IPADDR 为 192.168.20.121；添加子网掩码 NETMASK 为 255.255.255.0；网关 GATEWAY 设置为 192.168.20.2。（可在 VMware Workstation 导航栏中，选择编辑→虚拟网络编辑器选项，查看自己设置的网段和网关）

修改网卡配置之后，需要在控制台输入命令 service network restart 重启网络服务才能生效，具体操作如图 2-32 所示。

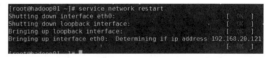

```
[root@hadoop01 ~]# vi /etc/sysconfig/network-scripts/ifcfg-eth0

DEVICE=eth0
HWADDR=00:0C:29:4E:28:1A
TYPE=Ethernet
UUID=2f46ab91-16e1-4c83-9be1-d7bbdc085f18
ONBOOT=yes
NM_CONTROLLED=yes
BOOTPROTO=static
IPADDR=192.168.20.121
NETMASK=255.255.255.0
GATEWAY=192.168.20.2
```

图 2-31　网卡配置

```
[root@hadoop01 ~]# service network restart
Shutting down interface eth0:                              [  OK  ]
Shutting down loopback interface:                          [  OK  ]
Bringing up loopback interface:                            [  OK  ]
Bringing up interface eth0:  Determining if ip address 192.168.20.121
                                                           [  OK  ]
[root@hadoop01 ~]#
```

图 2-32　重启网络服务

在控制台输入 ifconfig 命令，可以查看到当前固定 IP 地址为 192.168.20.121，具体操作如图 2-33 所示。

```
[root@hadoop01 ~]# ifconfig
eth0      Link encap:Ethernet  HWaddr 00:0C:29:4E:28:1A
          inet addr:192.168.20.121  Bcast:192.168.20.255  Mask:255.255.255.0
          inet6 addr: fe80::20c:29ff:fe4e:281a/64 Scope:Link
          UP BROADCAST RUNNING MULTICAST  MTU:1500  Metric:1
          RX packets:1446 errors:0 dropped:0 overruns:0 frame:0
          TX packets:1005 errors:0 dropped:0 overruns:0 carrier:0
          collisions:0 txqueuelen:1000
          RX bytes:130588 (127.5 KiB)  TX bytes:112862 (110.2 KiB)

lo        Link encap:Local Loopback
          inet addr:127.0.0.1  Mask:255.0.0.0
          inet6 addr: ::1/128 Scope:Host
          UP LOOPBACK RUNNING  MTU:16436  Metric:1
          RX packets:133 errors:0 dropped:0 overruns:0 frame:0
          TX packets:133 errors:0 dropped:0 overruns:0 carrier:0
          collisions:0 txqueuelen:0
          RX bytes:10270 (10.0 KiB)  TX bytes:10270 (10.0 KiB)

[root@hadoop01 ~]#
```

图 2-33　查看网络接口配置信息

Linux 系统配置固定 IP 地址之后，即使重启 Linux 系统也不会改变。

2.2.3　Linux 主机名和 IP 映射

实际上不论是 IP 地址还是主机名都是为了标识一台主机或服务器。IP 地址就是一台主机上网时 IP 协议分配给它的一个逻辑地址，主机名就相当于又给这台机器取了一个名字，可以为主机取各种各样的名字。如果要用名字去访问主机，系统如何通过名字去识别一台主机呢？这就需要配置 hostname 与 IP 地址之间的对应关系。

在控制台输入命令 vi /etc/hosts 打开配置文件，在 hosts 文件的末尾按照对应格式添加 IP 地址和主机名之间的对应关系。此时 IP 地址为 192.168.20.121，对应的 hostname 为 hadoop01，注意它们之间要有空格。具体配置结果如图 2-34 所示。

```
[root@hadoop01 ~]#
[root@hadoop01 ~]#
[root@hadoop01 ~]# vi /etc/hosts

127.0.0.1     localhost localhost.localdomain localhost4 localhost4.localdomain4
::1           localhost localhost.localdomain localhost6 localhost6.localdomain6
192.168.20.121 hadoop01
```

图 2-34　修改 hosts 文件

2.2.4　关闭 Linux 防火墙

防火墙是对服务器进行保护的一种服务，但是有时这种服务会带来很大的麻烦。比如它会妨碍集群间的相互通信，所以就需要关闭防火墙。在本书中为了方便学习，选择永久关闭防火墙。

在控制台中输入 chkconfig iptables off 命令，按〈Enter〉键执行命令即可实现防火墙的永久关闭，具体操作如图 2-35 所示。

```
[root@hadoop01 hadoop]#
[root@hadoop01 hadoop]#
[root@hadoop01 hadoop]# chkconfig iptables off
[root@hadoop01 hadoop]# service iptables status
iptables: Firewall is not running.
[root@hadoop01 hadoop]#
```

图 2-35　关闭 Linux 防火墙

注意：要永久关闭防火墙，需要输入 reboot 命令重新启动 Linux 操作系统才能生效。

2.2.5　创建 Linux 用户和用户组

在大数据平台搭建的过程中，为了系统安全考虑，一般不直接使用超级用户 root，而是需要创建一个新的用户和用户组。在 Linux 系统中，可以直接使用 groupadd 命令创建新用户组，groupadd 的使用方法如图 2-36 所示。

在控制台输入命令 groupadd hadoop，就可以创建名字为 hadoop 的用户组。

在 Linux 系统中，可以直接使用 useradd 命令创建新用户，useradd 的使用方法如图 2-37 所示。

图 2-36　groupadd 用法　　　　　　　图 2-37　useradd 用法

在控制台输入命令 useradd –g hadoop hadoop，就可以创建名字为 hadoop 的用户并指定用户组为 hadoop。

另外，可以在 root 用户下，使用 passwd 命令为刚刚创建的 hadoop 用户设置密码，密码可以自行设置，具体操作如图 2-38 所示。

```
[root@hadoop01 home]# passwd hadoop
Changing password for user hadoop.
New password:
BAD PASSWORD: it is too simplistic/systematic
BAD PASSWORD: is too simple
Retype new password:
passwd: all authentication tokens updated successfully.
[root@hadoop01 home]#
```

图 2-38 设置 hadoop 用户密码

2.2.6 Linux SSH 免密登录

SSH（Secure shell）是可以在应用程序中提供安全通信的一个协议，通过 SSH 可以安全地进行网络数据传输，它的主要原理是利用非对称加密体系，对所有待传输的数据进行加密，保证数据在传输时不被恶意破坏、泄露或篡改。

但是大数据集群（主要指的是 Hadoop 集群，可用 Hadoop 代指）使用 SSH 主要不是用来进行数据传输的，而是在 Hadoop 集群启动或停止时，主节点需要通过 SSH 协议将从节点上的进程启动或停止。如果不配置 SSH 免密登录，对 Hadoop 集群的正常使用没有任何影响，只是在启动或停止 Hadoop 集群时，需要输入每个从节点用户名的密码。可以想象一下，当集群规模比较大时，比如达到成百上千节点规模，如果每次都要分别输入集群节点的密码，相当麻烦，这种方法肯定是不可取的，所以要对 Hadoop 集群进行 SSH 免密登录的配置，而且目前远程管理环境中最常使用的也是 SSH。

SSH 免密登录的功能与用户密切相关，为哪个用户配置了 SSH，哪个用户就具有 SSH 免密登录的功能，没有配置的用户则没有该功能，这里选择为 hadoop 用户配置 SSH 免密登录。

首先在控制台，使用 su 命令切换到 hadoop 用户，具体操作如图 2-39 所示。

在 hadoop 用户的根目录下使用 mkdir 命令创建.ssh 目录，使用命令 ssh-keygen -t rsa（ssh-keygen 是秘钥生成器，-t 是一个参数，rsa 是一种加密算法）生成秘钥对（即公钥文件 id_rsa.pub 和私钥文件 id_rsa），具体操作如图 2-40 所示。

```
[root@hadoop01 ~]#
[root@hadoop01 ~]#
[root@hadoop01 ~]# su hadoop
[hadoop@hadoop01 root]$ cd
[hadoop@hadoop01 ~]$ pwd
/home/hadoop
[hadoop@hadoop01 ~]$
```

图 2-39 切换到 hadoop 用户

图 2-40 SSH 生成公钥和私钥

将公钥文件 id_rsa.pub 中的内容复制到相同目录下的 authorized_keys 文件中，具体操作如图 2-41 所示。

切换到 hadoop 用户的根目录，然后为.ssh 目录及文件赋予相应的权限，具体操作如图 2-42 所示。

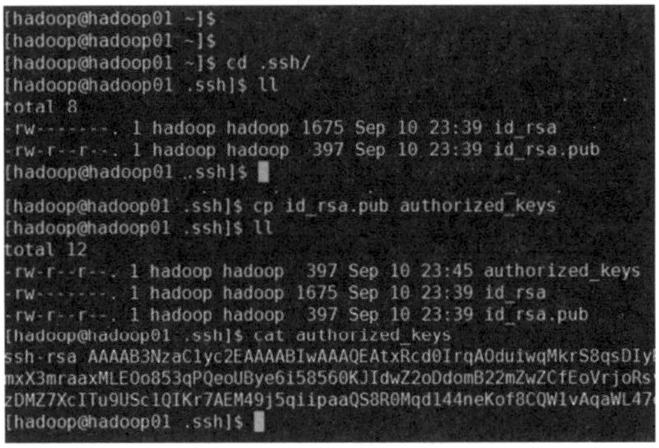

图 2-41　生成授权文件

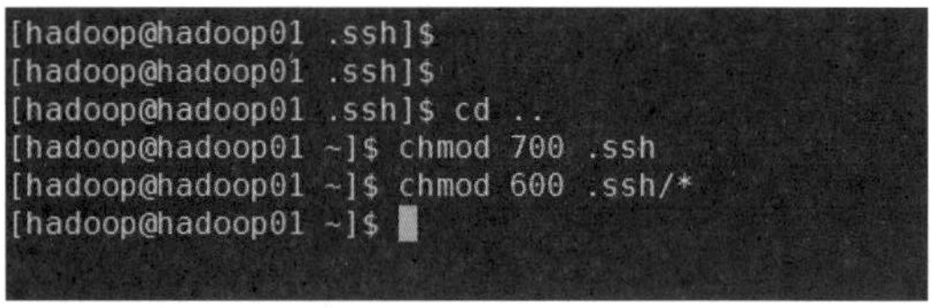

图 2-42　修改.ssh 目录及文件权限

使用 ssh 命令登录 hadoop01，第一次登录需要输入 yes 进行确认，第二次以后登录则不需要，此时表明设置成功，具体操作如图 2-43 所示。

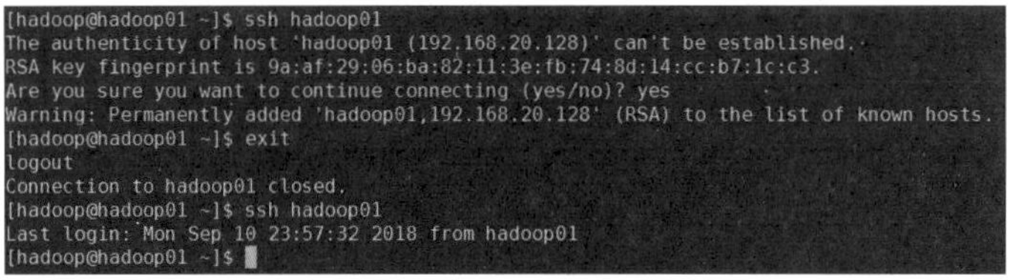

图 2-43　测试 SSH 免密登录

2.3　本章小结

本章首先讲解了 IDEA 开发工具的安装与部署，准备好了大数据开发环境，然后讲解了 Linux 虚拟机的搭建，为 Hadoop 分布式集群的构建准备好了基础环境。通过本章的学习，准备好了大数据开发环境和集群环境，为后续章节的学习做好了铺垫。

第3章
基于 Hadoop 构建大数据平台

学习目标

- 掌握 Zookeeper 分布式集群的构建。
- 理解 HDFS 分布式文件系统的架构与设计。
- 理解 YARN 资源管理系统的架构与设计。
- 掌握 Hadoop 分布式集群的构建。
- 理解 MapReduce 编程模型。

大数据项目最终需要运行在大数据平台之上，而构建 Hadoop 集群是构建整个大数据平台的核心。Hadoop 集群包含 HDFS 集群和 YARN 集群，想要构建高可用的 Hadoop 集群又依赖 Zookeeper 集群提供协调服务，所以需要在 hadoop01、hadoop02 和 hadoop03 节点上依次构建 Zookeeper、HDFS 和 YARN 集群。接下来，首先认识和了解 Zookeeper，并安装部署 Zookeeper 集群，然后再分别安装部署 HDFS 集群和 YARN 集群，最终完成 Hadoop 分布式集群的构建。

3.1 Zookeeper 分布式协调服务

编写单机版的应用比较简单，但是编写分布式应用就比较困难，主要原因在于会出现部分失败。什么是部分失败呢？当一条消息在网络中的两个节点之间传输时，如果出现网络错误，发送者无法知道接收者是否已经收到这条消息，接收者可能在出现网络错误之前就已经收到这条消息，也有可能没有收到，又或者接收者的进程已经"死掉"。发送者只能重新连接接收者并发送咨询请求才能获知之前的信息接收者是否收到。简而言之，部分失败就是不知道一个操作是否已经失败。

Zookeeper 是一个分布式应用程序的协调服务，可以提供一组工具，让人们在构建分布式应用时能够对部分失败进行正确处理（部分失败是分布式系统固有的特征，使用 Zookeeper 并不能避免部分失败）。本节将从 Zookeeper 架构设计、安装部署以及 shell 操作等方面进行讲解，帮助读者快速掌握 Zookeeper 分布式协调服务。

3.1.1 Zookeeper 架构设计及原理

Zookeeper 作为一个分布式协调系统，为大数据平台其他组件提供了协调服务。要想理解 Zookeeper 如何对外提供服务，首先需要理解 Zookeeper 的架构设计和工作原理。

1. Zookeeper 定义

Zookeeper 是一个分布式的、开源的协调服务框架，服务于分布式应用。它是 Google 的 Chubby 组件的一个开源实现，是 Hadoop 和 HBase 的重要组件。

- 它提供了一系列的原语（数据结构）操作服务，因此分布式应用能够基于这些服务，构建出更高级别的服务，比如分布式锁服务、配置管理服务、分布式消息队列、分布式通知与协调服务等。
- Zookeeper 设计上易于编码，数据模型构建在树形结构目录风格的文件系统中。
- Zookeeper 运行在 Java 环境上，同时支持 Java 和 C 语言。

2. Zookeeper 的特点

Zookeeper 工作在集群中，对集群提供分布式协调服务，它提供的分布式协调服务具有如下的特点。

- 最终一致性：客户端不论连接到哪个 Server，看到的都是同一个视图，这是 Zookeeper 最重要的特点。
- 可靠性：Zookeeper 具有简单、健壮、良好的性能。如果一条消息被一台服务器接收，那么它将被所有的服务器接收。
- 实时性：Zookeeper 保证客户端将在一个时间间隔范围内，获得服务器更新的信息或服务器失效的信息。但由于网络延时等原因，Zookeeper 不能保证两个客户端能同时得到刚更新的数据，如果需要最新的数据，应该在读数据之前调用 sync( )接口。
- 等待无关（wait-free）：慢的或失效的客户端不得干预快速客户端的请求，这就使得每个客户端都能有效地等待。
- 原子性：对 Zookeeper 的更新操作要么成功，要么失败，没有中间状态。
- 顺序性：它包括全局有序和偏序两种。全局有序是针对服务器端，例如，在一台服务器上，消息 A 在消息 B 前发布，那么所有服务器上的消息 A 都将在消息 B 前发布。偏序是针对客户端，例如，在同一个客户端消息 B 在消息 A 后发布，那么执行的顺序必将是先执行消息 A 然后再执行消息 B。所有的更新操作都有严格的偏序关系，更新操作都是串行执行的，这是保证 Zookeeper 功能正确性的关键。

3. Zookeeper 的基本架构

Zookeeper 服务自身组成一个集群（2n+1 个服务节点最多允许 n 个失效）。Zookeeper 服务有两种角色：一种是主节点（Leader），负责投票的发起和决议，更新系统状态；另一种是从节点（Follower），用于接收客户端请求并向客户端返回结果，在选主过程（即选择主节点的过程）中参与投票。主节点失效后，会在从节点中重新选举新的主节点。Zookeeper 系统架构如图 3-1 所示。

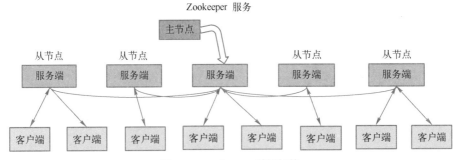

图 3-1　Zookeeper 系统架构

接下来对 Zookeeper 系统架构进行简单的解释说明。

客户端（Client）可以选择连接到 Zookeeper 集群中的每台服务端（Server），而且每台服务端的数据完全相同。每个从节点都需要与主节点进行通信，并同步主节点上更新的数据。

对于 Zookeeper 集群来说，只要超过一半数量的 Zookeeper 服务端可用，Zookeeper 整体服务就可用。

4．Zookeeper 的工作原理

Zookeeper 的核心是原子广播，该原子广播就是对 Zookeeper 集群上的所有主机发送数据包，通过这个机制保证了各个服务端之间的数据同步。实现这个机制在 Zookeeper 中有一个内部协议，此协议有两种模式，一种是恢复模式，一种是广播模式。

当服务启动或在主节点崩溃后，此协议就进入了恢复模式，当主节点再次被选举出来，且大多数服务端完成了和主节点的状态同步后，恢复模式就结束了。状态同步保证了主节点和服务端具有相同的系统状态。一旦主节点已经和多数从节点（也就是服务端）进行了状态同步后，它就可以开始广播消息，即进入广播模式。

在广播模式下，服务端会接受客户端的请求，所有的写请求都被转发给主节点，再由主节点发送广播给从节点。当半数以上的从节点完成数据的写请求之后，主节点才会提交这个更新，然后客户端才会收到一个更新成功的响应。

5．Zookeeper 的数据模型

Zookeeper 维护着一个树形层次结构，树中的节点被称为 znode。znode 可以用于存储数据，并且有一个与之相关联的访问控制列表（Access Control List，ACL，用于控制资源的访问权限）。Zookeeper 被设计用来实现协调服务（通常使用小数据文件），而不是用于存储大容量数据，因此一个 znode 能存储的数据被限制在 1MB 以内。znode 的树形层次结构如图 3-2 所示。从图中可以看到，Zookeeper 根节点包含两个子节点/app1 和/app2。/app1 节点下面又包含了 3 个子节点，分别为/app1/p_1、/app1/p_2 和/app1/p_3。/app2 节点也可以包含多个子节点，以此类推，这些节点和子节点形成了树形层次结构。

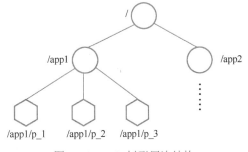

图 3-2　znode 树形层次结构

Zookeeper 的数据访问具有原子性。客户端在读取一个 znode 的数据时，要么读到所有数据，要么读操作失败，不会存在只读到部分数据的情况。同样，写操作将替换 znode 存储的所有数据，Zookeeper 会保证写操作不成功就失败，不会出现部分写成功之类的情况，也就是不会出现只保存客户端所写部分数据的情况。

znode 是客户端访问 Zookeeper 的主要实体，它包含了以下主要特征。

（1）临时节点

znode 节点有两种：临时节点和持久节点。znode 的类型在创建时即确定，之后不能修改。当创建临时节点的客户端会话结束时，Zookeeper 会将该临时节点删除。而持久节点不依赖客户端会话，只有当客户端明确要删除该持久节点时才会被真正删除。临时节点不可以有子节点，即使是短暂的子节点。

（2）顺序节点

顺序节点是指名称中包含 Zookeeper 指定顺序号的 znode。如果在创建 znode 时设置了顺序标识，

那么该 znode 名称之后就会附加一个值，该值是一个单调递增的计数器添加的，由父节点维护。

例如，如果一个客户端请求创建一个名为/djt/h-的顺序 znode，那么所创建 znode 的名称可能是/djt/h-1。如果另外一个名为/djt/h-的顺序 znode 被创建，计数器会给出一个更大的值来保证 znode 名称的唯一性，znode 名称可能为/djt/h-2。

在一个分布式系统中，顺序号可用于为所有的事件进行全局排序，这样客户端就可以通过顺序号来推断事件的顺序。

（3）观察机制

znode 以某种方式发生变化时，观察（watcher）机制（观察机制：一个 watcher 事件是一个一次性的触发器，当被设置了 watcher 的 znode 发生改变时，服务器将这个改变发送给设置了 watcher 的客户端，以便通知它们）可以让客户端得到通知。可以针对 Zookeeper 服务的操作来设置观察，该服务的其他操作可以触发观察。比如，客户端可以对一个 znode 调用 exists 操作，同时在其上设定一个 watcher。如果此 znode 不存在，则客户端所调用的 exists 操作将会返回 false。如果另外一个客户端创建了此 znode，那么设定的 watcher 会被触发，这时就会通知前一个客户端该 znode 被创建。

在 Zookeeper 中，引入了 watcher 机制来实现分布式的通知功能。Zookeeper 允许客户端向服务端注册一个 watcher 监视器，当服务端的一些特定事件触发了 watcher 监视器后，就会向指定客户端发送一个异步事件通知来实现分布式的通知功能。这种机制称为注册与异步通知机制。

3.1.2　Zookeeper 集群安装前的准备工作

首先根据大数据平台集群规划，提前准备好 hadoop01、hadoop02、hadoop03 三个节点。Zookeeper 是由 Java 编写，运行在 JVM 之上，所以 Zookeeper 集群各个节点需要提前安装 JDK 运行环境。另外，在 Zookeeper 集群安装部署前，还有很多环境准备工作，比如时钟同步、集群 SSH 免密登录等。

1．配置 Hosts 文件

为方便集群节点之间通过 hostname 相互通信，在 hosts 文件中分别为每个节点配置 hostname 与 IP 之间的映射关系，这里以 hadoop01 节点为例，具体操作如下所示。

```
[root@hadoop01 ~]# vi /etc/hosts
127.0.0.1       localhost localhost.localdomain localhost4 localhost4.localdomain4
::1             localhost localhost.localdomain localhost6 localhost6.localdomain6
192.168.20.121 hadoop01
192.168.20.122 hadoop02
192.168.20.123 hadoop03
```

保存 /etc/hosts 文件，然后需要重启网络服务，才能使配置文件生效，具体操作如下所示。

```
[root@hadoop01 ~]# service network restart
```

备注：hadoop02 和 hadoop03 节点上重复上面的操作即可。

2．时钟同步

Hadoop 集群对节点的时间同步要求比较高，要求各个节点的系统时间不能相差太多，否则会造成很多问题，比如最常见的连接超时问题。所以需要集群节点的系统时间与互联网时间保持同步，但是在实际生产环境中，集群中大部分节点是不能连接外网的，这时可以在内网搭建一个自己的时钟服务器（如 NTP 服务器），然后让 Hadoop 集群的各个节点与此时钟服务器的时间保持同步。

可以选择 hadoop01 节点作为时钟服务器。

（1）查看时间类型

在 hadoop01 节点上输入 date 命令，可以查看到当前系统时间，如下所示。

```
[root@hadoop01 ~]# date
Sun Jun 28 23:32:08 EST 2020
[root@hadoop01 ~]#
```

从结果可以看出系统时间为 EST（EST 表示东部标准时间，即纽约时间），可以把时间改为 CST（CST 表示中国标准时间）。

（2）修改时间类型

使用 shanghai 时间来覆盖当前的系统默认时间，具体操作如下所示。

```
[root@hadoop01 ~]# cp /usr/share/zoneinfo/Asia/Shanghai        /etc/localtime
```

注意：上述操作在集群各个节点都要执行，保证当前系统时间标准为上海时间。

（3）配置 NTP 服务器

选择 hadoop01 节点来配置 NTP 服务器，集群其他节点定时同步 hadoop01 节点时间即可。

1）检查 NTP 服务是否已经安装。

输入 rpm -qa | grep ntp 命令查看 NTP 服务是否安装，操作结果如下所示。

```
[root@hadoop01 ~]# rpm -qa | grep ntp
ntp-4.2.6p5-12.el6.centos.2.x86_64
ntpdate-4.2.6p5-12.el6.centos.2.x86_64
```

如果 NTP 服务已经安装，可以直接进行下一步，否则输入 yum install -y ntp 命令可以在线安装 NTP 服务。实际上就是安装两个软件，ntpdate-4.2.6p5-12.el6.centos.2.x86_64 用来与某台服务器进行同步，ntp-4.2.6p5-12.el6.centos.2.x86_64 用来提供时间同步服务。

2）修改配置文件 ntp.conf。

修改 NTP 服务配置，具体操作如下所示。

```
[root@hadoop01 ~]# vi /etc/ntp.conf
#启用 restrict 限定该机器网段，192.168.20.121 为当前节点的 IP 地址
restrict 192.168.20.121 mask 255.255.255.0 nomodify notrap

#注释掉 server 域名配置
#server 0.centos.pool.ntp.org iburst
#server 1.centos.pool.ntp.org iburst
#server 2.centos.pool.ntp.org iburst
#server 3.centos.pool.ntp.org iburst

#添加如下两行配置，让本机和本地硬件时间同步
server 127.127.1.0
fudge 127.127.1.0 stratum 10
```

3）启动 NTP 服务。

执行 chkconfig ntpd on 命令，可以保证每次机器启动时，NTP 服务都会自动启动，具体操作如下所示。

```
[root@hadoop01 ~]# chkconfig ntpd on
```

4）配置其他节点定时同步时间。

hadoop02 和 hadoop03 节点通过 Linux crontab 命令，可以定时同步 hadoop01 节点的系统时间，具体操作如下所示。

```
[root@hadoop02 ~]# crontab -e
#表示每隔 10min 进行一次时钟同步
0-59/10 * * * * /usr/sbin/ntpdate hadoop01
[root@hadoop03 ~]# crontab –e
#表示每隔 10min 进行一次时钟同步
0-59/10 * * * * /usr/sbin/ntpdate hadoop01
```

hadoop02 和 hadoop03 节点也需要使用 yum install -y ntp 命令安装 NTP 服务，才能使用 ntpdate 时间同步命令。

3. 集群 SSH 免密登录

在搭建 Linux 虚拟机一节中，分别对每个节点设置了 SSH 免密登录，为了实现集群节点之间 SSH 免密登录，需要将 hadoop02 和 hadoop03 的公钥 id_ras.pub 复制到 hadoop01 中的 authorized_keys 文件中，具体操作命令如下所示。

```
[hadoop@hadoop02 ~]$cat ~/.ssh/id_rsa.pub | ssh hadoop@hadoop01 'cat >> ~/.ssh/authorized_keys'
[hadoop@hadoop03 ~]$cat ~/.ssh/id_rsa.pub | ssh hadoop@hadoop01 'cat >> ~/.ssh/authorized_keys'
```

然后将 hadoop01 中的 authorized_keys 文件分发到 hadoop02 和 hadoop03 节点上，具体操作命令如下所示。

```
[hadoop@hadoop01 .ssh]$scp -r authorized_keys hadoop@hadoop02:~/.ssh/
[hadoop@hadoop01 .ssh]$scp -r authorized_keys hadoop@hadoop03:~/.ssh/
```

hadoop01 节点可以免密登录 hadoop02 和 hadoop03 节点了，具体操作如图 3-3 和图 3-4 所示。

图 3-3　hadoop01 节点免密登录 hadoop02 节点　　　图 3-4　hadoop01 节点免密登录 hadoop03 节点

4. JDK 安装

首先以 hadoop01 节点为例，安装配置 JDK 环境变量。

1）下载 JDK。

可以在官网（下载地址为 https://www.oracle.com/java/technologies/javase/javase8u211-later-archive-downloads.html）下载对应版本的 jdk-8u51-linux-x64.tar.gz 安装包，并上传至 hadoop01 节点的 /home/hadoop/app 目录下。也可以通过本书配套资源包下载（本书配套资料/第 3 章/3.1/安装包）。

2）解压 JDK。

使用 tar 命令对 jdk-8u51-linux-x64.tar.gz 安装包进行解压，详细操作如下所示。

```
[hadoop@hadoop01 app]$ tar -zxvf   jdk-8u51-linux-x64.tar.gz
```

为了方便 JDK 多版本切换使用，使用如下命令创建 JDK 软连接。

```
[hadoop@hadoop01 app]$ ln   -s    jdk1.8.0_51   jdk
```

3）配置 JDK 环境变量。

在 hadoop 用户下，打开.bashrc 配置文件，添加 JDK 环境变量，具体操作如下所示。

```
[hadoop@hadoop01 app]$vi ~/.bashrc
JAVA_HOME=/home/hadoop/app/jdk
CLASSPATH=.:$JAVA_HOME/lib/dt.jar:$JAVA_HOME/lib/tools.jar
PATH=$JAVA_HOME/bin:$PATH
export JAVA_HOME CLASSPATH PATH
```

配置好 JDK 环境变量之后，还需要使用 source 命令操作.bashrc 配置文件，JDK 环境变量才能生效。

```
[hadoop@hadoop01 app]$ source ~/.bashrc
[hadoop@hadoop01 ~]$ echo $JAVA_HOME
/home/hadoop/app/jdk
```

4）检查 JDK 是否安装成功。

在 hadoop 用户下，使用 java -version 命令查看 JDK 版本号，具体操作如下所示。

```
[hadoop@hadoop01 app]$ java -version
java version "1.8.0_51"
Java(TM) SE Runtime Environment (build 1.8.0_51-b16)
Java HotSpot(TM) 64-Bit Server VM (build 25.51-b03, mixed mode)
```

如果输出的信息中有 JDK 版本号，说明 JDK 安装成功。

5）配置其他节点的 JDK 环境变量。

hadoop02 和 hadoop03 节点重复第 1）～4）步操作，即可完成整个集群的 JDK 安装配置。

3.1.3　Zookeeper 集群的安装部署

Zookeeper 是一个分布式应用程序协调服务，大多数分布式应用都需要 Zookeeper 的支持。Zookeeper 安装部署主要有两种模式：一种是单节点模式，另一种是分布式集群模式。因为在生产环境中使用的都是分布式集群，所以本小节直接讲解 Zookeeper 分布式集群模式。

1）下载解压 Zookeeper。

可以在官网（地址为http://Zookeeper.apache.org/releases.html# download）下载 Zookeeper 稳定版本的 zookeeper-3.4.6.tar.gz 安装包，然后上传至 hadoop01 节点的 /home/hadoop/app 目录下进行解压，具体操作如下所示。也可通过本书配套资源包下载获取（本书配套资料/第 3 章/3.1/安装包）。

```
#查看 Zookeeper 所在目录
[hadoop@hadoop01 app]$ ls
zookeeper-3.4.6.tar.gz
#解压 Zookeeper
[hadoop@hadoop01 app]$ tar -zxvf zookeeper-3.4.6.tar.gz
#删除 Zookeeper 安装包
[hadoop@hadoop01 app]$ rm –rf   zookeeper-3.4.6.tar.gz
#创建 Zookeeper 软连接
[hadoop@hadoop01 app]$ ln -s zookeeper-3.4.6 zookeeper
[hadoop@hadoop01 app]$ ls
zookeeper-3.4.6    zookeeper
```

2）配置 Zookeeper。

在运行 Zookeeper 服务之前，需要新建一个配置文件。这个配置文件习惯上命名为 zoo.cfg，并保存在 conf 子目录中，配置文件的具体内容如下所示（本书配套资料/第 3 章/3.1/配置文件）。

```
[hadoop@hadoop01 app]$ cd zookeeper
[hadoop@hadoop01 zookeeper]$ cd conf/
[hadoop@hadoop01 conf]$ ls
configuration.xsl   log4j.properties   zoo.cfg   zoo_sample.cfg
[hadoop@hadoop01 conf]$ vi zoo.cfg
# The number of milliseconds of each tick
#这个时间是作为 Zookeeper 服务器之间或客户端与服务器之间维持心跳的时间间隔
tickTime=2000
# The number of ticks that the initial
# synchronization phase can take
#配置 Zookeeper 接受客户端初始化连接时最长能忍受多少个心跳时间间隔数。
initLimit=10
# The number of ticks that can pass between
# sending a request and getting an acknowledgement
#Leader 与 Follower 之间发送消息，请求和应答时间长度
syncLimit=5
# the directory where the snapshot is stored.
# do not use /tmp for storage, /tmp here is just
# example sakes.
#数据目录需要提前创建
dataDir=/home/hadoop/data/zookeeper/zkdata
#日志目录需要提前创建
dataLogDir=/home/hadoop/data/zookeeper/zkdatalog
# the port at which the clients will connect
#访问端口号
clientPort=2181
# the maximum number of client connections.
# increase this if you need to handle more clients
#maxClientCnxns=60
#
# Be sure to read the maintenance section of the
# administrator guide before turning on autopurge.
#
# http://zookeeper.apache.org/doc/current/zookeeperAdmin.html#sc_maintenance
#
# The number of snapshots to retain in dataDir
#autopurge.snapRetainCount=3
# Purge task interval in hours
# Set to "0" to disable auto purge feature
#autopurge.purgeInterval=1
#server.每个节点服务编号=服务器 IP 地址：集群通信端口：选举端口
server.1=hadoop01:2888:3888
server.2=hadoop02:2888:3888
server.3=hadoop03:2888:3888
```

3）Zookeeper 安装目录同步到集群其他节点。

将 hadoop01 节点的 Zookeeper 安装目录，整体分发到集群的 hadoop02 和 hadoop03 节点，具体操作如下所示。

```
[hadoop@hadoop01 app]$scp -r zookeeper-3.4.6   hadoop@hadoop02:/home/hadoop/app/
```

```
[hadoop@hadoop01 app]$scp -r zookeeper-3.4.6    hadoop@hadoop03:/home/hadoop/app/
```

然后分别在 hadoop02 和 hadoop03 节点上创建 Zookeeper 软连接，具体操作如下所示。

```
[hadoop@hadoop02 app]$ln -s zookeeper-3.4.6 zookeeper
[hadoop@hadoop03 app]$ ln -s zookeeper-3.4.6 zookeeper
```

4）创建 Zookeeper 数据和日志目录。

在集群各个节点创建 Zookeeper 数据目录和日志目录，需要与 zoo.cfg 配置文件保持一致，具体操作如下所示。

```
#创建 Zookeeper 数据目录
[hadoop@hadoop01 app]$mkdir -p /home/hadoop/data/zookeeper/zkdata
[hadoop@hadoop02 app]$mkdir -p /home/hadoop/data/zookeeper/zkdata
[hadoop@hadoop03 app]$mkdir -p /home/hadoop/data/zookeeper/zkdata

#创建 Zookeeper 日志目录
[hadoop@hadoop01 app] mkdir -p /home/hadoop/data/zookeeper/zkdatalog
[hadoop@hadoop02 app] mkdir -p /home/hadoop/data/zookeeper/zkdatalog
[hadoop@hadoop03 app] mkdir -p /home/hadoop/data/zookeeper/zkdatalog
```

5）为 Zookeeper 集群各个节点创建服务编号。

分别在 Zookeeper 集群各个节点上，进入 /home/hadoop/data/zookeeper/zkdata 目录，创建文件 myid，然后分别输入服务编号，具体操作如下所示。

```
#hadoop01 节点
[hadoop@hadoop01 zkdata]$ touch myid
[hadoop@hadoop01 zkdata]$ echo 1>myid
#hadoop02 节点
[hadoop@hadoop02 zkdata]$ touch myid
[hadoop@hadoop02 zkdata]$ echo 2>myid
#hadoop03 节点
[hadoop@hadoop03 zkdata]$ touch myid
[hadoop@hadoop03 zkdata]$ echo 3>myid
```

注意：每个节点服务编号的值是一个整数且不能重复。

6）启动 Zookeeper 集群。

在各个节点分别启动 Zookeeper 服务，具体操作如图 3-5 所示。

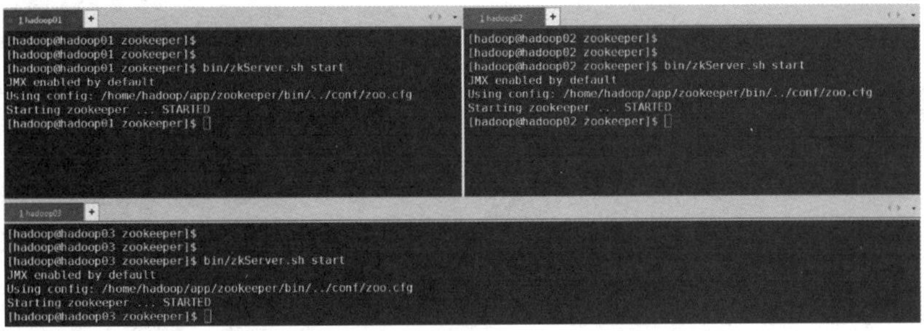

图 3-5　启动 Zookeeper 集群

Zookeeper 集群启动之后，可以通过 jps 命令查看 Zookeeper 服务进程，具体操作如图 3-6 所示。

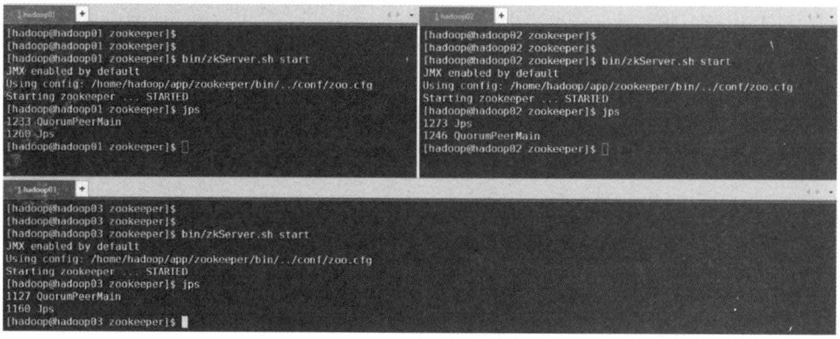

图 3-6　Zookeeper 服务进程

Zookeeper 集群是否可用，还需要查看 Zookeeper 集群各节点状态，具体操作如图 3-7 所示。

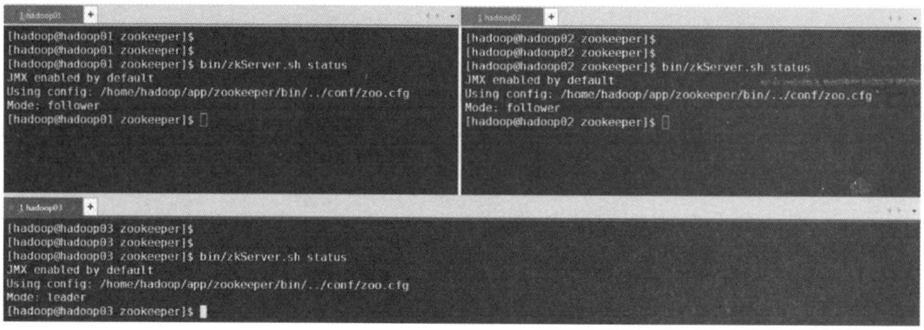

图 3-7　Zookeeper 服务状态

从上面结果可以看出，在 Zookeeper 集群中，其中一个节点为 leader（领导者），另外两个节点是 follower（跟随者），说明 Zookeeper 集群安装部署成功。

3.1.4　Zookeeper shell 的操作

Zookeeper 集群启动成功之后，在集群中的任何一个节点都可以访问 Zookeeper 服务，具体操作如下所示。

[hadoop@hadoop01 zookeeper]$bin/zkCli.sh -server localhost:2181

Zookeeper 服务连接成功之后，输入 help 命令可以查看 Zookeeper 所有的 shell 基本操作，具体操作结果如图 3-8 所示。

接下来介绍 Zookeeper 的 shell 基本命令。

（1）查看 Zookeeper 根目录结构

查看 Zookeeper 根节点 znode 的结构，具体操作如下所示。

[zk: localhost:2181(CONNECTED) 1] ls 　/

（2）创建 znode 节点

使用 create 命令创建 znode 节点 /test，具体操作如下所示。

图 3-8　Zookeeper shell 基本操作命令

32

```
[zk: localhost:2181(CONNECTED) 2] create /test helloworld
Created /test
```

（3）查看 znode 节点

使用 get 命令查看创建的 /test znode 节点的内容，具体操作如下所示。

```
[zk: localhost:2181(CONNECTED) 3] get /test
helloworld
cZxid = 0x5200000002
ctime = Sun Mar 22 19:32:26 CST 2020
mZxid = 0x5200000002
mtime = Sun Mar 22 19:32:26 CST 2020
pZxid = 0x5200000002
cversion = 0
dataVersion = 0
aclVersion = 0
ephemeralOwner = 0x0
dataLength = 10
numChildren = 0
```

（4）修改 znode 节点

使用 set 命令修改 /test znode 节点的内容，具体操作如下所示。

```
#修改 /test 节点的内容
[zk: localhost:2181(CONNECTED) 4] set /test zookeeper
cZxid = 0x5200000002
ctime = Sun Mar 22 19:32:26 CST 2020
mZxid = 0x5200000003
mtime = Sun Mar 22 19:33:55 CST 2020
pZxid = 0x5200000002
cversion = 0
dataVersion = 1
aclVersion = 0
ephemeralOwner = 0x0
dataLength = 9
numChildren = 0
#查看 /test 节点的内容
[zk: localhost:2181(CONNECTED) 5] get /test
zookeeper
cZxid = 0x5200000002
ctime = Sun Mar 22 19:32:26 CST 2020
mZxid = 0x5200000003
mtime = Sun Mar 22 19:33:55 CST 2020
pZxid = 0x5200000002
cversion = 0
dataVersion = 1
aclVersion = 0
ephemeralOwner = 0x0
dataLength = 9
numChildren = 0
```

（5）删除 znode 节点

使用 delete 命令删除 /test znode 节点，具体操作如下所示。

```
[zk: localhost:2181(CONNECTED) 6] delete /test
```

当使用 delete 命令删除 /test 节点之后，/test 节点从 Zookeeper 目录树中消失。

3.2　HDFS 分布式文件系统

Hadoop 是一个由 Apache 基金会开发的分布式系统基础架构。用户可以在不了解分布式底层细节的情况下，轻松实现大规模数据的分布式存储和分布式程序的快速开发，充分利用集群的威力进行大数据的高速存储和运算。其中 Hadoop 分布式文件系统（Hadoop Distributed File System，HDFS）起着非常重要的作用，它以文件的形式为上层应用提供海量数据存储服务，并实现了高可靠性、高容错性、高可扩展性等特点。本节将具体介绍 HDFS，让读者对 HDFS 有一个全面深入的认识。

3.2.1　HDFS 架构设计及原理

1．HDFS 的概念

HDFS 是 Hadoop 项目的核心子项目，是分布式计算中数据存储管理的基础，是基于流式数据访问和处理超大文件的需求而开发的分布式文件系统。整个系统可以运行在由廉价的商用服务器组成的集群之上，它所具有的高容错性、高可靠性、高可扩展性、高可用性、高吞吐率等特征，为海量数据提供了不怕故障的存储，给超大数据集的应用处理带来了很多便利。

2．HDFS 产生的背景

数据量的不断增大导致数据在一个操作系统管辖的范围内存储不下，为了存储这些大规模数据，需要将数据分配到更多操作系统管理的磁盘中存储，但是这样处理会导致数据的管理和维护很不方便，所以迫切需要一种系统来管理和维护多台机器上的数据文件，这种系统就是分布式文件管理系统，而 HDFS 只是分布式文件管理系统中的一种。

3．HDFS 的设计理念

HDFS 的设计理念来源于非常朴素的思想：即当数据文件的大小超过单台计算机的存储能力时，就有必要将数据文件切分并存储到由若干台计算机组成的集群中，这些计算机通过网络进行连接，而 HDFS 作为一个抽象层架构在集群网络之上，对外提供统一的文件管理功能，对于用户来说感觉像在操作一台计算机一样，根本感受不到 HDFS 底层的多台计算机，而且 HDFS 还能够很好地容忍节点故障且不丢失任何数据。

下面来看一下 HDFS 的核心设计目标。

（1）支持超大文件存储

支持超大文件存储是 HDFS 最基本的功能。

这里的"超大文件"指大小达到 TB（1TB=1024GB）、PB（1PB=1024TB）级别的文件。随着未来技术水平的发展，数据文件的规模还可以更大。

（2）流式数据访问

流式数据访问是 HDFS 选择的最高效的数据访问方式。

流式数据访问可以简单理解为：读取数据文件就像打开水龙头一样，可以不停地读取。因为

HDFS 上存储的数据集通常是由数据源生成或从数据源收集而来，接着会长时间在此数据集上进行各种分析，而且每次分析都会涉及该数据集的大部分甚至全部数据，所以每次读写的数据量都很大，因此对整个系统来说读取整个数据集所需要的时间要比读取第一条记录所需要的时间更重要，即 HDFS 更重视数据的吞吐量，而不是数据的访问时间。所以 HDFS 选择采用一次写入、多次读取的流式数据访问模式，而不是随机访问模式。

（3）简单的一致性模型

在 HDFS 中，一个文件一旦创建、写入、关闭，一般不需要再进行修改。这样就可以简单地保证数据的一致性。

（4）硬件故障的检测和快速应对

利用大量普通硬件构成的集群平台中，硬件出现故障是常见的问题。一般的 HDFS 系统是由数十台甚至成百上千台存储着数据文件的服务器组成，大量的服务器就意味着高故障率，但是 HDFS 在设计之初已经充分考虑到这些问题，认为硬件故障是常态而不是异常，所以如何进行故障的检测和快速自动恢复也是 HDFS 的重要设计目标之一。

总之，HDFS 能够很好地运行在廉价的硬件集群之上，以流式数据访问模式来存储管理超大数据文件。这也是 HDFS 成为大数据领域使用最多的分布式存储系统的主要原因。

4．HDFS 的系统架构

一个完整的 HDFS 文件系统通常运行在由网络连接在一起的一组计算机（或叫节点）组成的集群之上，在这些节点上运行着不同类型的守护进程，比如 NameNode、DataNode、SecondaryNameNode，多个节点上不同类型的守护进程相互配合、互相协作，共同为用户提供高效的分布式存储服务。HDFS 的系统架构如图 3-9 所示。

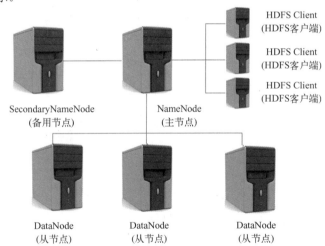

图 3-9　HDFS 系统架构

整个 HDFS 系统架构是一个主从架构。一个典型的 HDFS 集群中，通常会有一个 NameNode，一个 SecondaryNameNode 和至少一个 DataNode，而且 HDFS 客户端的数量也没有限制。

HDFS 主要是为了解决大规模数据的分布式存储问题，那么这些数据到底是存储在哪里呢？实际上是把数据文件切分成数据块（Block），然后均匀地存放在运行 DataNode 守护进程的节点中。那么怎么来管理这些 DataNode 节点统一对外提供服务呢？实际上是由 NameNode 来集中管理的，

SecondaryNameNode 又起到什么作用呢？它们又是如何协同服务呢？接下来详细地来了解一下 HDFS 架构的核心概念。

（1）NameNode

NameNode 是 HDFS 主从架构中的主节点，也被称为名字节点、管理节点或元数据节点，它管理文件系统的命名空间，维护着整个文件系统的目录树以及目录树中的所有子目录和文件。

这些信息还以两个文件的形式持久化保存在本地磁盘上，一个是命名空间镜像，也称为文件系统镜像 FSImage（File System Image，FSImage），主要用来存储 HDFS 的元数据信息，是 HDFS 元数据的完整快照。每次 NameNode 启动时，默认都会加载最新的命名空间镜像文件到内存中。

还有一个文件是命名空间镜像的编辑日志（Edit Log），该文件保存用户对命名空间镜像的修改信息。

（2）SecondaryNameNode

SecondaryNameNode 是 HDFS 主从架构中的备用节点，也被称为从元数据节点，主要用于定期合并 FSImage 和命名空间镜像的 Edit Log，是一个辅助 NameNode 的守护进程。在生产环境下，SecondaryNameNode 一般会单独地部署到一台服务器上，因为 SecondaryNameNode 节点在进行两个文件合并时需要消耗大量资源。

SecondaryNameNode 要辅助 NameNode 定期地合并 FSImage 文件和 Edit Log 文件的目的如下。

FSImage 文件实际上是 HDFS 文件系统元数据的一个永久性检查点（CheckPoint），但也并不是每一个写操作都会更新到这个文件中，因为 FSImage 是一个大型文件，如果频繁地执行写操作，会导致系统运行极其缓慢。解决该问题的方案就是，NameNode 将命名空间的改动信息写入命名空间的 Edit Log，但是随着时间的推移，Edit Log 文件会越来越大，一旦发生故障，将需要花费很长的时间进行回滚操作，所以可以像传统的关系型数据库一样，定期地合并 FSImage 和 Edit Log。如果由 NameNode 来执行合并操作的话，由于 NameNode 同时在为集群提供服务，所以可能无法提供足够的资源。为了彻底解决这一问题，产生了 SecondaryNameNode。SecondaryNameNode 和 NameNode 的交互过程如图 3-10 所示。

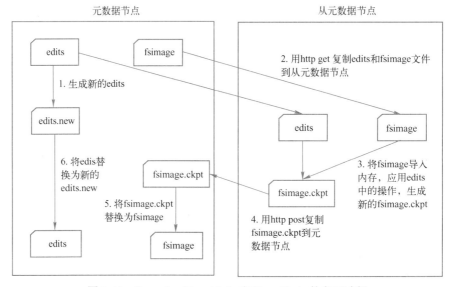

图 3-10　SecondaryNameNode 和 NameNode 的交互过程

1）SecondaryNameNode（即从元数据节点）引导 NameNode（即元数据节点）滚动更新编辑日志，并开始将新的编辑日志写进 edits.new。

2）SecondaryNameNode 将 NameNode 的 FSImage 文件（fsimage）和编辑日志 Edit Log（edits）文件复制到本地的检查点目录。

3）SecondaryNameNode 将 FSImage（fsimage）文件导入内存，回放编辑日志（edits），将其合并到 FSImage（fsimage.ckpt），并将新的 FSImage 文件（fsimage.ckpt）压缩后写入磁盘。

4）SecondaryNameNode 将新的 FSImage 文件（fsimage.ckpt）传回 NameNode。

5）NameNode 在接收到新的 FSImage 文件（fsimage.ckpt）后，将 fsimage.ckpt 替换为 fsimage，然后直接加载和启用该文件。

6）NameNode 将 Edit Log.new（即图中的 edits.new）更名为 Edit Log（即图中的 edits）。默认情况下，该过程 1h 发生一次，或当编辑日志达到默认值（如 64MB）也会触发。具体触发该操作的值是可以通过配置文件配置的。

（3）DataNode

DataNode 也被称为数据节点，它是 HDFS 主从架构中的从节点，它在 NameNode 的指导下完成数据的 I/O 操作。前面说过，存放在 HDFS 上的文件是由数据块组成的，所有这些块都存储在 DataNode 节点上。实际上，在 DataNode 节点上，数据块就是一个普通文件，可以在 DataNode 存储块的对应目录下看到（默认在$(dfs.data.dir)/current 的子目录下），块的名称是 blk_blkID，如图 3-11 所示。

```
[root@hadoop01 ~]# su - hadoop
[hadoop@hadoop01 ~]$ cd data/tmp/dfs/
data/ name/
[hadoop@hadoop01 ~]$ cd data/tmp/dfs/data/current/BP-680134719-192.168.20.121-1586604591902/current/finalized/subdir0/subdir0
[hadoop@hadoop01 subdir0]$ ls
blk_1073741825              blk_1073742001_1177.meta    blk_1073750114              blk_1073758266_17442.meta    blk_1073758375
blk_1073741825_1001.meta    blk_1073742002              blk_1073750114_9290.meta    blk_1073758284              blk_1073758375_17551.meta
blk_1073741827              blk_1073742002_1178.meta    blk_1073750158              blk_1073758284_17460.meta    blk_1073758390
blk_1073741827_1003.meta    blk_1073742003              blk_1073750158_9334.meta    blk_1073758285              blk_1073758390_17566.meta
blk_1073741830              blk_1073742003_1179.meta    blk_1073750159              blk_1073758285_17461.meta    blk_1073758393
blk_1073741830_1006.meta    blk_1073742004              blk_1073750159_9335.meta    blk_1073758286              blk_1073758393_17569.meta
blk_1073741839              blk_1073742004_1180.meta    blk_1073750160              blk_1073758286_17462.meta    blk_1073758394
blk_1073741839_1015.meta    blk_1073742005              blk_1073750160_9336.meta    blk_1073758287              blk_1073758394_17570.meta
blk_1073741840              blk_1073742005_1181.meta    blk_1073750161              blk_1073758287_17463.meta    blk_1073758395
blk_1073741840_1016.meta    blk_1073742036              blk_1073750161_9337.meta    blk_1073758288              blk_1073758395_17571.meta
blk_1073741841              blk_1073742036_1212.meta    blk_1073750162              blk_1073758288_17464.meta    blk_1073758396
blk_1073741841_1017.meta    blk_1073742037              blk_1073750162_9338.meta    blk_1073758306              blk_1073758396_17572.meta
blk_1073741842              blk_1073742037_1213.meta    blk_1073750206              blk_1073758306_17482.meta    blk_1073758397
blk_1073741842_1018.meta    blk_1073742038              blk_1073750206_9382.meta    blk_1073758307              blk_1073758397_17573.meta
blk_1073741843              blk_1073742038_1214.meta    blk_1073750207              blk_1073758307_17483.meta    blk_1073758413
blk_1073741843_1019.meta    blk_1073742039              blk_1073750207_9383.meta    blk_1073758308              blk_1073758413_17589.meta
blk_1073741844              blk_1073742039_1215.meta    blk_1073750208              blk_1073758308_17484.meta    blk_1073758414
blk_1073741844_1020.meta    blk_1073742040              blk_1073750208_9384.meta    blk_1073758309              blk_1073758414_17590.meta
blk_1073741848              blk_1073742040_1216.meta    blk_1073750209              blk_1073758309_17485.meta    blk_1073758415
blk_1073741848_1024.meta    blk_1073742057              blk_1073750209_9385.meta    blk_1073758310              blk_1073758415_17591.meta
blk_1073741849              blk_1073742057_1233.meta    blk_1073750210              blk_1073758310_17486.meta    blk_1073758416
blk_1073741849_1025.meta    blk_1073742058              blk_1073750210_9386.meta    blk_1073758327              blk_1073758416_17592.meta
blk_1073741850              blk_1073742058_1234.meta    blk_1073750254              blk_1073758327_17503.meta    blk_1073758417
blk_1073741850_1026.meta    blk_1073742059              blk_1073750254_9430.meta    blk_1073758328              blk_1073758417_17593.meta
```

图 3-11　数据块位置及名称

DataNode 会不断地向 NameNode 汇报块报告（即各个 DataNode 节点会把本节点上存储的数据块的情况以"块报告"的形式汇报给 NameNode）并执行来自 NameNode 的指令。初始化时，集群中的每个 DataNode 会将本节点当前存储的块信息以块报告的形式汇报给 NameNode。在集群正常工作时，DataNode 仍然会定期地把最新的块信息汇报给 NameNode，同时接收 NameNode 的指令，比如创建、移动或删除本地磁盘上的数据块等操作。

实际上，可以通过以下三点更深入地理解一下 DataNode 是如何存储和管理数据块的。

1）DataNode 节点是以数据块的形式在本地 Linux 文件系统上保存 HDFS 文件的内容，并对外提供文件数据访问功能。

2）DataNode 节点的一个基本功能就是管理这些保存在 Linux 文件系统中的数据。

3）DataNode 节点是将数据块以 Linux 文件的形式保存在本节点的存储系统上。

（4）HDFS 客户端

HDFS 客户端便于用户和 HDFS 文件系统进行交互，HDFS 提供了非常多的客户端，包括命令行接口、Java API、Thrift 接口、Web 界面等。

（5）数据块

磁盘有数据块（也叫磁盘块）的概念，比如每个磁盘都有默认的磁盘块容量，磁盘块容量一般为 512 字节，这是磁盘进行数据读写的最小单位。文件系统也有数据块的概念，但是文件系统中的块的容量只能是磁盘块容量的整数倍，一般为几千字节。然而用户在使用文件系统时，比如对文件进行读写操作时，可以完全不需要知道数据块的细节，只需要知道相关的操作即可，因为这些底层细节对用户都是透明的。

HDFS 也有数据块（Block）的概念，但是 HDFS 的数据块比一般文件系统的数据块要大得多，它也是 HDFS 存储处理数据的最小单元。默认为 64MB 或 128MB（不同版本的 Hadoop 默认的块的大小不一样，Hadoop 2.x 版本以后默认数据块的大小为 128MB，而且可以根据实际的需求，通过配置 hdfs-site.xml 文件中的 dfs.block.size 属性来改变块的大小）。这里需要特别指出的是，和其他文件系统不同，HDFS 中小于一个块大小的文件并不会占据整个块的空间。

那么为什么 HDFS 中的数据块这么大？

HDFS 的数据块大是为了最小化寻址开销。因为如果块设置得足够大，从磁盘传输数据的时间可以明显大于定位到这个块开始位置所需要的时间。所以要将块设置得尽可能大一点，但是也不能太大，因为这些数据块最终是要供上层的计算框架处理的，如果数据块太大，那么处理整个数据块所花的时间就比较长，会影响整体数据处理的时间，数据块的大小到底应该设置多少合适呢？下面举例说明。

比如寻址时间为 10ms，磁盘传输速度为 100M/s，假如寻址时间占传输时间的 1%，那么块的大小可以设置为 100MB，随着磁盘驱动器传输速度的不断提升，实际上数据块的大小还可以设置得更大。

5．HDFS 的优缺点

（1）HDFS 的优点（HDFS 适合的场景）

1）高容错性。数据自动保存多个副本，HDFS 通过增加多个副本的形式，提高了 HDFS 文件系统的容错性；某一个副本丢失以后可以自动恢复。

2）适合大数据处理。能够处理 GB、TB、甚至 PB 级别的数据规模；能够处理百万规模以上的文件数量；能够处理 10000 个以上节点的集群规模。

3）流式文件访问。数据文件只能一次写入，多次读取，只能追加，不能修改；HDFS 能保证数据的简单一致性。

4）可构建在廉价的机器上。HDFS 通过多副本机制，提高了整体系统的可靠性；HDFS 提供了容错和恢复机制。比如某一个副本丢失，可以通过其他副本来恢复。保证了数据的安全性和系统的可靠性。

（2）HDFS 的缺点（HDFS 不适合的场景）

1）不适合低延时数据访问。比如 ms 级别的数据响应时间，这种场景 HDFS 是很难做到的。HDFS 更适合高吞吐率的场景，即在某一时间内写入大量的数据。

2）不适合大量小文件的存储。

如果有大量小文件需要存储，这些小文件的元数据信息的存储会占用 NameNode 大量的内存空间。这样是不可取的，因为 NameNode 的内存总是有限的；如果小文件存储的寻道时间超过文件数据的读取时间，这样也是不行的，它违反了 HDFS 大数据块的设计目标。

3）不适合并发写入、文件随机修改。一个文件只能有一个写操作，不允许多个线程同时进行写操作；仅支持数据的 append（追加）操作，不支持文件的随机修改。

6．HDFS 的读数据流程

前面从多个角度介绍了 HDFS 分布式文件系统，相信大家应该会有一个大概的了解，接下来继续从 HDFS 读写数据流程的角度进一步分析 HDFS 文件读写的原理。HDFS 的文件读取流程如图 3-12 所示，主要包括以下几个步骤。

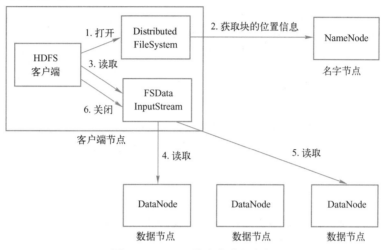

图 3-12　HDFS 的文件读取流程

1）首先调用 FileSystem 对象的 open() 方法，其实获取的是一个分布式文件系统（DistributedFile-System）实例。

2）分布式文件系统（DistributedFileSystem）通过远程过程调用（Remote Procedure Call，RPC）获得文件第一批块（Block）的位置信息（Locations），同一个块按照重复数会返回多个位置信息，这些位置信息按照 Hadoop 拓扑结构排序，距离客户端近的排在前面。

3）前两步会返回一个文件系统数据输入流（FSDataInputStream）对象，该对象会被封装为分布式文件系统输入流（DFSInputStream）对象，DFSInputStream 可以方便地管理 DataNode 和 NameNode 数据流。客户端调用 read() 方法，DFSInputStream 会找出离客户端最近的 DataNode 并连接。

4）数据从 DataNode 源源不断地流向客户端。

5）如果第一个块的数据读取完毕，就会关闭指向第一个块的 DataNode 的连接，接着读取下一个块。这些操作对客户端来说是透明的，从客户端的角度来看只是在读一个持续不断的数据流。

6）如果第一批块都读取完毕，DFSInputStream 就会去 NameNode 获取下一批块的位置信息，然后继续读取，如果所有的块都读取完毕，这时就会关闭掉所有的流。

如果在读数据时，DFSInputStream 和 DataNode 的通信发生异常，就会尝试连接正在读取的块的排序第二近的 DataNode，并且会记录哪个 DataNode 发生错误，剩余的块读取时就会直接跳过该 DataNode。DFSInputStream 也会检查块数据校验和，如果发现一个坏的块，就会先报告到 NameNode，然后 DFSInputStream 在其他的 DataNode 上读取该块的数据。

HDFS 读数据流程的设计就是客户端直接连接 DataNode 来检索数据，并且 NameNode 来负责为每一个块提供最优的 DataNode，NameNode 仅仅处理块的位置请求，这些信息都加载在 NameNode 的内存中，HDFS 通过 DataNode 集群可以承受大量客户端的并发访问。

7. HDFS 的写数据流程

HDFS 的写数据流程如图 3-13 所示，HDFS 的写数据流程主要包括以下几个步骤。

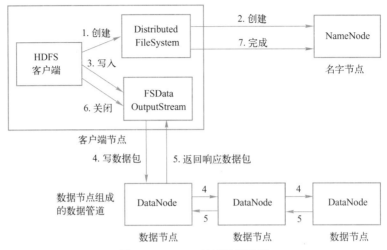

图 3-13　HDFS 的写数据流程

1）客户端通过调用分布式文件系统（DistributedFileSystem）的 create() 方法创建新文件。

2）DistributedFileSystem 通过 RPC 调用 NameNode 去创建一个没有块关联的新文件，创建前，NameNode 会做各种校验，比如文件是否存在，客户端有无权限去创建等。如果校验通过，NameNode 会记录下新文件，否则会抛出 I/O 异常。

3）前两步结束后，会返回文件系统数据输出流（FSDataOutputStream）的对象，与读文件时相似，FSDataOutputStream 被封装成分布式文件系统数据输出流（DFSOutputStream）。DFSOutputStream 可以协调 NameNode 和 DataNode。客户端开始写数据到 DFSOutputStream，DFSOutputStream 会把数据切成一个个小的数据包（packet），然后排成数据队列（data quene）。

4）数据队列中的数据包首先输出到数据管道（多个数据节点组成数据管道）中的第一个 DataNode 中（写数据包），第一个 DataNode 又把数据包发送到第二个 DataNode 中，依次类推。

5）DFSOutputStream 还维护着一个队列叫响应队列（ack quene），这个队列也是由数据包组成，用于等待 DataNode 收到数据后返回响应数据包，当数据管道中的所有 DataNode 都表示已经收到响应信息时，akc quene 才会把对应的数据包移除掉。

6）客户端完成写数据后，调用 close() 方法关闭写入流。

7）客户端通知 NameNode 把文件标记为已完成。然后 NameNode 把文件写成功的结果反馈给客户端。此时就表示客户端已完成了整个 HDFS 的写数据流程。

如果在写的过程中某个 DataNode 发生错误，会采取以下步骤处理。

1）管道关闭。

2）正常的 DataNode 上正在写的块会有一个新 ID（需要和 NameNode 通信），而失败的 DataNode 上的那个不完整的块在上报心跳时会被删掉。

3）失败的 DataNode 会被移出数据管道，块中剩余的数据包继续写入管道中的其他两个 DataNode。

4）NameNode 会标记这个块的副本个数少于指定值，块的副本会稍后在另一个 DataNode 创建。

5）有时多个 DataNode 会失败，只要 dfs.replication.min（缺省是 1 个）属性定义的指定个数的 DataNode 写入数据成功了，整个写入过程就算成功，缺少的副本会进行异步的恢复。

注意：客户端执行 write 操作后，写完的块才是可见的，正在写的块对客户端是不可见的，只有调用 sync() 方法，客户端才确保该文件的写操作已经全部完成，当客户端调用 close() 方法时，会默认调用 sync() 方法。

8. HDFS 的副本存放策略

HDFS 被设计成适合运行在廉价通用硬件（Commodity Hardware）上的分布式文件系统。它和现有的分布式文件系统有很多共同点。但同时，它和其他的分布式文件系统的区别也是很明显的，即 HDFS 是一个高度容错性的系统。HDFS 文件系统在设计之初就充分考虑到了容错问题，它的容错性机制能够很好地实现即使节点故障而数据不会丢失。这就是副本技术。

（1）副本技术概述

副本技术即分布式数据复制技术，是分布式计算的一个重要组成部分。该技术允许数据在多个服务器端共享，而且一个本地服务器可以存取不同物理地点远程服务器上的数据，也可以使所有的服务器均持有数据的副本。

通过副本技术可以有以下优点。

● 提高系统可靠性：系统不可避免地会产生故障和错误，拥有多个副本的文件系统不会导致无法访问的情况，提高了系统的可用性。另外，系统可以通过其他完好的副本对发生错误的副本进行修复，提高了系统的容错性。

● 负载均衡：副本可以对系统的负载量进行扩展。多个副本存放在不同的服务器上，可有效地分担工作量，从而将较大的工作量有效地分布在不同的节点上。

● 提高访问效率：将副本创建在访问频度较大的区域，即副本在访问节点的附近，相应减小了其通信开销，提高了整体的访问效率。

（2）HDFS 副本存放策略

HDFS 的副本策略实际上就是 NameNode 如何选择在哪个 DataNode 存储副本（Replication）的问题。这里需要对可靠性、写入带宽和读取带宽进行权衡。Hadoop 对 DataNode 存储副本有自己的副本策略，块副本存放位置的选择严重影响 HDFS 的可靠性和性能。HDFS 采用机架感知（Rack Awareness）的副本存放策略来提高数据的可靠性、可用性和网络带宽的利用率。

在其发展过程中，HDFS 一共有两个版本的副本策略，详情如图 3-14 所示，具体分析如下。

HDFS 运行在跨越大量机架的集群之上。两个不同机架上的节点是通过交换机实现通信的，大多数情况下，相同机架上机器间的网络带宽优于不同机架上的机器。

在开始时，每一个数据节点自检它所属的机架 ID，然后再向 NameNode 注册时告知自己的机架 ID。HDFS 提供接口以便很容易地挂载检测机架标识的模块。一个简单但不是最优的方式就是将副本放置在不同的机架上，这就防止了机架故障时数据的丢失，并且在读数据时可以充分利用不同机架的带宽。这个方式均匀地将副本数据分散在集群中，这就简单地实现了组件故障时的负载均衡。然而这种方式增加了写的成本，因为写时需要跨越多个机架传输文件块。

新版本的副本存放策略的基本思想如下。

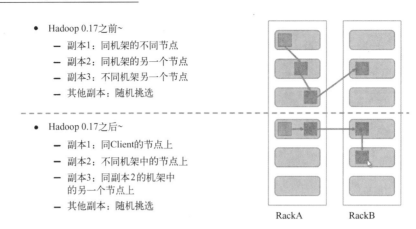

- Hadoop 0.17之前~
  - 副本1：同机架的不同节点
  - 副本2：同机架的另一个节点
  - 副本3：不同机架另一个节点
  - 其他副本：随机挑选

- Hadoop 0.17之后~
  - 副本1：同Client的节点上
  - 副本2：不同机架中的节点上
  - 副本3：同副本2的机架中的另一个节点上
  - 其他副本：随机挑选

RackA   RackB

图 3-14　HDFS 的副本策略

副本 1 存放在 Client 所在的节点上（假设 Client 不在集群的范围内，则第一个副本存储节点是随机选取的。当然系统会尝试不选择那些太满或太忙的节点）。

副本 2 存放在与第一个节点不同机架中的一个节点中（随机选择）。

副本 3 和副本 2 在同一个机架，随机放在不同的节点中。

假设还有很多其他的副本随机放在集群中的各个节点上。具体副本数据复制流程如下。

1）当 Client 向 HDFS 文件写入数据时，一开始是写入本地临时文件中。

2）假设文件的副本个数设置为 3，那么当 Client 本地临时文件累积到一个数据块的大小时，Client 会从 NameNode 获取一个 DataNode 列表用于存放副本。然后 Client 开始向第一个 DataNode 中传输副本数据，第一个 DataNode 一小部分一小部分（4KB）地接收数据，将每一部分写入本地存储，并同一时间传输该部分到列表中第二个 DataNode 节点。第二个 DataNode 也是这样，一小部分一小部分地接收数据，写入本地存储，并同一时间传给第三个 DataNode 节点。最后，第三个 DataNode 接收数据并存储在本地。因此，DataNode 能流水线式地从前一个节点接收数据，并同一时间转发给下一个节点，数据以流水线的方式从前一个 DataNode 复制到下一个 DataNode。

3.2.2　HDFS 的高可用（HA）

1. HA 机制的产生背景

高可用（High Availability，HA），为了整个系统的可靠性，通常会在系统中部署两台或多台主节点，多台主节点形成主备的关系，但是某一时刻只有一个主节点能够对外提供服务，当某一时刻检测到对外提供服务的主节点"挂"掉之后，备用主节点能够立刻接替已挂掉的主节点对外提供服务，而用户感觉不到明显的系统中断。这样对用户来说整个系统就更加的可靠和高效。

影响 HDFS 集群不可用主要包括以下两种情况。

- NameNode 机器宕机，将导致集群不可用，重启 NameNode 之后才可使用。
- 计划内的 NameNode 节点软件或硬件升级，导致集群在短时间内不可用。

在 Hadoop1.0 的时代，HDFS 集群中 NameNode 存在单点故障（SPOF）时，由于 NameNode 保存了整个 HDFS 的元数据信息，对于只有一个 NameNode 的集群，如果 NameNode 所在的机器出现意外情况，将导致整个 HDFS 系统无法使用。同时 Hadoop 生态系统中依赖于 HDFS 的各个组件，包括 MapReduce、Hive、Pig 以及 HBase 等也都无法正常工作，直到 NameNode 重新启动。重新启动

NameNode 和其进行数据恢复的过程也会比较耗时。这些问题在给 Hadoop 的使用者带来困扰的同时，也极大地限制了 Hadoop 的使用场景，使得 Hadoop 在很长的时间内仅能用作离线存储和离线计算，无法应用到对可用性和数据一致性要求很高的在线应用场景中。

为了解决上述问题，在 Hadoop2.0 中给出了 HDFS 的高可用（HA）解决方案。

2．HDFS 的 HA 机制

HDFS 的 HA 通常由两个 NameNode 组成，一个处于 Active 状态，另一个处于 Standby 状态。Active 状态的 NameNode 对外提供服务，比如处理来自客户端的 RPC 请求；而 Standby 状态的 NameNode 则不对外提供服务，仅同步 Active 状态的 NameNode 的状态，以便能够在它失败时快速进行切换。

3．HDFS 的 HA 架构

NameNode 的高可用架构如图 3-15 所示，主要分为下面几个部分。

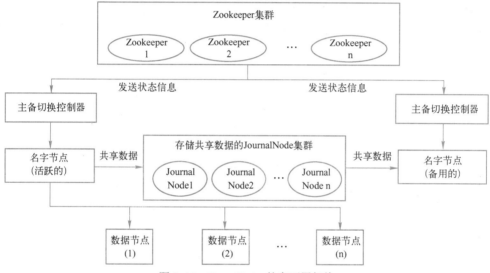

图 3-15　NameNode 的高可用架构

- 活跃的名字节点（Active NameNode）和备用的名字节点（Standby NameNode）：两个名字节点形成互备，一个处于 Active 状态，为主 NameNode，另外一个处于 Standby 状态，为备用 NameNode，只有主 NameNode 才能对外提供读写服务。
- 主备切换控制器（ZKFailoverController）：主备切换控制器作为独立的进程运行，对 NameNode 的主备切换进行总体控制。主备切换控制器能及时检测到 NameNode 的健康状况，在主 NameNode 故障时借助 Zookeeper 实现自动的主备选举和切换，当然 NameNode 目前也支持不依赖于 Zookeeper 的手动主备切换。
- Zookeeper 集群：为主备切换控制器提供主备选举支持。
- 共享存储系统：共享存储系统即为图 3-15 中存储数据的 JournalNode 集群（JournalNode 为存储管理 Editlog 的守护进程）。共享存储系统是实现 NameNode 高可用最为关键的部分，共享存储系统保存了 NameNode 在运行过程中所产生的 HDFS 的元数据。主 NameNode 和备 NameNode 通过共享存储系统实现元数据同步。在进行主备切换时，新的主 NameNode 在确认元数据完全同步之后才能继续对外提供服务。

● 数据节点（DataNode）：除了通过共享存储系统共享 HDFS 的元数据信息之外，主 NameNode 和备 NameNode 还需要共享 HDFS 的数据块和 DataNode 之间的映射关系。DataNode 会同时向主 NameNode 和备 NameNode 上报数据块的位置信息。

3.2.3　HDFS 联邦机制

虽然 HDFS HA 解决了单点故障的问题，但是在系统扩展性、整体性能和隔离性方面仍然存在问题。
● 系统扩展性：元数据存储在 NameNode 内存中，受内存上限的制约。
● 整体性能：吞吐量受单个 NameNode 的影响。
● 隔离性：一个程序可能会影响其他运行的程序，如一个程序消耗过多资源导致其他程序无法顺利运行，HDFS HA 本质上还是单名称节点。

HDFS 引入联邦机制可以解决以上三个问题。

在 HDFS 联邦中，设计了多个相互独立的 NameNode（名称节点），使得 HDFS 的命名服务能够水平扩展，这些 NameNode 分别进行各自命名空间和块的管理，不需要彼此协调。每个 DataNode（数据节点）要向集群中所有的 NameNode 注册，并周期性地发送心跳信息和块信息，报告自己的状态。HDFS 联邦具体架构如图 3-16 所示。

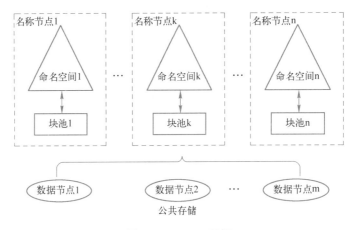

图 3-16　HDFS 联邦

HDFS 联邦拥有多个独立的命名空间，其中，每一个命名空间管理属于自己的一组块，属于同一个命名空间的块组成一个"块池"。每个 DataNode 会为多个块池提供块的存储，块池中的各个块实际上是存储在不同 DataNode 中。

3.3　YARN 资源管理系统

YARN 是一个通用的资源管理系统。它是在 Hadoop 1.0 的基础上演化而来的。YARN 充分吸取了 Hadoop1.0 的优点，同时又增加了很多新的特性，具有比 Hadoop1.0 更先进的设计理念和思想。本节将从 YARN 的基本架构、工作原理、容错性、高可用以及调度器等方面进行讲解，让读者对 Hadoop 中的资源管理系统有一个全面的认识。

3.3.1　YARN 架构设计及原理

1．YARN 是什么

Apache Hadoop 另一种资源协调者（Yet Another Resource Negotiator，YARN）是一种新的 Hadoop 资源管理器，它是一个通用的资源管理系统，可为上层应用提供统一的资源管理和调度服务，它的引入为集群在资源利用、资源的统一管理调度和数据共享等方面带来了巨大的好处。

YARN 产生的原因主要是为了解决原 MapReduce 框架的不足。最初 MapReduce 的开发者还可以周期性地在已有的代码上进行修改，可是随着代码的增加以及原 MapReduce 框架设计的局限性，在原 MapReduce 框架上进行修改变得越来越困难，所以 MapReduce 的开发者决定从架构上重新设计 MapReduce，使下一代的 MapReduce 框架具有更好的扩展性、可用性、可靠性、向后兼容性和更高的资源利用率以及能支持除了 MapReduce 计算框架外更多的计算框架。

从严格意义上说，YARN 并不完全是下一代 MapReduce（MRv2），因为下一代 MapReduce 与第一代 MapReduce（MRv1）在编程接口、数据处理引擎（MapTask 和 ReduceTask）是完全一样的，可以认为 MRv2 重用了 MRv1 的这些模块，不同的是资源管理和作业管理系统。MRv1 中资源管理和作业管理均是由 JobTracker 实现的，集两个功能于一身，而在 MRv2 中，将这两部分分开了，其中，作业管理由 ApplicationMaster 实现，而资源管理由新增系统 YARN 完成。由于 YARN 具有通用性，因此 YARN 也可以作为其他计算框架的资源管理系统，比如 Spark、Flink 等，不仅限于 MapReduce。通常而言，一般将运行在 YARN 上的计算框架称为"X on YARN"，比如"MapReduce On YARN""Spark On YARN""Flink On YARN"等。

2．YARN 的作用

从图 3-17 可以看出 YARN 在 Hadoop 生态系统中的作用，YARN 作为一种通用的资源管理系统，为上层应用提供统一的资源管理和调度。可以让上层的多种计算模型（比如 MapReduce、Hive、Storm、Spark 等）共享整个集群资源，提高集群的资源利用率，而且还可以实现多种计算模型之间的数据共享。

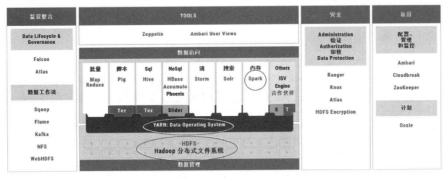

图 3-17　YARN 在 Hadoop 生态系统中的作用

3．YARN 基本架构

先来了解一下 YARN 的架构，其架构如图 3-18 所示。

从 YARN 的架构图来看，YARN 主要是由资源管理器（ResourceManager）、应用程序管理器（ApplicationMaster）、节点管理器（NodeManager）和相应的容器（Container）构成的。每个组件的作用如下。

（1）资源管理器

ResourceManager 是一个全局的资源管理器，它负责整个系统的资源管理和调度，主要由两个组件构成：一个是资源调度器（ResourceScheduler），另一个是全局应用程序管理器（ApplicationsManager）。

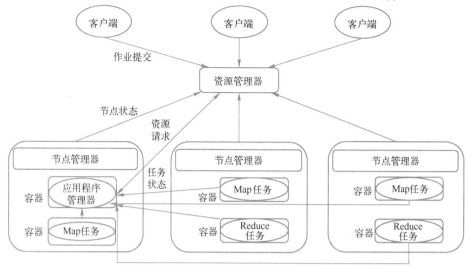

图 3-18　YARN 的架构图

- 资源调度器。资源调度器（ResourceScheduler）是一个纯调度器，它不从事任何与应用程序相关的工作，它将系统中的资源分配给各个正在运行中的程序，它不负责监控或跟踪应用的执行状态，也不负责重新启动因应用程序失败或硬件故障而导致的失败任务。这些都由应用程序对应的全局应用程序管理器完成。资源调度器是一个可插拔的组件，用户可以根据自己的需要设计新的资源调度器，YARN 提供了很多可以直接使用的资源调度器。
- 全局应用程序管理器。全局应用程序管理器（ApplicationsManager）负责整个系统中所有应用程序的管理，包括应用程序的提交，与资源调度器协商资源来启动应用程序管理器，监控应用程序管理器的运行状态，并在失败时发出通知等，具体的任务则交给应用程序管理器去管理，相当于一个项目经理的角色。

（2）应用程序管理器

用户提交的每一个应用程序都包含一个应用程序管理器（ApplicationMaster）。应用程序管理器主要是与资源管理器协商获取资源，并将得到的资源分配给内部具体的任务，应用程序管理器负责与节点管理器通信以启动或停止具体的任务，并监控该应用程序所有任务的运行状态，当任务运行失败时，重新为任务申请资源并重启任务。

（3）节点管理器

节点管理器（NodeManager）作为 YARN 主从架构的从节点，是整个作业运行的执行者。节点管理器是每个节点上的资源和任务管理器，它会定时向资源管理器汇报本节点的资源使用情况和各个容器（这是一个动态的资源单位）的运行状态，并且接收、处理来自应用程序管理器的容器启动和停止等请求。

（4）容器

容器（Container）是对资源的抽象，它封装了节点的多维度资源，比如封装了内存、CPU、磁盘、网络。当应用程序管理器向资源管理器申请资源时，资源管理器为应用程序管理器返回的资源是一个容器，得到资源的任务只能使用该容器所封装的资源，容器是根据应用程序需求动态生成的。

4．YARN 的工作原理

（1）YARN 上运行的应用程序

运行在 YARN 上的应用程序主要分为两类。

- 短应用程序，是指一定时间内（可能是秒级、分钟级或小时级，尽管天级或更长的时间也存在，但非常少）可运行完成并正常退出的应用程序，比如 MapReduce 作业、Tez DAG 作业等。
- 长应用程序，是指不出意外，永不终止运行的应用程序，通常是一些服务，比如 Storm Service（主要包括 Nimbus 和 Supervisor 两类服务）、HBase Service（包括 Hmaster 和 RegionServer 两类服务）等，而它们本身作为一个框架提供了编程接口供用户使用。

（2）YARN 的工作流程

尽管长、短两类应用程序的作用不同，短应用程序直接运行数据处理程序，长应用程序用于部署服务（服务之上再运行数据处理程序），但这二者运行在 YARN 上的流程是相同的。YARN 的工作流程如图 3-19 所示。

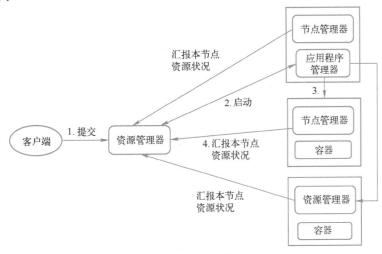

图 3-19　YARN 的工作流程图

1）客户端（Client）向资源管理器（ResourceManager）提交一个作业，作业包括应用程序管理器（ApplicationMaster）程序，启动应用程序管理器的程序和用户程序（比如 MapReduce）。

2）资源管理器会为该应用程序分配一个容器（Container），它首先会与节点管理器进行通信，要求它在此容器中启动应用程序的应用程序管理器。

3）应用程序管理器一旦启动，它首先会向资源管理器注册，这样用户可以直接通过资源管理器查看应用程序的运行状态，然后它将为各个任务申请资源并监控它们的运行状态，直到运行结束。它会以轮询的方式，通过 RPC 协议向资源管理器申请和领取资源，一旦应用程序管理器申请到资源，它会和节点管理器通信，要求它启动并运行任务。

4）各个任务通过 RPC 协议向应用程序管理器汇报自己的状态和进度，这样会让应用程序管理器随时掌握各个任务的运行状态，一旦任务运行失败，应用程序管理器就会重启该任务，重新申请资源。应用程序运行完成后，应用程序管理器就会向资源管理器注销并关闭此任务。在应用程序整个运行过程中可以用 RPC 向应用程序管理器查询应用程序当前的运行状态，在 Web 上也可以看到整个作业的运行状态。

3.3.2 MapReduce on YARN 工作流程

由于 YARN 是一个统一的资源调度框架，可以在 YARN 上运行很多种不同的应用程序，比如 MapReduce、Storm、Spark、Flink 等，这里以 MapReduce 为例阐述一下在 YARN 中运行 MapReduce 的具体流程。

MapReduce 在 YARN 上运行的具体流程如图 3-20 所示。

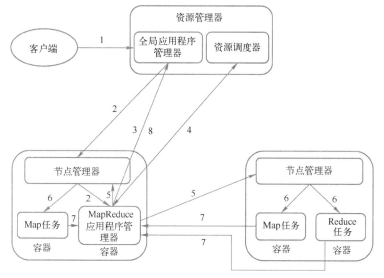

图 3-20　YARN 的具体流程图

1）用户向资源管理器提交作业，作业包括 MapReduce 应用程序管理器，启动 MapReduce 应用程序管理器的程序和用户自己编写的 MapReduce 程序。用户提交的所有作业都由全局应用程序管理器管理。

2）资源管理器为该应用程序分配第一个容器（Container），并与对应的节点管理器通信，要求它在此容器中启动 MapReduce 应用程序管理器。

3）MapReduce 应用程序管理器首先向资源管理器注册，这样用户可以直接通过资源管理器查看应用程序的运行状态，然后它将为各个任务申请资源，并监控它们的运行状态，直到运行结束，即要重复步骤 4）~7）。

4）MapReduce 应用程序管理器采用轮询的方式通过 RPC 协议向资源管理器申请和领取资源。

5）一旦 MapReduce 应用程序管理器申请到资源，便与对应的节点管理器通信，要求启动任务。

6）节点管理器为任务设置好运行环境，包括环境变量、JAR 包、二进制程序等，然后将任务启动命令写到另一个脚本中，并通过运行该脚本启动任务。

7）各个任务通过 RPC 协议向 MapReduce 应用程序管理器汇报自己的状态和进度，MapReduce 应用程序管理器随时掌握各个任务的运行状态，从而可以在任务失败时重新启动任务。在应用程序运行的过程中，用户可以随时通过 RPC 协议向 MapReduce 应用程序管理器查询应用程序当前的运行状态。

8）应用程序运行完成后，MapReduce 应用程序管理器向资源管理器注销并关闭自己。

在应用程序整个运行过程中也可以用 RPC 向资源管理器查询应用程序当前的运行状态，在 Web 上也可以看到整个作业的运行状态。

3.3.3　YARN 的容错性

由于 Hadoop 致力于通过廉价的商用服务器提供服务，这样很容易导致在 YARN 中运行的各种应用程序出现任务失败或节点宕机，最终导致应用程序不能正常执行的情况。为了更好地满足应用程序的正常运行，YARN 通过以下几个方面来保障容错性。

（1）资源管理器的容错性保障

资源管理器存在单点故障，但是可以通过配置资源管理器的 HA（高可用），达到当主节点出现故障时，切换到备用节点继续对外提供服务。

（2）节点管理器任务的容错性保障

节点管理器任务失败之后，资源管理器会将失败的任务通知对应的应用程序管理器，应用程序管理器决定如何处理失败的任务。

（3）应用程序管理器的容错性保障

应用程序管理器任务失败后，由资源管理器负责重启。

其中，应用程序管理器需要处理内部任务的容错问题。资源管理器会保存已经运行的任务，重启后无须重新运行。

3.3.4　YARN 的高可用（HA）

YARN 的 HA 主要指资源管理器的 HA，因为资源管理器作为主节点存在单点故障，所以要通过 HA 的方式解决资源管理器单点故障的问题。

那么怎么实现 HA 呢？需要考虑哪些问题呢？关键的技术难点是什么呢？

实际上最主要的有两点，一是如何实现主备节点的故障转移。既然是高可用，即一个主节点失效了，另一个主节点能够马上接替工作对外提供服务，那么这就涉及故障自动转移的实现。在做故障转移时还需要考虑当切换到另外一个主节点时，不应该导致正在连接的客户端失败，主要包括客户端、从节点（NodeManager）与主节点（ResourceManager）的连接。二是如何实现共享存储。新的主节点要接替旧的主节点对外提供服务，那么如何保证新旧主节点的状态信息（元数据）一致呢？

实现 YARN 的 HA 主要就是解决以上两个问题，YARN HA 的架构原理图如图 3-21 所示。

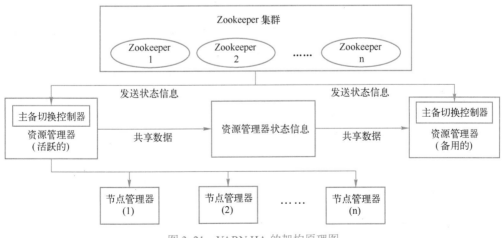

图 3-21　YARN HA 的架构原理图

由于前面章节已经讲解过 HDFS 中 NameNode 的 HA，所以接下来结合 YARN HA 的架构原理图，对 NameNode HA 和 YARN HA 做一个比较。

1）实现主备节点间故障转移的对比。

YARN HA 和 NameNode HA 的不同在于，YARN HA 中主备切换控制器作为资源管理器中的一部分，而不是像 NameNode HA 那样把主备切换控制器作为一个单独的服务运行。这样 YARN HA 中的主备切换器就可以更直接地切换资源管理器的状态。

2）实现主备节点间数据共享的对比。

通过前面的学习可以知道，资源管理器负责整个系统的资源管理和调度，内部维护了各个应用程序的应用程序管理器信息、节点管理器信息、资源使用信息等。考虑到这些信息绝大多数可以动态重构，因此解决 YARN 单点故障要比解决 HDFS 单点故障容易得多。与 HDFS 类似，YARN 的单点故障仍采用主备切换的方式完成，不同的是，正常情况下 YARN 的备节点不会同步主节点的信息，而是在主备切换之后，才从共享存储系统读取所需的信息。之所以这样，是因为 YARN 资源管理器内部保存的信息非常少，而且这些信息是动态变化的，大部分可以重构，原有信息很快会变旧，没有同步的必要。因此 YARN 的共享存储并没有通过其他机制来实现，而是直接借助 Zookeeper 的存储功能完成主备节点的信息共享。

3.3.5　YARN 的调度器及使用

资源调度器是 Hadoop YARN 中最核心的组件之一，它是 ResourceManager 中的一个插拔式服务组件，负责整个集群资源的管理和分配。常用的调度器包含 FIFO（先进先出）调度器、Capacity 调度器（容量调度器）和 Fair 调度器（公平调度器）。

1. FIFO 调度器

Hadoop 最初是为批处理作业而设计的，当时（MRvI）仅采用了一个简单的 FIFO 调度机制分配任务。

但随着 Hadoop 的普及，单个 Hadoop 集群中用户量和应用程序的种类不断增加，适用于批处理场景的 FIFO 调度机制不能很好地利用集群资源，也不能满足不同应用程序的服务质量要求，因此，设计适用于多用户的资源调度器势在必行。比如雅虎的 Capacity 调度器和 Facebook 的 Fair 调度器。

2. Capacity 调度器

Capacity 调度器以队列为单位划分资源，队列以分层方式组织资源，设计了多层级别的资源限制条件以更好地让多用户共享一个 Hadoop 集群，比如队列资源限制、用户资源限制、用户应用程序数目限制。队列中的应用以 FIFO 方式调度，每个队列可设定一定比例的资源最低保证和使用上限，同时，每个用户也可以设定一定的资源使用上限以防止资源滥用。而当一个队列的资源有剩余时，可暂时将剩余资源共享给其他队列。

配置 Capacity 调度器，具体操作步骤如下所示。

1）使用 Capacity 调度器首先需要在 yarn-site.xml 配置文件中添加以下内容。

```
<property>
    <name>yarn.resourcemanager.scheduler.class</name>
    <value>
    org.apache.hadoop.yarn.server.resourcemanager.scheduler.capacity.CapacityScheduler
    </value>
    <!--调度器类型指定为 Capacity Scheduler-->
```

```
</property>
<property>
    <name>yarn.scheduler.fair.allocation.file</name>
    <value>/etc/hadoop/conf/capacity-scheduler.xml</value>
    <!--指定 Capacity Scheduler 具体配置文件位置-->
</property>
```

2）然后在 capacity-scheduler.xml 文件中配置资源队列。

```
<property>
    <name>yarn.scheduler.capacity.root.queues</name>
    <value>A,B</value>
</property>
<property>
    <name>yarn.scheduler.capacity.root.B.queues</name>
    <value>B1,B2</value>
</property>
<property>
    <name>yarn.scheduler.capacity.root.A.capacity</name>
    <value>40</value>
</property>
<property>
    <name>yarn.scheduler.capacity.root.B.capacity</name>
    <value>60</value>
</property>
<property>
    <name>yarn.scheduler.capacity.root.B.maximum-capacity</name>
    <value>75</value>
</property>
<property>
    <name>yarn.scheduler.capacity.root.B.B1.capacity</name>
    <value>50</value>
</property>
<property>
    <name>yarn.scheduler.capacity.root.B.B2.capacity</name>
    <value>50</value>
</property>
```

备注：Capacity 调度器需要在 YARN 集群各个节点配置，然后重启才能生效。

3. Fair 调度器

Fair 调度器同 Capacity 调度器类似，接下来配置 Capacity 调度器，具体操作步骤如下所示。

1）使用 Fair 调度器首先需要在 yarn-site.xml 配置文件中添加以下内容。

```
<property>
<name>yarn.resourcemanager.scheduler.class</name>
<value>org.apache.hadoop.yarn.server.resourcemanager.scheduler.fair.FairScheduler</value>
<!--调度器类型指定为 Fair Scheduler-->
</property>
<property>
    <name>yarn.scheduler.fair.allocation.file</name>
```

```
        <value>/home/hadoop/app/hadoop/etc/hadoop/conf/fair-scheduler.xml</value>
        <!--指定 Fair Scheduler 具体配置文件的位置-->
</property>
```

2）然后在 fair-scheduler.xml 文件中配置资源队列。

```xml
<?xml version="1.0"?>
<allocations>
        <queue name="root">
            <!--调度策略-->
            <schedulingPolicy>drf</schedulingPolicy>
            <!--允许提交任务的用户名和组-->
            <aclSubmitApps>*</aclSubmitApps>
            <!--允许管理任务的用户名和组-->
            <aclAdministerApps>*</aclAdministerApps>
            <!--默认队列-->
            <queue name="default">
                <minResources>8192mb, 8vcores</minResources>
                <maxResources>32768mb, 16vcores</maxResources>
            </queue>
            <!--离线队列-->
            <queue name="offline">
                    <!--最小资源-->
                    <minResources>8192mb, 8vcores</minResources>
                    <!--最大资源-->
                    <maxResources>32768mb, 16vcores</maxResources>
                    <!--最大同时运行应用程序的数量-->
                    <maxRunningApps>50</maxRunningApps>
            </queue>
            <!--实时队列-->
            <queue name="realtime">
                    <!--最小资源-->
                    <minResources>8192mb, 8vcores</minResources>
                    <!--最大资源-->
                    <maxResources>32768mb, 16vcores</maxResources>
                    <!--最大同时运行应用程序的数量-->
                    <maxRunningApps>50</maxRunningApps>
            </queue>
        </queue>
</allocations>
```

备注：公平调度器需要在 YARN 集群各个节点配置，然后重启才能生效。

如果应用场景需要先提交的 Job 先执行，那么就使用 FIFO 调度器；如果所有的 Job 都有机会获得资源，就需要使用 Capacity 调度器和 Fair 调度器，Capacity 调度器的不足是多个队列资源不能相互抢占，每个队列会提前分走资源，即使队列中没有 Job，所以一般情况下都选择使用 Fair 调度器；FIFO 调度器一般不会单独用，Fair 调度器支持在某个队列内部选择 Fair 调度还是 FIFO 调度，可以认为 Fair 调度器是一个混合的调度器。

3.4　Hadoop 分布式集群的构建

Hadoop 作为通用的大数据处理平台，利用 HDFS 存储海量数据，利用 YARN 统一管理资源调度，所以搭建 Hadoop 集群其实就是分别搭建 HDFS 分布式集群和 YARN 分布式集群。搭建分布式集群环境对于初学者有一定的难度，本章将详细讲解 Hadoop 分布式集群的安装部署。

3.4.1　HDFS 分布式集群的构建

搭建 Hadoop 集群，首先需要安装配置 HDFS 集群，具体操作步骤如下。

1. 下载解压 Hadoop

首先在 Hadoop 官网（地址为 https://archive.apache.org/dist/hadoop/common/）下载 Hadoop 稳定版本的安装包 hadoop-2.9.1.tar.gz（也可通过本书配套资料包下载获取：本书配套资料/第 3 章/3.4/安装包），然后上传至 hadoop01 节点下的 /home/hadoop/app 目录下，具体操作如下所示。

```
[hadoop@hadoop01 app]$ ls
hadoop-2.9.1.tar.gz jdk1.8.0_51 jdk   zookeeper-3.4.6 zookeeper
[hadoop@hadoop01 app]$ tar zxvf hadoop-2.9.1.tar.gz          //解压
[hadoop@hadoop01 app]$ ls
hadoop-2.9.1 hadoop-2.9.1.tar.gz jdk1.8.0_51 jdk zookeeper-3.4.6   zookeeper
[hadoop@hadoop01 app]$ rm hadoop-2.9.1.tar.gz               //删除安装包
[hadoop@hadoop01 app]$ ln -s hadoop-2.9.1 hadoop           //创建软连接
[hadoop@hadoop01 app]$ cd /home/hadoop/app/hadoop/etc/hadoop/   //切换到该目录下修改配置文件
```

2. 修改 HDFS 配置文件

要修改的 HDFS 配置文件包括：hadoop-env.sh、core-site.xml、hdfs-site.xml、slaves 四个。相应文件可通过本书配套资源包获取（本书配套资料/第 3 章/3.4/配置文件）。

（1）修改 hadoop-env.sh 配置文件

hadoop-env.sh 文件主要配置与 Hadoop 环境相关的变量，这里主要修改 JAVA_HOME 的安装目录，具体操作如下所示。

```
[hadoop@hadoop01 hadoop]$ vi hadoop-env.sh
export JAVA_HOME=/home/hadoop/app/jdk
```

（2）修改 core-site.xml 配置文件

core-site.xml 文件主要配置 Hadoop 的公有属性，具体需要配置的每个属性的注释如下所示。

```
[hadoop@hadoop01 hadoop]$ vi core-site.xml
<configuration>
    <property>
        <name>fs.defaultFS</name>
        <value>hdfs://mycluster</value>
    </property>
    <这里的值指的是默认的 HDFS 路径，取名为 mycluster>
    <property>
        <name>hadoop.tmp.dir</name>
        <value>/home/hadoop/data/tmp</value>
    </property>
    <hadoop 的临时目录，如果需要配置多个目录，需要逗号隔开，data 目录需要用户自己创建>
```

```
        <property>
             <name>ha.zookeeper.quorum</name>
             <value>hadoop01:2181,hadoop02:2181,hadoop03:2181</value>
        </property>
        <配置 Zookeeper 管理 HDFS>
    </configuration>
```

（3）修改 hdfs-site.xml 配置文件

hdfs-site.xml 文件主要配置和 HDFS 相关的属性，具体需要配置的每个属性的注释如下所示。

```
[hadoop@hadoop01 hadoop]$ vi hdfs-site.xml
<configuration>
    <property>
          <name>dfs.replication</name>
          <value>3</value>
     </property>
    <数据块副本数为 3>
    <property>
          <name>dfs.permissions</name>
          <value>false</value>
    </property>
    <property>
          <name>dfs.permissions.enabled</name>
          <value>false</value>
    </property>
    <权限默认配置为 false>
    <property>
          <name>dfs.nameservices</name>
          <value>mycluster</value>
    </property>
    <命名空间，它的值与 fs.defaultFS 的值要对应，NameNode 高可用之后有两个 NameNode，mycluster
是对外提供的统一入口>
    <property>
          <name>dfs.ha.namenodes.mycluster</name>
          <value>nn1,nn2</value>
    </property>
    <指定 NameService 是 mycluster 时的 NameNode 有哪些，这里的值也是逻辑名称，名字任意起，相
互不重复即可>
    < hadoop01 HTTP 地址>
    <property>
          <name>dfs.namenode.rpc-address.mycluster.nn1</name>
          <value>hadoop01:9000</value>
    </property>
    < hadoop01 RPC 地址>
    <property>
          <name>dfs.namenode.http-address.mycluster.nn1</name>
          <value>hadoop01:50070</value>
    </property>
    < hadoop02 HTTP 地址>
    <property>
```

```
            <name>dfs.namenode.rpc-address.mycluster.nn2</name>
            <value>hadoop02:9000</value>
    </property>
    < hadoop02 RPC 地址>
    <property>
            <name>dfs.namenode.http-address.mycluster.nn2</name>
            <value>hadoop02:50070</value>
    </property>
    < slave1 HTTP 地址>
    <property>
            <name>dfs.ha.automatic-failover.enabled</name>
            <value>true</value>
        </property>
    <启动故障自动恢复>
    <property>
            <name>dfs.namenode.shared.edits.dir</name>
            <value>qjournal://hadoop01:8485;hadoop02:8485;hadoop03:8485/mycluster </value>
    </property>
    <指定 Journal>
    <property>
            <name>dfs.client.failover.proxy.provider.mycluster</name>
            <value>org.apache.hadoop.hdfs.server.namenode.ha.ConfiguredFailoverProxyProvider </value>
        </property>
    <指定 mycluster 出故障时，哪个实现类负责执行故障切换>
        <property>
            <name>dfs.journalnode.edits.dir</name>
            <value>/home/hadoop/data/journaldata/jn</value>
        </property>
    <指定 JournalNode 集群在对 NameNode 的目录进行共享时，自己存储数据的磁盘路径>
    <property>
            <name>dfs.ha.fencing.methods</name>
            <value>shell(/bin/true)</value>
    </property>
        <property>
            <name>dfs.ha.fencing.ssh.private-key-files</name>
            <value>/home/hadoop/.ssh/id_rsa</value>
    </property>
    <property>
            <name>dfs.ha.fencing.ssh.connect-timeout</name>
            <value>10000</value>
    </property>
        <property>
            <name>dfs.namenode.handler.count</name>
            <value>100</value>
    </property>
</configuration>
```

（4）配置 slaves 文件

slaves 文件主要根据集群规划配置 DataNode 节点所在的主机名，具体操作如下所示。

```
[hadoop@hadoop01 hadoop]$ vi slaves
hadoop01
hadoop02
hadoop03
```

（5）向所有节点远程复制 Hadoop 安装目录

在 hadoop01 节点，切换到 /home/hadoop/app 目录下，将 Hadoop 安装目录远程复制到 hadoop02 和 hadoop03 节点，具体操作如下所示。

```
[hadoop@hadoop01 app]$scp -r hadoop-2.9.1   hadoop@hadoop02:/home/hadoop/app/
[hadoop@hadoop01 app]$scp -r hadoop-2.9.1   hadoop@hadoop03:/home/hadoop/app/
```

3．启动 HDFS 集群

（1）启动 Zookeeper 集群

在集群所有节点分别启动 Zookeeper 服务，具体操作如下所示。

```
[hadoop@hadoop01 hadoop]$ /home/hadoop/app/zookeeper/bin/zkServer.sh start
[hadoop@hadoop02 hadoop]$ /home/hadoop/app/zookeeper/bin/zkServer.sh start
[hadoop@hadoop03 hadoop]$ /home/hadoop/app/zookeeper/bin/zkServer.sh start
```

（2）启动 JournalNode 集群

在集群所有节点分别启动 JournalNode 服务，具体操作如下所示。

```
[hadoop@hadoop01 hadoop]$ /home/hadoop/app/hadoop/sbin/hadoop-daemon.sh start journalnode
[hadoop@hadoop02 hadoop]$ /home/hadoop/app/hadoop/sbin/hadoop-daemon.sh start journalnode
[hadoop@hadoop03 hadoop]$ /home/hadoop/app/hadoop/sbin/hadoop-daemon.sh start journalnode
```

（3）格式化主节点 NameNode

在 hadoop01 节点（NameNode 主节点）上，使用如下命令对 NameNode 进行格式化。

```
[hadoop@hadoop01 hadoop]$ bin/hdfs namenode -format / /NameNode 格式化
[hadoop@hadoop01 hadoop]$ bin/hdfs zkfc -formatZK //格式化高可用
[hadoop@hadoop01 hadoop]$bin/hdfs namenode //启动 NameNode
```

（4）备用 NameNode 同步主节点的元数据

在 hadoop01 节点启动 NameNode 服务的同时，需要在 hadoop02 节点（NameNode 备用节点）上执行如下命令同步主节点的元数据。

```
[hadoop@hadoop02 hadoop]$ bin/hdfs namenode -bootstrapStandby    //同步主节点和备节点之间的元数据
```

（5）关闭 JournalNode 集群

hadoop02 节点同步完主节点元数据后，紧接着在 hadoop01 节点上，按下〈Ctrl+C〉组合键来结束 NameNode 进程，然后关闭所有节点上的 JournalNode 进程，具体操作如下所示。

```
[hadoop@hadoop01 hadoop]$ /home/hadoop/app/hadoop/sbin/hadoop-daemon.sh stop journalnode
[hadoop@hadoop02 hadoop]$ /home/hadoop/app/hadoop/sbin/hadoop-daemon.sh stop journalnode
[hadoop@hadoop03 hadoop]$ /home/hadoop/app/hadoop/sbin/hadoop-daemon.sh stop journalnode
```

（6）一键启动 HDFS 集群

如果上面操作没有问题，在 hadoop01 节点上，可以使用脚本一键启动 HDFS 集群所有相关进程，具体操作如图 3-22 所示。

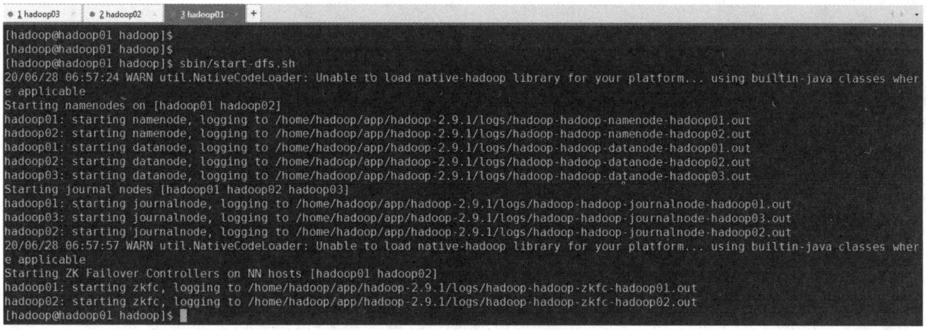

图 3-22　启动 HDFS 集群

注意：第一次安装 HDFS 需要对 NameNode 进行格式化，HDFS 集群安装成功之后，使用一键启动脚本 start-dfs.sh 即可启动 HDFS 集群所有进程。

4. 验证 HDFS 是否启动成功

在浏览器中输入网址http://hadoop01:50070，通过 Web 界面查看 hadoop01节点 NameNode 的状态，结果如图 3-23 所示。该节点的状态为 active，表示 HDFS 可以通过 hadoop01 节点的 NameNode 对外提供服务。

在浏览器中输入网址 http://hadoop02:50070，通过 Web 界面查看 hadoop02 节点的 NameNode 的状态，结果如图 3-24 所示。该节点的状态为 standby，表示 hadoop02 节点的 NameNode 不能对外提供服务，只能作为备用节点。

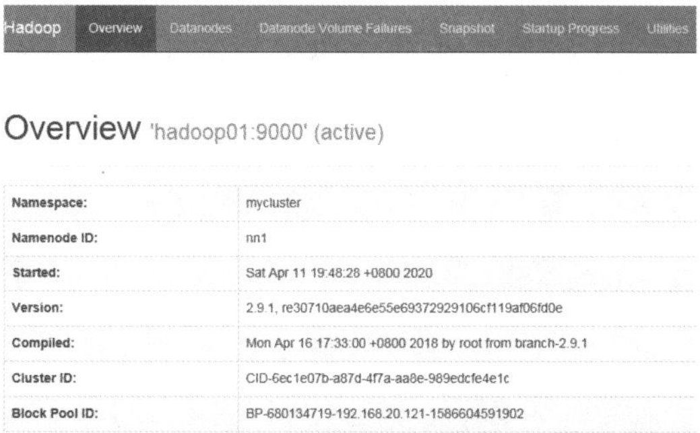

图 3-23　active 状态的 NameNode 界面 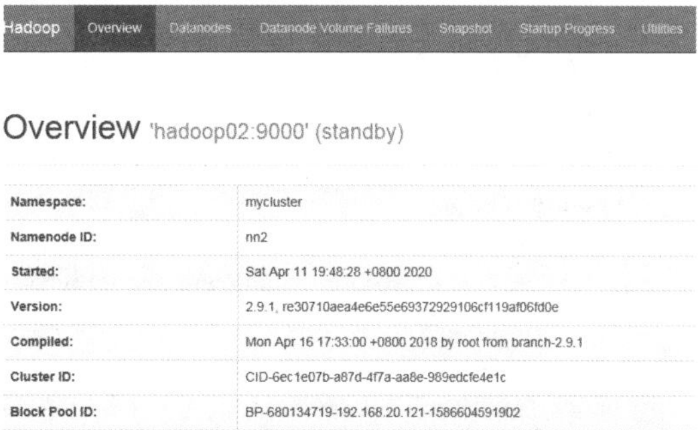　　　图 3-24　standby 状态的 NameNode 界面

注意：哪个节点的 NameNode 处于 active 状态，由 Zookeeper 选举所得，且某一时刻只能有一个 NameNode 节点处于 active 状态。

在 hadoop01 节点的 /home/hadoop/app/hadoop 目录下创建 djt.txt 文件（本书配套资料/第 3 章/3.4/数据集），然后上传至 HDFS 文件系统的 /test 目录下，检查 HDFS 是否能正常使用，具体操作如下。

```
//本地创建一个 djt.txt 文件
[hadoop@hadoop01 hadoop]$ vi djt.txt
hadoop dajiangtai
hadoop dajiangtai
hadoop dajiangtai
//在 HDFS 上创建一个文件目录
[hadoop@hadoop01 hadoop]$ hdfs dfs -mkdir /test
```

```
//向 HDFS 上传一个文件
[hadoop@hadoop01 hadoop]$ hdfs dfs -put djt.txt /test
//查看 djt.txt 是否上传成功
[hadoop@hadoop01 hadoop]$ hdfs dfs -ls /test
/test/djt.txt
```

如果上面操作没有异常，说明 HDFS 集群安装配置成功。

3.4.2 YARN 分布式集群的构建

HDFS 集群安装成功之后，接下来安装配置 YARN 集群，具体操作步骤如下。

1. 修改 mapred-site.xml 配置文件

mapred-site.xml 文件（本书配套资料/第 3 章/3.4/配置文件）主要配置和 MapReduce 相关的属性，具体需要配置的每个属性的注释如下。这里主要配置 MapReduce 的运行框架名称为 YARN。

```
[hadoop@hadoop01 hadoop]$ vi mapred-site.xml
<configuration>
    <property>
        <name>mapreduce.framework.name</name>
        <value>yarn</value>
    </property>
    <指定运行 MapReduce 的环境是 YARN，与 hadoop1 不同的地方>
</configuration>
```

2. 修改 yarn-site.xml 配置文件

yarn-site.xml 文件（本书配套资料/第 3 章/3.4/配置文件）主要配置和 YARN 相关的属性，具体需要配置的每个属性的注释如下。

```
[hadoop@hadoop01 hadoop]$ vi yarn-site.xml
<configuration>
<property>
        <name>yarn.resourcemanager.connect.retry-interval.ms</name>
        <value>2000</value>
</property>
<超时的周期>
<property>
        <name>yarn.resourcemanager.ha.enabled</name>
        <value>true</value>
</property>
<打开高可用>
<property>
        <name>yarn.resourcemanager.ha.automatic-failover.enabled</name>
        <value>true</value>
</property>
<启动故障自动恢复>
<property>
        <name>yarn.resourcemanager.ha.automatic-failover.embedded</name>
        <value>true</value>
</property>
```

```xml
<property>
    <name>yarn.resourcemanager.cluster-id</name>
    <value>yarn-rm-cluster</value>
</property>
<给 YARN Cluster 起个名字 yarn-rm-cluster>
<property>
    <name>yarn.resourcemanager.ha.rm-ids</name>
    <value>rm1,rm2</value>
</property>
<给 ResourceManager 起个名字  rm1、rm2>
<property>
    <name>yarn.resourcemanager.hostname.rm1</name>
    <value>hadoop01</value>
</property>
<配置 ResourceManager rm1 hostname>
<property>
    <name>yarn.resourcemanager.hostname.rm2</name>
    <value>hadoop02</value>
</property>
<配置 ResourceManager rm2 hostname>
<property>
    <name>yarn.resourcemanager.recovery.enabled</name>
    <value>true</value>
</property>
<启用 ResourceManager  自动恢复>
<property>
    <name>yarn.resourcemanager.zk.state-store.address</name>
    <value>hadoop01:2181,hadoop02:2181,hadoop03:2181</value>
</property>
<配置 Zookeeper 地址>
<property>
    <name>yarn.resourcemanager.zk-address</name>
    <value>hadoop01:2181,hadoop02:2181,hadoop03:2181</value>
</property>
<配置 Zookeeper 地址>
<property>
    <name>yarn.resourcemanager.address.rm1</name>
    <value>hadoop01:8032</value>
</property>
< rm1 端口号>
<property>
    <name>yarn.resourcemanager.scheduler.address.rm1</name>
    <value>hadoop01:8034</value>
</property>
< rm1 调度器的端口号>
<property>
    <name>yarn.resourcemanager.webapp.address.rm1</name>
    <value>hadoop01:8088</value>
</property>
< rm1 webapp 端口号>
```

```
<property>
    <name>yarn.resourcemanager.address.rm2</name>
    <value>hadoop02:8032</value>
</property>
< rm2 端口号>
<property>
    <name>yarn.resourcemanager.scheduler.address.rm2</name>
    <value>hadoop02:8034</value>
</property>
< rm2 调度器的端口号>
<property>
    <name>yarn.resourcemanager.webapp.address.rm2</name>
    <value>hadoop02:8088</value>
</property>
< rm2 webapp 端口号>
<property>
    <name>yarn.nodemanager.aux-services</name>
    <value>mapreduce_shuffle</value>
</property>
<property>
    <name>yarn.nodemanager.aux-services.mapreduce_shuffle.class</name>
    <value>org.apache.hadoop.mapred.ShuffleHandler</value>
</property>
<执行 MapReduce 需要配置的 shuffle 过程>
</configuration>
```

3．向所有节点同步 YARN 配置文件

在 hadoop01 节点上修改完 YARN 相关的配置之后，将修改的配置文件远程复制到 hadoop02 节点和 hadoop03 节点，具体操作如下所示。

```
//将 mapred-site.xml 文件远程复制到 hadoop02 和 hadoop03 节点
[hadoop@hadoop01 app]$scp -r mapred-site.xml    hadoop@hadoop02:/home/hadoop/app/ hadoop/etc/hadoop
[hadoop@hadoop01 app]$scp -r mapred-site.xml    hadoop@hadoop03:/home/hadoop/app/ hadoop/ etc/hadoop

//将 yarn-site.xml 文件远程复制到 hadoop02 和 hadoop03 节点
[hadoop@hadoop01 app]$scp -r yarn-site.xml    hadoop@hadoop02:/home/hadoop/app/ hadoop/etc/hadoop
[hadoop@hadoop01 app]$scp -r yarn-site.xml    hadoop@hadoop03:/home/hadoop/app/ hadoop/etc/hadoop
```

4．启动 YARN 集群

（1）启动 YARN 集群

在 hadoop01 节点上，使用脚本一键启动 YARN 集群，具体操作如图 3-25 所示。

图 3-25　启动 YARN 集群

注意：在启动 YARN 集群之前，首先需要启动 Zookeeper 集群。

（2）启动备用 ResourceManager

因为 start-yarn.sh 脚本不包含启动备用的 ResourceManager 进程，所以需要在 hadoop02 节点上单独启动 ResourceManager，具体操作如图 3-26 所示。

图 3-26　启动备用 ResourceManager

（3）Web 界面查看 YARN 集群

在浏览器中输入网址 http://hadoop01:8088（或http://hadoop02:8088），通过 Web 界面查看 YARN 集群信息，结果如图 3-27 所示。

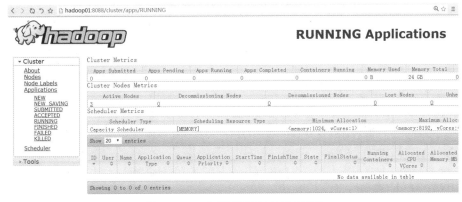

图 3-27　Web 界面查看 YARN 集群

（4）检查 ResourceManager 状态

在 hadoop01 节点上，使用命令查看两个 ResourceManager 状态，具体操作如图 3-28 所示。

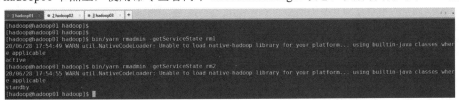

图 3-28　查看 ResourceManager 状态

如果一个 ResourceManager 为 active 状态，另外一个 ResourceManager 为 standby 状态，说明 YARN 集群构建成功。

3.4.3　Hadoop 集群运行测试

为了测试 Hadoop 集群是否可以正常运行 MapReduce 程序，下面以 Hadoop 自带的 wordcount 示例来进行演示，具体操作命令如下所示。

[hadoop@hadoop01 hadoop]$ hadoop jar share/hadoop/mapreduce/hadoop-mapreduce-examples-2.9.1.jar wordcount /test/djt.txt /test/out/

MapReduce 作业在 YARN 集群执行状态的结果如图 3-29 所示。

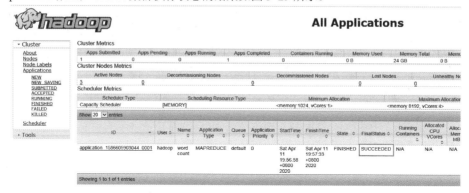

图 3-29　MapReduce 作业运行状态

如果上面的执行没有异常，最终显示作业的状态信息为 SUCCEEDED，就说明 MapReduce 程序在 YARN 上运行成功，从而说明 Hadoop 分布式集群可以正常运行。

3.4.4　Hadoop 集群调优

对于 Hadoop 平台来说，对集群的调优比较复杂，需要从多个维度来进行，下面从三个方面来说明，分别包括 Hadoop 性能调优、硬件性能调优和操作系统性能调优。

1．Hadoop 性能调优

Hadoop 性能调优包含很多方面，下面主要从以下几个方面来讲解。

（1）守护进程内存调优

在 Hadoop 配置文件 hadoop-env.sh 中调整 NameNode 和 DataNode 内存，具体内存配置参数如下所示。

NameNode 内存调整参数如下。

```
export HADOOP_NAMENODE_OPTS="-Xmx512m -Xms512m -Dhadoop.security.logger=${HADOOP_SECURITY_LOGGER:-INFO,RFAS} -Dhdfs.audit.logger=${HDFS_AUDIT_LOGGER:-INFO,NullAppender} $HADOOP_NAMENODE_OPTS"
```

DataNode 内存调整参数如下。

```
export HADOOP_DATANODE_OPTS="-Xmx256m -Xms256m -Dhadoop.security.logger=ERROR,RFAS $HADOOP_DATANODE_OPTS"
```

NameNode 和 DataNode 内存中的-Xmx 和-Xms 两个参数一般保持一致，以避免每次垃圾回收完成后 JVM 重新分配内存。

在 Hadoop 配置的 yarn-env.sh 文件中，调整 ResourceManager 和 NodeManager 的内存，具体内存配置参数如下所示。

ResourceManager 内存调整参数如下。

```
export YARN_RESOURCEMANAGER_HEAPSIZE=1000   //默认值
export YARN_RESOURCEMANAGER_OPTS="..........."//可以覆盖上面的值
```

NodeManager 内存调整参数如下。

```
export YARN_NODEMANAGER_HEAPSIZE=1000 //默认值
export YARN_NODEMANAGER_OPTS="";//可以覆盖上面的值
```

（2）Hadoop IO 调优

针对 Hadoop 运行过程中产生的中间结果，需要配置多个目录分散 IO 压力，一般涉及以下几个配置文件。

1）yarn-default.xml 配置文件。

```
#存放执行 Container 所需的数据和运行过程中产生的临时数据
yarn.nodemanager.local-dirs
#存放 Container 运行输出日志
yarn.nodemanager.log-dirs
```

2）mapred-default.xml 配置文件。

```
#Map 任务完成后缓存溢出磁盘目录
mapreduce.cluster.local.dir
```

3）hdfs-default.xml 配置文件。

```
#保存 FsImage 镜像的目录
dfs.namenode.name.dir
#保存 NameNode 修改日志目录
dfs.namenode.edits.dir
#DataNode 数据存储目录
dfs.datanode.data.dir
```

（3）文件压缩优化

为了减少文件存储空间，减轻网络传输压力，对 MapReduce 中间结果数据进行压缩，可以在 mapred-site.xml 配置文件中添加如下配置。

```
<property>
    <name>mapreduce.map.output.compress</name>
    <value>true</value>
</property>
<property>
    <name>mapreduce.map.output.compress.codec</name>
    <value>org.apache.hadoop.io.compress.SnappyCodec</value>
</property>
```

一般情况下使用 Snappy 压缩算法，Snappy 是一种对 CUP 和磁盘都比较均衡的压缩算法。

（4）小文件优化

HDFS 中 NameNode 内存空间有限，应避免 HDFS 文件系统中大量小文件的存在。

（5）数据合并优化

MapReduce 作业运行过程中，在 map 阶段使用 Combiner 做数据局部合并，能减少输出结果。

（6）调整 task 并行度

根据 Hadoop 集群硬件配置情况，可以调整 map 和 reduce 的最大任务个数，具体配置如下所示：

```
#设置 map task 最大任务个数
```

```
mapreduce.tasktracker.map.tasks.maximum
#设置 reduce task 最大任务个数
mapreduce.tasktracker.reduce.tasks.maximum
```

2．硬件性能调优

Hadoop 集群硬件也可以做一些优化，比如 Hadoop 集群机架分开放置，Hadoop 集群节点均匀放置在各个机架中，更深层次的优化可以交给系统集成人员。

3．操作系统性能调优

Hadoop 集群对操作系统的性能调优可以从以下两个方面来优化。

（1）网卡

对 Hadoop 集群节点进行多网卡绑定，可以做负载均衡或主备切换。

（2）磁盘

Hadoop 集群节点中多个磁盘可以挂载到不同目录下，存放数据、做计算节点的磁盘不要做 RAID（磁盘阵列）。

3.5　MapReduce 分布式计算框架

MapReduce 是一个可用于大规模数据处理的分布式计算框架，它借助函数式编程及分而治之的设计思想，使编程人员在即使不会分布式编程的情况下，也能够轻松地编写分布式应用程序并运行在分布式系统之上。本章将以 WordCount 为例深入剖析 MapReduce 编程模型及运行机制，让读者对 MapReduce 有一个全面的了解。

3.5.1　MapReduce 概述

1．MapReduce 是什么

MapReduce 最早是由 Google 公司研究提出的一种面向大规模数据处理的并行计算模型和方法。Google 设计 MapReduce 的初衷主要是为了解决其搜索引擎中大规模网页数据的并行化处理问题。2004 年，Google 发表了一篇关于分布式计算框架 MapReduce 的论文，重点介绍了 MapReduce 的基本原理和设计思想。同年，开源项目 Lucene（搜索索引程序库）和 Nutch（搜索引擎）的创始人 Doug Cutting 发现 MapReduce 正是其所需要的解决大规模 Web 数据处理的重要技术，因而模仿 Google 的 MapReduce，基于 Java 设计开发了一个后来被称为 Hadoop MapReduce 的开源并行计算框架和系统。尽管 Hadoop MapReduce 还有很多局限性，但人们普遍认为，Hadoop MapReduce 是目前为止最为成功、最易于使用的大数据并行处理技术。

简单地说，MapReduce 是面向大数据并行处理的计算模型、框架和平台。具体包含以下 3 层含义。

1）MapReduce 是一个并行程序的计算模型与方法。

MapReduce 是一个编程模型，该模型主要用来解决海量数据的并行计算。它借助函数式编程和"分而治之"的设计思想，提供了一种简便的并行程序设计模型，该模型将大数据处理过程主要拆分为 Map（映射）和 Reduce（化简）两个模块，这样即使用户不了解分布式计算框架的内部运行机制，只要能够参照 Map 和 Reduce 的思想描述清楚要处理的问题，即编写 map 函数和 reduce 函数，就可以轻松地实现大数据的分布式计算。当然这只是简单的 MapReduce 编程。实际上，对于复杂的编程需求，只需要参照 MapReduce 提供的并行编程接口，也可以简单方便地完成大规模数据的编程和计算处理。

2）MapReduce 是一个并行程序运行的软件框架。

MapReduce 提供了一个庞大但设计精良的并行计算软件框架，它能自动完成计算任务的并行化处理，自动划分计算数据和计算任务，在集群节点上自动分配和执行任务以及收集计算结果，将数据分布式存储、数据通信、容错处理等并行计算涉及的很多系统底层的复杂细节问题都交由 MapReduce 软件框架统一处理，大大减少了软件开发人员的负担。

3）MapReduce 是一个基于集群的高性能并行计算平台。

Hadoop 中的 MapReduce 是一个易于使用的软件框架，基于此框架编写出来的应用程序能够运行在由上千个商用机器组成的大型集群上，并以一种可靠的方式并行处理 TB 或 PB 级别的数据集。

2. MapReduce 的基本设计思想

MapReduce 面向大规模数据处理，其基本设计思想如下。

（1）分而治之

MapReduce 对大数据并行处理采用"分而治之"的设计思想。如果一个大数据文件可以分为具有同样计算过程的多个数据块，并且这些数据块之间不存在数据依赖关系，那么提高处理速度最好的办法就是采用"分而治之"的策略对数据进行并行化计算。MapReduce 就是采用这种"分而治之"的设计思想，对相互间不具有或有较少数据依赖关系的海量数据，用一定的数据划分方法对数据进行分片，然后将每个数据分片交由一个任务去处理，最后再汇总所有任务的处理结果。简单地说，MapReduce 就是"任务的分解与结果的汇总"，如图 3-30 所示。

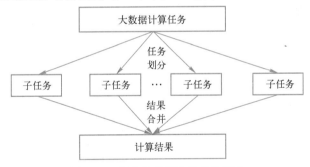

图 3-30　任务的分解和结果的汇总

（2）抽象成模型

MapReduce 把函数式编程思想构建成抽象模型——Map 和 Reduce。MapReduce 借鉴了函数式程序设计语言 Lisp 中的函数式编程思想，定义了 Map 和 Reduce 两个抽象类，程序员只需要实现这两个抽象类，然后根据不同的业务逻辑实现具体的 map 函数和 reduce 函数即可快速完成并行化程序的编写。

例如，一个 Web 访问日志文件的数据会由大量、重复性的访问日志构成，对这种顺序式数据记录/元素的处理通常也是采用顺序式扫描的方式来处理。图 3-31 描述了典型的顺序式大数据处理的过程和特征。

MapReduce 将以上的处理过程抽象为两个基本操作，把前两步抽象为 Map 操作，把后两步抽象为 Reduce 操作。于是 Map 操作主要负责对一组数据记录进行某种重复处

图 3-31　典型的顺序式大数据处理的过程和特征

理，而 Reduce 操作主要负责对 Map 操作生成的中间结果进行某种进一步的结果整理和输出。以这种方式，MapReduce 为大数据处理过程中的主要处理操作提供了一种抽象机制。

（3）上升到构架

MapReduce 以统一构架为程序员隐藏系统底层的细节。并行计算方法一般缺少统一的计算框架支持，这样程序员就需要考虑数据的存储、划分、分发、结果收集、错误恢复等诸多细节问题。为此，MapReduce 设计并提供了统一的计算框架，为程序员隐藏了绝大多数系统层的处理细节，程序员只需要集中于具体业务和算法本身，而不需要关注其他系统层的处理细节，大大减轻了程序员开发程序的负担。

MapReduce 所提供的统一计算框架的主要目标是实现自动并行化计算，为程序员隐藏系统底层的细节。该统一框架可负责自动完成以下系统底层主要相关的处理。

- 计算任务的自动划分和调度。
- 数据的自动化分布存储和划分。
- 处理数据与计算任务的同步。
- 结果数据的收集整理（排序（Sorting）、合并（Combining）、分区（Partitioning）等）。
- 系统通信、负载平衡、计算性能优化处理。
- 处理系统节点出错检测和失效恢复。

3．MapReduce 的优缺点

（1）MapReduce 的优点

在大数据和人工智能时代，MapReduce 如此受欢迎主要因为它具有以下几个优点。

- MapReduce 易于编程。它能够通过一些简单接口的实现，就可以完成一个分布式程序的编写，而且这个分布式程序可以运行在由大量廉价的服务器组成的集群上。即编写一个分布式程序与编写一个简单的串行程序是一模一样的。也正是易于使用的特点使得 MapReduce 编程变得越来越流行。
- 良好的扩展性。当计算资源不能得到满足时，可以通过简单地增加机器数量来扩展集群的计算能力。这与 HDFS 通过增加机器扩展集群存储能力的道理是一样的。
- 高容错性。MapReduce 设计的初衷就是使程序能够部署在廉价的商用服务器上，这就要求它具有很高的容错性。比如其中一台机器出现故障，可以把上面的计算任务转移到另外一个正常节点上运行，不至于导致这个任务运行失败，而且这个过程不需要人工参与，完全在 Hadoop 内部完成。
- MapReduce 适合 PB 级以上海量数据的离线处理。

（2）MapReduce 的缺点

MapReduce 虽然具有很多优势，但也有不适用的场景，即有些场景下并不适合 MapReduce 来处理，主要表现在以下几个方面。

1）不适合实时计算。MapReduce 无法像 MySQL 一样，在毫秒或秒级内返回结果。MapReduce 并不适合数据的在线处理。

2）不适合流式计算。流式计算的输入数据是动态的，而 MapReduce 的输入数据集是静态的，不能动态变化。这是因为 MapReduce 自身的设计特点决定了数据源必须是静态的。

3）不适合 DAG（有向无环图）计算。有些场景，多个应用程序之间会存在依赖关系，比如后一个应用程序的输入来自前一个应用程序的输出。在这种情况下，MapReduce 的处理方法是将使用后每个 MapReduce 作业的输出结果写入磁盘，这样会造成大量的磁盘 I/O，导致性能非常低下。

3.5.2　MapReduce 编程模型

从 MapReduce 自身的命名特点可以看出，MapReduce 由两个部分组成：Map 和 Reduce。用户只需实现 Map 和 Reduce 这两个抽象类，编写 map 和 reduce 两个函数，即可完成简单的分布式程序的开发。这就是最简单的 MapReduce 编程模型。

1. MapReduce 分布式计算的原理

MapReduce 实现分布式计算的基本原理如图 3-32 所示。

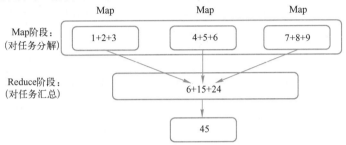

图 3-32　MapReduce 实现分布式计算的原理

比如计算 1+2+3+…+8+9 的和。MapReduce 的计算逻辑是把 1～9 的求和计算分成 1+2+3、4+5+6、7+8+9，即把计算任务进行了分解，分成多个 Map 任务，每个任务处理一部分数据，最后再通过 Reduce 把多个 Map 的中间结果进行汇总。这就是最简单的分布式计算的原理。注意，这里只是简单的举例说明，实际上 MapReduce 处理的数据量是很大的，但无论数据量的大小，其基本原理是相同的。

MapReduce 编程模型为用户提供了 5 个可编程组件，分别是 InputFormat、Map、Partitioner、Reduce、OutputFormat（还有一个组件是 Combiner，但它实际上是一个局部的 Reduce）。由于 Hadoop MapReduce 已经实现了很多可直接使用的类，比如 InputFormat、Partitioner、OutputFormat 的子类，一般情况下，这些类可以直接使用。

所以，可以借助 Hadoop MapReduce 提供的编程接口，快速地编写出分布式计算程序，而无须关注分布式环境的一些实现细节，这些细节由计算框架统一解决。

2. MapReduce 编程模型的数据处理流程

Hadoop MapReduce 编程模型及数据处理流程如图 3-33 所示。

（1）Map 任务

1）读取输入文件的内容（可以来自于本地文件系统或 HDFS 文件系统等），对输入文件的每一行，解析成<key,value>对，即[K1,V1]。默认输入格式下，K1 表示行偏移量，V1 表示读取的一行内容。

2）调用 map() 方法，将[K1,V1]作为参数传入。在 map() 方法中封装了数据处理的逻辑，对输入的<key,value>对进行处理。map() 是需要开发者根据不同的业务场景编写实现的。

3）map() 方法处理的结果也用<key,value>对的方式进行输出，记为[K2, V2]。

（2）Reduce 任务

1）在执行 Reduce 任务之前，有一个 shuffle 的过程对多个 Map 任务的输出进行合并、排序，输出[K2, {V2, …}]。

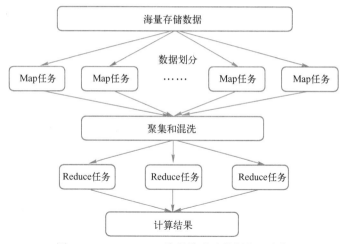

图 3-33　MapReduce 编程模型及数据处理流程

2）调用 reduce() 方法，将[K2，{V2，…}]作为参数传入。在 reduce() 方法中封装了数据汇总的逻辑，对输入的<key,value>对进行汇总处理。

3）reduce() 方法的输出被保存到指定的目录文件下。

3.5.3　MapReduce 应用示例

1. 背景分析

WordCount（单词统计）是最简单也是最能体现 MapReduce 思想的程序之一，可以称为 MapReduce 版的"Hello World"。这里主要从 WordCount 运行的角度对 MapReduce 编程模型进行详细分析。WordCount 主要完成的功能是：统计一系列文本文件中每个单词出现的次数，如图 3-34 所示。

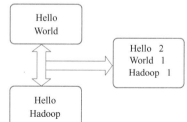

2. 解决问题的思路

1）业务场景：有大量的文件，每个文件中存储的都是单词。

2）任务：统计所有文件中每个单词出现的次数。

3）解决思路：先分别统计出每个文件中各个单词出现的次数，再累加不同文件中同一个单词出现的次数。

图 3-34　统计一系列文本文件中每个单词出现的次数

这正是典型的 MapReduce 编程模型所适合解决的问题。

3. 数据处理流程分析

（1）把数据源转化为<key,value>对

首先将数据文件拆分成分片（Split）。分片是用来组织块（Block）的，它是一个逻辑概念，用来明确一个分片包含多少个块，这些块是哪些 DataNode 节点上的信息，它并不实际存储源数据，源数据还是以块的形式存储在文件系统中，分片只是一个连接块和 Map 的桥梁。源数据被分割成若干分片，每个分片作为一个 Map 任务的输入，在 Map 执行过程中分片会被分解成一个个记录<key,value>对，Map 会依次处理每一个记录。默认情况下，当测试用的文件较小时，每个数据文件将被划分为一个分片，并将文件按行转换成<key,value>对，这一步由 MapReduce 框架自动完成，其中的 key 为字节偏移量（通俗的说，下一行记录开始位置=上一行记录的开始位置+上一行字符串内容的长度，这个相对字

节的变化就叫作字节偏移量），value 为该行数据内容。具体<key,value>生成的过程如图 3-35 所示。

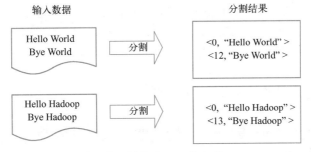

图 3-35 将输入数据转换成 Map 输入的<key,value>对

（2）自定义 map() 方法处理 Map 任务输入的<key,value>对

将分割好的<key,value>对交给用户自定义的 map() 方法进行处理，生成新的<key,value>对，如图 3-36 所示。

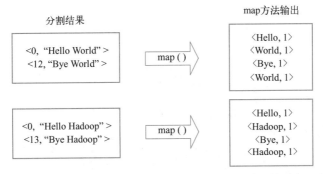

图 3-36 将 map() 输入的<key,value>对转化为 map() 输出的<key,value>对

（3）Map 端的 shuffle 过程

得到 map() 方法输出的<key,value>对后，Map 会将它们按照 key 值进行排序，并执行 Combine 过程（Combine 是一个局部的 Reduce，可以对每一个 Map 结果做局部的归并，这样能够减少最终存储及传输的数据量，提高数据处理效率，常用作 Map 阶段的优化，但是 Combine 过程的指定不能影响最终 Reduce 的结果，比如适合求和、求最大值、求最小值的场景，但是不适合求平均数），将 key 值相同的 value 值累加，得到 Map 的最终输出结果，如图 3-37 所示。

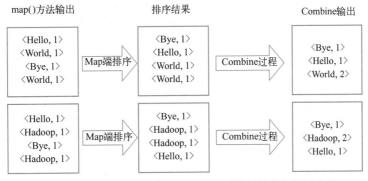

图 3-37 将 map() 输出的<key,value>对进行排序和局部合并

（4）自定义 reduce() 方法处理 Reduce 任务输入的<key,value>对

经过复杂的 shuffle 过程之后，Reduce 先对从 Map 接收的数据进行排序，再交由用户自定义的 reduce() 方法进行处理，得到新的<key,value>对，并作为 WordCount 的最终输出结果，如图 3-38 所示。

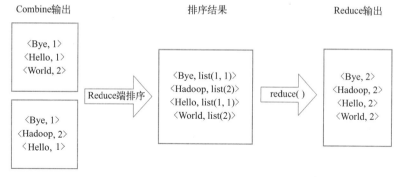

图 3-38 将 reduce() 输入的<key,value>对转换为输出的<key,value>对

3.5.4　WordCount 代码实现

上一小节结合 WordCount 运行流程对 MapReduce 进行了详细的分析，本小节将通过 MapReduce 代码实现 WordCount 统计单词词频，以下是 WordCount 程序的具体实现代码。

```
public class Wordcount {
    public static class TokenizerMapper extends
            Mapper<Object, Text, Text, IntWritable>
            //这个 Mapper 类是一个泛型类型，它有 4 个形参类型，分别指定 map 函数的输入键、输入值、输出键、输出值的类型。Hadoop 没有直接使用 Java 内嵌的类型，而是自己开发了一套可以优化网络序列化传输的基本类型。这些类型都在 org.apache.hadoop.io 包中
            //比如这个例子中的 Object 类型，适用于字段需要使用多种类型的情况，Text 类型相当于 Java 中的 String 类型，IntWritable 类型相当于 Java 中的 Integer 类型
            {
            //定义两个变量
            private final static IntWritable one = new IntWritable(1);//1 表示每个单词出现一次，map 的输出 value 即为 1

            private Text word = new Text();
    //Context 是 Mapper 的一个内部类，用于在 Map 或 Reduce 任务中跟踪 Task 的状态。MapContext 记录了 Map 执行的上下文，在 Mapper 类中，Context 可以存储一些 Job conf 的信息，比如 Job 运行时的参数等，可以在 map 函数中处理这些信息。同时 Context 也充当了 Map 和 Reduce 任务执行过程中各个函数之间的桥梁，这与 Java Web 中的 session 对象、application 对象很相似
            //简单地说，Context 对象保存了作业运行的上下文信息，比如作业配置信息、InputSplit 信息、任务 ID 等
            //这里主要用到 Context 的 write 方法
            public void map(Object key, Text value, Context context)
                    throws IOException, InterruptedException {
                StringTokenizer itr = new StringTokenizer(value.toString());
    //将 Text 类型的 value 转化成字符串类型
                while (itr.hasMoreTokens()) {
                    word.set(itr.nextToken());
```

```
                        context.write(word, one);
                }
        }
}
public static class IntSumReducer extends
                Reducer<Text, IntWritable, Text, IntWritable> {
        private IntWritable result = new IntWritable();
        public void reduce(Text key, Iterable<IntWritable> values,
                Context context) throws IOException, InterruptedException {
            int sum = 0;
            for (IntWritable val : values) {
                sum += val.get();
            }
            result.set(sum);
            context.write(key, result);
        }
}
public static void main(String[] args) throws Exception {
        Configuration conf = new Configuration();
        //Configuration 类代表作业的配置，该类会加载 mapred-site.xml、hdfs-site.xml、core-site.xml
等配置文件
        //删除已经存在的输出目录
        Path mypath = new Path("hdfs://dajiangtai:9000/wordcount-out");//输出路径
        FileSystem hdfs = mypath.getFileSystem(conf);//获取文件系统
        //如果文件系统中存在这个输出路径，则删除掉，保证输出目录不能提前存在
        if (hdfs.isDirectory(mypath)) {
                hdfs.delete(mypath, true);
        }
        //Job 对象指定了作业执行规范，可以用它来控制整个作业的运行
        Job job = Job.getInstance();// new Job(conf, "word count");
        job.setJarByClass(Wordcount.class);
        //在 Hadoop 集群上运行作业时，要把代码打包成一个 Jar 文件，然后把此文件传到集群上，并通过命
令来执行这个作业，但是命令中不必指定 Jar 文件的名称。在这条命令中，通过 Job 对象的 setJarByClass()方
法传递一个主类即可，Hadoop 会通过这个主类来查找包含它的 Jar 文件
        job.setMapperClass(TokenizerMapper.class);
        //job.setReducerClass(IntSumReducer.class);
        job.setCombinerClass(IntSumReducer.class);
        job.setOutputKeyClass(Text.class);
        job.setOutputValueClass(IntWritable.class);
        //一般情况下 mapper 和 reducer 输出的数据类型是一样的，所以可以用上面两条命令；如果不
一样，可以用下面两条命令单独指定 mapper 输出的 key、value 的数据类型
        //job.setMapOutputKeyClass(Text.class);
        //job.setMapOutputValueClass(IntWritable.class);
        //hadoop 默认的是 TextInputFormat 和 TextOutputFormat，所以这里可以不用配置
        //job.setInputFormatClass(TextInputFormat.class);
        //job.setOutputFormatClass(TextOutputFormat.class);
        FileInputFormat.addInputPath(job, new Path(
                "hdfs://dajiangtai:9000/djt.txt"));//FileInputFormat.addInputPath()指定的路径可以是单个
```

文件、一个目录或符合特定文件模式的一系列文件

```
        //从方法名称可以看出，可以通过多次调用此方法来实现多路径的输入
        FileOutputFormat.setOutputPath(job, new Path(
            "hdfs://dajiangtai:9000/wordcount-out"));
    //只能有一个输出路径，该路径指定的是 reduce 函数输出文件的写入目录
        //特别注意：输出目录不能提前存在，否则 Hadoop 会报错并拒绝执行作业，这样做的目的是
防止数据丢失
        System.exit(job.waitForCompletion(true) ? 0 : 1);
        //使用 job.waitForCompletion() 提交作业并等待执行完成，该方法返回一个布尔值，表示执行
成功或失败，该布尔值被转换成程序退出代码 0 或 1，该布尔参数还是一个详细标识，所以作业会把进度写
入控制台
        //waitForCompletion()提交作业后，每秒会轮询作业的进度，如果发现和上次报告后有改变，
就把进度报告到控制台，作业完成后，如果成功就显示作业计数器，如果失败则把导致作业失败的错误输出
到控制台
    }
}
```

以上就是以 Wordcount 为例对 MapReduce 程序的一个深入剖析。WordCount 如何在 Hadoop 集群运行，前面小节已经有过介绍，这里就不再赘述。

3.6　本章小结

本章首先讲解了 Zookeeper 技术，Zookeeper 主要为大数据集群提供协调服务；接着讲解了 HDFS 分布式文件系统，HDFS 主要用于存储海量文件数据；紧接着讲解了 YANR 资源管理系统，YARN 主要为各种应用程序提供统一的资源管理与调度；然后基于 Zookeeper、HDFS、YARN 技术构建 Hadoop 分布式集群；最后讲解了 MapReduce 分布式计算框架，MapReduce 可以离线处理海量数据。通过本章的学习，读者可以掌握 Hadoop 的核心技术，构建 Hadoop 分布式集群，为后续项目的学习提供了大数据平台。

## 第 4 章

基于 HBase 和 Kafka 构建海量数据存储与交换系统

学习目标

- 理解 HBase 分布式数据库的架构与设计。
- 掌握 HBase 分布式集群的搭建。
- 理解 Kafka 分布式消息队列的架构与设计。
- 掌握 Kafka 分布式集群的搭建。

大数据解决了海量数据存储和计算这两个核心问题。HDFS 分布式文件系统解决了海量数据存储的问题，而 HBase 分布式数据库构建在 HDFS 之上，既解决了海量数据存储又解决了数据实时查询的问题。Kafka 消息队列支持高并发、高吞吐，多用于大数据实时分析项目中，用于海量实时数据的存储与交换。接下来本章将详细讲解 HBase 和 Kafka，让大家熟练掌握海量数据存储与交换技术。

4.1 构建 HBase 分布式实时数据库

HBase 是一个在 HDFS 上开发的面向列的分布式数据库。如果需要实时地随机读写超大规模数据集，就可以使用 HBase 来进行处理。

相比 HBase，传统数据库存储和检索的实现虽然可以选择很多不同的策略，但大多数解决办法并不是为了大规模、可伸缩的分布式处理而设计的。很多厂商只是提供了复制和分区的解决方案，让数据库能够对单个节点进行扩展，但是这些附加的技术大多属于弥补的解决办法，而且安装和维护的成本比较高。

而 HBase 是自底向上地进行构建，能够简单地通过增加节点来达到线性扩展，从而解决可伸缩性的问题。HBase 并不是关系型数据库，它不支持 SQL，但是它能在廉价硬件构成的集群上管理超大规模的稀疏表。

本节先讲解 HBase 的基本概念，接着深入讲解 HBase 架构的原理，然后详细讲解 HBase 分布式集群构建以及 HBase 性能调优，最后根据新闻项目业务需求创建 HBase 数据库表，为后续项目分析做准备。

4.1.1 HBase 概述

与传统数据库相比，虽然 HBase 数据库也是以表的形式组织数据，有行有列，但是从 HBase 底层物理存储结构来看，数据存储方式有着本质的差别。接下来会详细讲解 HBase 的定义、特点、逻辑模型、数据模型与物理模型。

1. HBase 是什么

HBase 是一个高可靠、高性能、面向列、可伸缩的分布式存储系统，利用 HBase 技术可在廉价的 PC Server 上搭建大规模结构化存储集群。

HBase 是 Google BigTable 的开源实现，与 Google 的 BigTable 利用 GFS 作为其文件存储系统类似，HBase 利用 Hadoop 的 HDFS 作为其文件存储系统；Google 运行 MapReduce 来处理 BigTable 中的海量数据，HBase 同样利用 Hadoop 的 MapReduce 来处理 HBase 中的海量数据；Google BigTable 利用 Chubby 作为协同服务，而 HBase 利用 Zookeeper 作为协同服务。

2. HBase 的特点

HBase 作为一个典型的 NoSQL 数据库，可以通过行键（RowKey）检索数据，仅支持单行事务，主要用于存储非结构化（不适合用数据库二维逻辑表来表现的数据，比如图片、文件、视频）和半结构化（介于完全结构化数据和完全无结构数据之间的数据，XML、HTML 文档就属于半结构化数据。它一般是自描述的，数据的结构和内容混在一起，没有明显的区分）的松散数据。与 Hadoop 类似，HBase 的设计目标主要依靠横向扩展，通过不断增加廉价的商用服务器来增加计算和存储能力。

与传统数据库相比，HBase 具有很多与众不同的特性，下面介绍 HBase 具备的一些重要的特性。

- 容量巨大：单表可以有百亿行、数百万列。
- 无模式：同一个表的不同行可以有截然不同的列。
- 面向列：HBase 是面向列的存储和权限控制，并支持列独立索引。
- 稀疏性：表可以设计得非常稀疏，值为空的列并不占用存储空间。
- 扩展性：HBase 底层文件存储依赖 HDFS，它天生具备可扩展性。
- 高可靠性：HBase 提供了预写日志（WAL）和副本（Replication）机制，防止数据丢失。
- 高性能：底层的 LSM（Log-Structured Merge Tree）数据结构和 Rowkey 有序排列等架构上的独特设计，使得 HBase 具备非常高的写入性能。

3. HBase 的逻辑模型

HBase 中最基本的单位是列，一列或多列构成了行，行有行键（RowKey），每一行的行键都是唯一的，对相同行键的插入操作被认为是对同一行的操作，多次插入操作其实就是对该行数据的更新操作。

HBase 中的一个表有若干行，每行有很多列，列中的值可以有多个版本，每个版本的值称为一个单元格，每个单元格存储的是不同时间该列的值。接下来通过 HBase 示例表的结构来详细了解它的逻辑模型，如图 4-1 所示。

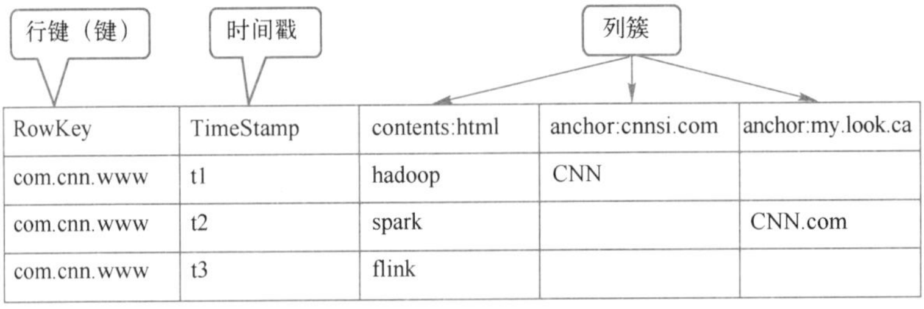

RowKey	TimeStamp	contents:html	anchor:cnnsi.com	anchor:my.look.ca
com.cnn.www	t1	hadoop	CNN	
com.cnn.www	t2	spark		CNN.com
com.cnn.www	t3	flink		

图 4-1 HBase 表的逻辑模型

从图 4-1 中可以看出，HBase 表包含两个列簇（Column Family）：contents 和 anchor。在该示例中，

列簇 anchor 有两个列（anchor:cnnsi.com 和 anchor:my.look.ca），列簇 contents 仅有一个列 contents:html。其中，列名是由列簇前缀和修饰符（Qualifier）连接而成，分隔符是英文冒号。例如，列 anchor:my.look.ca 是由列簇 anchor 前缀和修饰符 my.look.ca 组成。所以在提到 HBase 列时应该使用的方式是"列簇前缀+修饰符"。

另外从图 4-1 可以看出，在 HBase 表的逻辑模型中，所有的列簇和列都紧凑地挨在一起，并没有展示它的物理存储结构。该逻辑视图可以让大家更好地、更直观地理解 HBase 的数据模型，但它并不是实际数据存储的形式。

4. HBase 数据模型的核心概念

理解 HBase 的核心概念非常重要，因为数据模型设计的好坏将直接影响业务的查询性能。接下来将介绍 HBase 数据模型的核心概念。

（1）表

HBase 是一种列式存储的分布式数据库，其核心概念是表（Table）。与传统关系型数据库一样，HBase 的表也是由行和列组成，但 HBase 同一列可以存储不同时刻的值，同时多个列可以组成一个列簇（Column Family），这种组织形式主要基于存取性能。

（2）行键

RowKey 既是 HBase 表的行键，也是 HBase 表的主键。HBase 表中的记录是按照 RowKey 的字典顺序进行存储的。

在 HBase 中，为了高效地检索数据，需要设计良好的 RowKey 来提高查询性能。首先 RowKey 被冗余存储，所以长度不宜过长，RowKey 过长将会占用大量的存储空间，同时会降低检索效率；其次 RowKey 应该尽量均匀分布，避免产生热点问题（大量用户访问集中在一个或极少数节点，造成单台节点超出自身承受能力）；另外需要保证 RowKey 的唯一性。

（3）列簇

HBase 表中的每个列都归属于某个列簇，一个列簇中的所有列成员有着相同的前缀。比如，列 anchor:cnnsi.com 和 anchor:my.look.ca 都是列簇 anchor 的成员。列簇是表的 Schema 的一部分，必须在使用表之前定义列簇，但列却不是必需的，写数据时可以动态加入。一般将经常一起查询的列放在一个列簇中，合理划分列簇将减少查询时加载到缓存的数据，提高查询效率，但也不能有太多的列簇，因为跨列簇访问是非常低效的。

（4）单元格

HBase 中通过 Row 和 Column 确定的一个存储单元称为单元格（Cell）。每个单元格都保存着同一份数据的多个版本，不同时间版本的数据按照时间顺序倒序排序，最新时间的数据排在最前面，时间戳是 64 位的整数，可以由客户端在写入数据时赋值，也可以由 RegionServer 自动赋值。

为了避免数据存在过多版本造成的管理（包括存储和索引）负担，HBase 提供了两种数据版本回收方式。一是保存数据的最后 n 个版本；二是保存最近一段时间内的数据版本，比如最近 7 天。用户可以针对每个列簇进行设置。

5. HBase 的物理模型

虽然在逻辑模型中，表可以被看成是一个稀疏的行的集合。但在物理上，表是按列分开存储的。HBase 的列是按列簇分组的，HFile 是面向列的，存放行的不同列的物理文件，一个列簇的数据存放在多个 HFile 中，最重要的是一个列簇的数据会被同一个 Region 管理，物理上存放在一起。表 4-1 展示了列簇 contents 的存储模型，表 4-2 展示了列簇 anchor 的存储模型。

表 4-1　列簇 contents 的存储模型

RowKey	TimeStamp	ColumnFamily "contents:"
"com.cnn.www"	t6	contents:html = "<html>..."
"com.cnn.www"	t5	contents:html = "<html>..."
"com.cnn.www"	t3	contents:html = "<html>..."

表 4-2　列簇 anchor 的存储模型

RowKey	TimeStamp	ColumnFamily anchor
"com.cnn.www"	t9	anchor:cnnsi.com = "CNN"
"com.cnn.www"	t8	anchor:my.look.com = "CNN.com"

HBase 表中的所有行都按照 RowKey 的字典序排列，在行的方向上分割为多个 Region（Region 是 HBase 数据管理的基本单位。数据移动、数据的负载均衡以及数据的分裂都是按照 Region 为单位来进行操作的），如图 4-2 所示。

HBase 表默认最初只有一个 Region，随着记录数不断增加而变大后，会逐渐分裂成多个 Region，一个 Region 由 [startkey,endkey]表示，不同的 Region 会被 Master 分配给相应的 RegionServer 进行管理。

Region 是 HBase 中分布式存储和负载均衡的最小单元。不同 Region 分布到不同 Region-Server 上，Region 的负载均衡如图 4-3 所示。

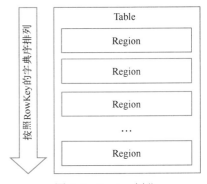

图 4-2　Region 划分

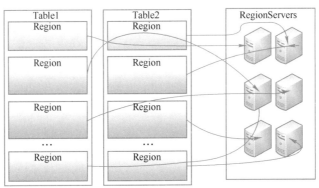

图 4-3　Region 的负载均衡

Region 虽然是分布式存储的最小单元，但并不是存储的最小单元。Region 由一个或多个 Store 组成，每个 Store 保存一个 Column Family。每个 Store 又由一个 memStore 和零至多个 StoreFile 组成。MemStore 存储在内存中，StoreFile 存储在 HDFS 上。Region 的组成结构如图 4-4 所示。

4.1.2　HBase 架构设计

HBase 是一个分布式系统架构，除了底层存储 HDFS 外，HBase 包含 4 个核心功能模块，它们分别是：客户端（Client）、协调服务模块（Zookeeper）、主节点（HMaster）和从节点（HRegionServer），这些核心模块之间的关系如图 4-5 所示。

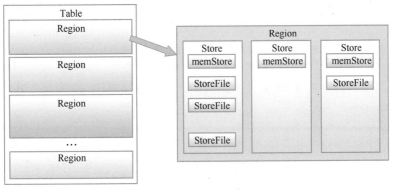

图 4-4　Region 的组成结构

1．Client

Client 是整个 HBase 系统的入口，可以通过 Client 直接操作 HBase。Client 使用 HBase 的 RPC 机制与 HMaster 和 RegionServer 进行通信。对于管理的操作，Client 与 HMaster 进行 RPC 通信；对于数据的读写操作，Client 与 HRegionServer 进行 RPC 交互。HBase 有很多个客户端模式，除了 Java 客户端模式外，还有 Thrift、Avro、Rest 等客户端模式。

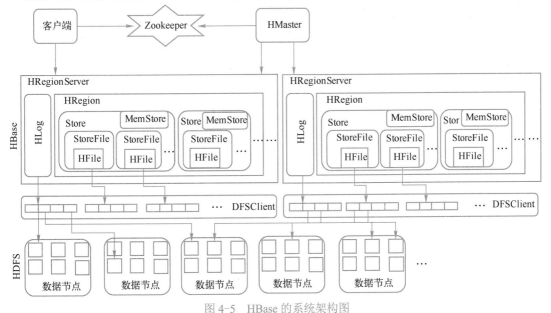

图 4-5　HBase 的系统架构图

2．Zookeeper

Zookeeper 负责管理 HBase 中多个 HMaster 的选举，保证在任何情况下集群中只有一个 Active HMaster；存储所有 Region 的寻址入口；实时监控 HRegionServer 的上线和下线信息，并实时通知给 HMaster；存储 HBase 的 Schema 和 Table 元数据。

3．HMaster

HMaster 没有单点故障问题，在 HBase 中可以启动多个 HMaster，通过 Zookeeper 的 Master

选举机制保证总有一个 HMaster 正常运行并提供服务，其他 HMaster 作为备选，时刻准备提供服务。HMaster 主要负责表和 HRegion 的管理工作，包括以下内容。

- 管理用户对表的增、删、改、查操作。
- 管理 HRegionServer 的负载均衡，调整 HRegion 的分布。
- 在 HRegion 分裂后，负责新 HRegion 的分配。
- 在 HRegionServer 停机后，负责失效 HRegionServer 上的 HRegion 的迁移工作。

4. HRegionServer

HRegionServer 主要负责响应用户的 I/O 请求，是 HBase 的核心模块。HRegionServer 内部管理了一系列 HRegion 对象，每个 HRegion 对应表中的一个 Region。HRegion 由多个 HStore 组成，每个 HStore 对应表中的一个列簇（Column Family）。每个列簇就是一个集中的存储单元，因此将具备相同 I/O 特性的列放在同一个列簇中，能提高读写性能。

4.1.3　HBase 分布式集群的构建

HBase 底层数据存储在 HDFS 之上，所以构建 HBase 集群之前需要确保 HDFS 集群正常运行。为了确保数据的本地性，HBase 集群安装选择与 HDFS 集群共用节点，这里仍然选择前面规划好的 hadoop01、hadoop02 和 hadoop03 节点安装部署 HBase 集群。

1. 下载并解压 HBase

下载 hbase-1.2.0-bin.tar.gz 安装包（下载地址为 http://archive.apche.org/dist/hbase，也可通过本书配套资源包下载获取，本书配套资料/第 4 章/4.1/安装包），将 HBase 安装包上传至 hadoop01 节点的 /home/hadoop/app 目录下进行解压安装，操作命令如下。

```
[hadoop@hadoop01 app]$ ls
hbase-1.2.0-bin.tar.gz
[hadoop@hadoop01 app]$ tar –zxvf hbase-1.2.0-bin.tar.gz
[hadoop@hadoop01 app]$ ln –s hbase-1.2.0-bin hbase
```

2. 修改配置文件

对 HBase 的 conf 目录下的文件进行配置。通过设置 hbase-site.xml 配置文件进行个性化配置，从而覆盖默认的 hbase-default.xml 配置内容；通过设置 hbase-en.sh 文件，添加 HBase 启动时使用到的环境变量；通过设置 RegionServers 文件，使得 HBase 能启动所有 Region 服务器进程；通过设置 backup-masters 文件，可以实现 HBase HMaster 的高可用。本小节相关配置文件可通过本书配套资源包下载获取（本书配套资料/第 4 章/4.1/配置文件）。

（1）配置 hbase-site.xml 文件

进入 HBase 根目录下的 conf 文件夹，修改 hbase-site.xml 配置文件，具体内容如下。

```
[hadoop@hadoop01 conf]$ vi hbase-site.xml
<configuration>
  <property>
      <name>hbase.zookeeper.quorum</name>
      <value>hadoop01,hadoop02,hadoop03</value>
      <!—指定 Zookeeper 集群节点-->
  </property>
  <property>
```

```
                <name>hbase.zookeeper.property.dataDir</name>
                <value>/home/hadoop/data/zookeeper</value>
<!--指定 Zookeeper 数据存储目录-->
    </property>
    <property>
                    <name>hbase.zookeeper.property.clientPort</name>
                    <value>2181</value>
<!--指定 Zookeeper 端口号-->
    </property>
    <property>
                <name>hbase.rootdir</name>
                <value>hdfs://mycluster/hbase</value>
<!--指定 HBase 在 HDFS 上的根目录-->
    </property>
    <property>
                <name>hbase.cluster.distributed</name>
                <value>true</value>
<!--指定 true 为分布式集群部署-->
    </property>
</configuration>
```

（2）配置 RegionServers 文件

进入 HBase 根目录下的 conf 文件夹，修改 RegionServers 配置文件，具体内容如下。

```
[hadoop@hadoop01 conf]$ vi regionservers
hadoop01
hadoop02
hadoop03
```

按照上面角色的规划，hadoop01、hadoop02 和 hadoop03 都配置为 RegionServers。

（3）配置 backup-masters 文件

进入 HBase 根目录下的 conf 文件夹，修改 backup-masters 配置文件，具体内容如下。

```
[hadoop@hadoop01 conf]$ vi backup-masters
hadoop02
```

因为 HBase 的 Hmaster 需要高可用，所以这里选择 hadoop02 作为备用节点。

（4）配置 hbase-env.sh

进入 HBase 根目录下的 conf 文件夹，修改 hbase-env.sh 配置文件，具体内容如下。

```
[hadoop@hadoop01 conf]$ vi hbase-env.sh
export JAVA_HOME=/home/hadoop/app/jdk
<!--配置 JDK 安装路径-->
export HBASE_MANAGES_ZK=false
<!--使用独立的 Zookeeper 集群-->
```

3. 配置 HBase 环境变量

编辑 vi ~/.bashrc 文件，修改环境变量，添加如下内容。

```
JAVA_HOME=/home/hadoop/app/jdk
ZOOKEEPER_HOME=/home/hadoop/app/zookeeper
```

```
HADOOP_HOME=/home/hadoop/app/hadoop
HBASE_HOME=/home/hadoop/app/hbase
CLASSPATH=.:$JAVA_HOME/lib/dt.jar:$JAVA_HOME/lib/tools.jar
PATH=$JAVA_HOME/bin:$HADOOP_HOME/bin:$ZOOKEEPER_HOME/bin:$HBASE_HOME/bin:$PATH
export JAVA_HOME CLASSPATH PATH HADOOP_HOME ZOOKEEPER_HOME HBASE_ HOME
```

4．HBase 安装目录分发到集群节点

将 hadoop01 节点中配置好的 HBase 安装目录，分发给 hadoop02 和 hadoop03 节点，因为 HBase 集群配置都是一样的。这里使用 Linux 远程命令进行分发。

```
[hadoop@hadoop01 app]$scp -r hbase-1.2.0-bin    hadoop@hadoop02:/home/hadoop/app/
[hadoop@hadoop01 app]$scp -r hbase-1.2.0-bin    hadoop@hadoop03:/home/hadoop/app/
```

5．启动 HBase 集群

前面已经介绍了 HDFS 高可用集群依赖 Zookeeper 提供协调服务，HBase 集群中的数据又存储在 HDFS 集群之上，所以需要先启动 Zookeeper 集群，然后启动 HDFS 集群，最后再启动 HBase 集群。

（1）启动 Zookeeper 集群

在所有节点进入 /home/hadoop/app/zookeeper 目录，使用 bin/zkServer.sh start 命令启动 Zookeeper 集群，具体操作如图 4-6 所示。

图 4-6　启动 Zookeeper 集群

然后使用 bin/zkServer.sh status 命令查看集群节点 Zookeeper 集群的状态，如图 4-7 所示，如果出现一个 Leader 和两个 Follower 状态，说明 Zookeeper 集群启动正常。

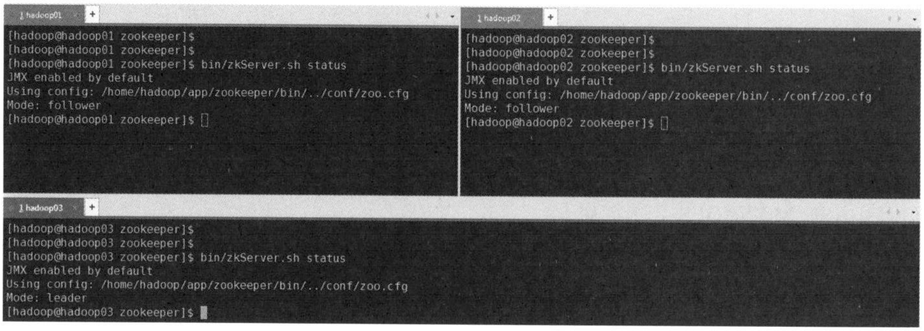

图 4-7　Zookeeper 集群的状态

（2）启动 HDFS 集群

在 hadoop01 节点进入/home/hadoop/app/hadoop/目录，通过 sbin/start-dfs.sh 命令启动 HDFS 集群，

具体操作如图 4-8 所示。

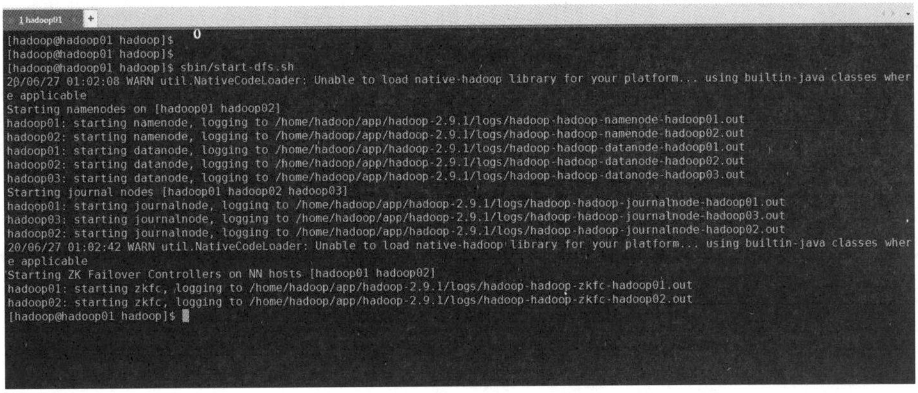

图 4-8 启动 HDFS 集群

（3）启动 HBase 集群

在 hadoop01 节点进入 /home/hadoop/app/hbase 目录，通过 bin/start-hbase.sh 命令启动 HBase 集群，具体操作如图 4-9 所示。

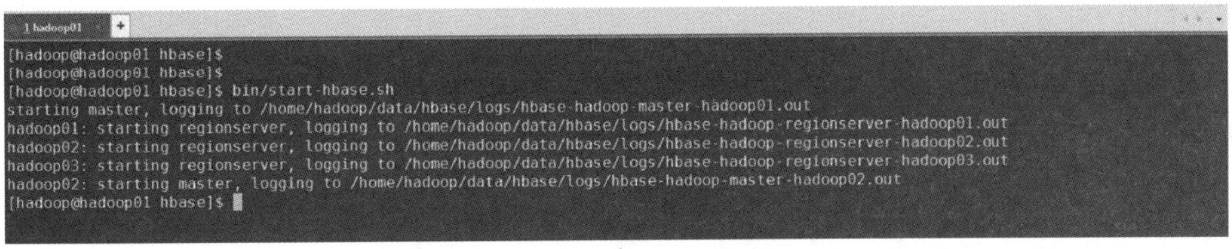

图 4-9 启动 HBase 集群

（4）查看 HBase 启动进程

通过 jps 命令查看 hadoop01 节点的进程，如图 4-10 所示，如果出现 HMaster 进程和 HRegionServer 进程，说明 hadoop01 节点的 HBase 服务启动成功。

通过 jps 命令查看 hadoop02 节点的进程，如图 4-11 所示，如果出现 HMaster 进程和 HregionServer 进程，说明 hadoop02 节点的 HBase 服务启动成功。

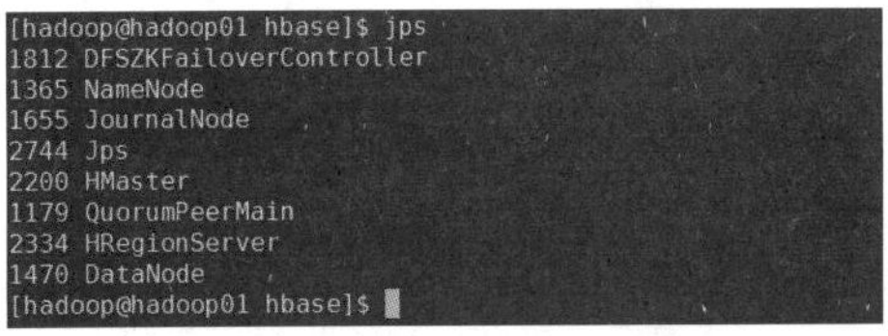

图 4-10 hadoop01 节点的进程

通过 jps 命令查看 hadoop03 节点的进程，如图 4-12 所示，如果出现 HRegionServer 进程，说明 hadoop03 节点的 HBase 服务启动成功。

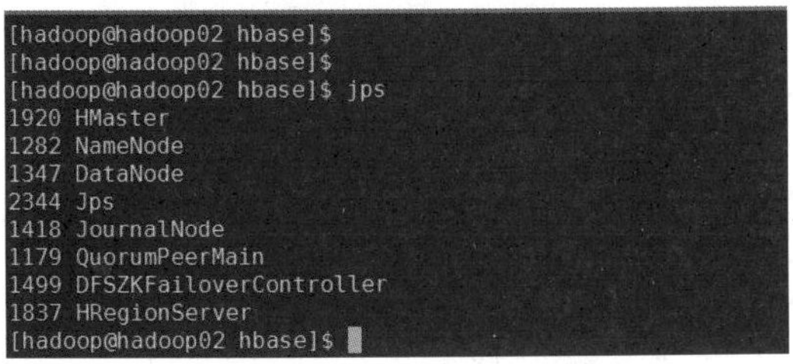

图 4-11 hadoop02 节点进程

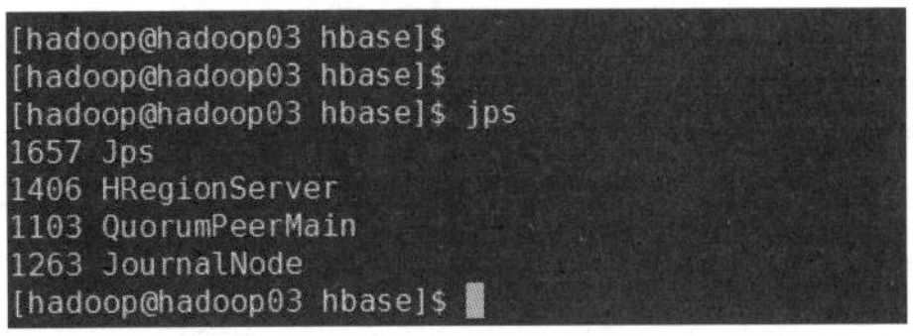

图 4-12 hadoop03 节点进程

（5）查看 HBase Web 界面

查看 HBase 主节点 Web 界面，如图 4-13 所示，可以看到主机名为 hadoop01 节点的角色为 Master，RegionServer 列表为 hadoop01、hadoop02 和 hadoop03 节点。

图 4-13　主节点 Web 界面

查看 HBase 备用节点 Web 界面，如图 4-14 所示，可以看到主机名为 hadoop02 的节点，角色为 Backup Master。

图 4-14　备用节点 Web 界面

如果上述操作正常，说明 HBase 集群已经搭建成功。

4.1.4　HBase 性能调优

HBase 是 Hadoop 生态系统中的一个组件，是一个分布式、面向列的开源数据库，可以支持数百万列、超过 10 亿行的数据存储，因此，对 HBase 性能提出了一定的要求，那么如何进行 HBase 性能优化呢？

1. HBase 硬件性能调优

HBase 硬件层面的调优主要包含内存和 CPU。

（1）HBase 内存调优

HBase 操作过程中需要大量的内存开销，毕竟 Table 是可以缓存在内存中的，一般会分配整个可用内存的 70% 给 HBase 的 Java 堆。但是不建议分配非常大的堆内存，因为 GC 过程持续太久会导致 RegionServer 处于长期不可用状态，一般 16~48G 内存即可，如果因为框架占用内存过高导致系统内存不足，框架最终也会崩溃。

（2）HBase CPU 调优

HBase 在应用上的各种操作对 CPU 的消耗也比较大，比如频繁使用过滤器对数据进行匹配、搜索和过滤，多条件组合扫描查询，压缩操作频繁等。如果 CPU 配置过低，会导致 HBase 集群负载比较高，造成线程阻塞，所以 CPU 核数越多越好。

2. HBase JVM 性能调优

HMaster 不会处理过重的负载，并且实际的数据服务不经过 HMaster，所以垃圾回收时 HMaster 通常不会产生问题。

JRE 的默认算法和启发式学习调整功能不能很好地处理 RegionServer。当 RegionServer 在处理写入量过大的负载时，繁重的负载使得 JRE 通过对程序行为的各种假设进行内存分配的策略不再有效。

在 RegionServer 写入数据时，数据会先保存在 memstore 中，当写入的数据大于 memstore 阈值时，数据会写入磁盘。因为写入的数据是由客户端在不同时间写入的，故而他们占据的 Java 堆空间很可能是不连续的，会出现孔洞，所以需要对 RegionServer 的 JVM 垃圾回收进行优化。

RegionServer 的 JVM 配置如下所示：

```
export HBASE_OPTS="$HBASE_OPTS
-Xmx8g
-Xms8g
-Xmn128M
-XX:+UseParNewGC
-XX:+UseConMarkSweepGC
-XX:CMSInitiatingOccupancyFraction=70
-verbose:gc -XLoggc:${HBASE_HOME}/logs/gc-hbase.log"
```

其中各参数介绍如下。

-Xmx8g：最大堆内存大小。

-Xms8g：初始堆大小。初始堆内存可以设置得与最大堆内存一样大，以避免每次垃圾回收完成后 JVM 重新分配堆内存。

-Xmn128M：新生代大小。新生代不能过小，否则新生代中的生存周期较长的数据会过早移到老生代，引起老生代产生大量内存碎片；新生代也不能过大，否则回收新生代也会造成太长时间的停顿，影响性能。

-XX:+UseParNewGC：新生代采用 ParallelGC 回收器。ParallelGC 将停止运行 Java 进程去清空新生代堆，因为新生代很小，所以停顿的时间也很短，需几百毫秒。

-XX:+UseConMarkSweepGC：老生代采用 CMS 回收器（Concurrent Mark-Sweep Collector）。CMS 在不停止运行 Java 进程的情况下异步地完成垃圾回收，CMS 会增加 CPU 的负载，但是可以避免重写老生代堆碎片时的停顿。老生代回收不可使用 ParallelGC 回收机制，因为老生代的堆空间大，ParallelGC 会造成 Java 进程长时间停顿，使得 RegionServer 与 Zookeeper 的会话超时，该 RegionServer 会被误认为已经崩溃并会被抛弃。

-XX:CMSInitiatingOccupancyFraction=70：初始内存占用比为 70% 时开始 CMS 回收。此值不能太小，否则 CMS 发生得太频繁。此值也不能太大，否则因为 CMS 需要额外堆内存，会发生堆内存空间不足，导致 CMS 失败。

-verbose:gc -XLoggc:${HBASE_HOME}/log/gc-hbase.log：指定 gc 输出日志路径。

3．HBase 查询层面性能调优

HBase 虽然能提供海量数据的实时读写，但是一旦数据量非常大，查询延迟也会非常高，所以要做好 HBase 查询优化工作。

（1）设置 Scan 缓存

HBase 的 Scan 查询中可以设置缓存，设置一次交互从服务器到客户端的行数，这样能有效减少服务器与客户端的交互，提升查询扫描的性能。设置方式如下。

```
Scanner.setCaching(10000)
```

（2）显示地指定列

当使用 Scan 扫描数据时，指定具体的列可以有效减少网络数据传输，提升查询性能。因为查询时，服务器处理之后的结果会通过网络传输到客户端，如果能过滤一部分不需要的数据，可以减少网络 I/O 开销。设置方式如下。

```
scanner.addColumn(Bytes.toBytes(ColumnFamily), Bytes.toBytes(column))
```

（3）批量读

通过调用 table.get(List<Get>) 方法可以根据一个指定的行键列表，批量获取多行记录。该方法可以在服务器端完成批量查询返回结果，降低网络传输速度，节省网络 I/O 开销。

（4）使用 Filter 过滤器

HBase 查询过程中，使用 Filter 过滤器可以避免执行 Scan 扫描行键时将所有数据都读取到客户端，从而减少数据传输量。

（5）缓存使用

对于频繁查询 HBase 的应用场景，可以考虑在应用程序和 HBase 之间做一层缓存系统，当有新查询请求时，先到缓存中查找，如果存在直接返回结果，如果不存在再查询 HBase，然后返回结果同时保存一份到缓存系统。

（6）关闭 WAL

默认情况下，为了保证系统的高可用性，WAL（预写日志）是开启的，但 WAL 会对系统性能产生影响。如果应用可以容忍一定的数据丢失的风险，可以关闭 WAL 提高系统的性能。

（7）预建分区

对 HBase 进行预分区，从而避免 Region 自动分裂，因为 Region 的频繁分裂会消耗 HBase 系统大量的资源，从而降低 HBase 的响应速度。

（8）延迟日志刷磁盘

默认情况下，HBase 写入操作会开启写 WAL，日志缓存数据会在很短时间内写入 HDFS，默认是1s。如果增大日志数据刷写 HDFS 的时间，可以减少 WAL 到 HDFS 同步的次数，提升写入效率。缺点：当 RegionServer 发生宕机时，将会有更多的日志数据丢失。

（9）批量写

HBase 通过调用 table.put(List<Put>) 方法，可以将指定的多个行键批量写入 HBase 数据库，从而减少网络 I/O 的开销。

（10）启用压缩

HBase 常见的数据压缩方式，如 snappy、lzo，snappy 压缩比比 lzo 稍差，但是 snappy 压缩速度比 lzo 高，所以一般推荐使用 snappy 压缩方式。对 HBase 数据进行压缩，可以减少网络数据传输的大小。

4．HBase 参数层面性能调优

HBase 设计非常灵活，对外提供了很多参数入口，通过配置参数就可以实现 HBase 性能优化。HBase 调优参数有很多，接下来重点介绍几个常用的参数。

（1）zookeeper.session.timeout

zookeeper.session.timeout：该参数的默认值为 3min，是 RegionServer（简称 RS）与 Zookeeper 间的连接超时时间。当超过超时时间后，RS 会被 Zookeeper 从 RS 集群清单中移除，HMaster 收到移除通知后，会对这台 Server 负责的 Regions 重新负载均衡，让其他存活的 RS 接管。

调优思路为：该参数决定了 RS 是否能够及时的故障切换，如果设置成 1min 或更低，可以减少因等待超时而被延长的故障切换时间。但对于一些 Online（在线）应用，RS 从宕机到恢复时间本身就很短，如果调低该参数反而会得不偿失。因为当 RS 被正式从 RS 集群中移除时，HMaster 就开始做负载均衡。当故障的 RS 在人工介入恢复后，这个负载均衡动作是毫无意义的，反而会使负载不均匀，给 RS 带来更多负担，特别是那些固定分配 Regions 的场景。

（2）hbase.regionserver.handler.count

hbase.regionserver.handler.count：该参数默认值为 10，表示 RegionServer 请求处理的 I/O 线程数。

调优思路如下。

1）较少的 I/O 线程数，适用于处理单次请求内存消耗较高的 Big PUT 场景（大容量单次 PUT 操作或设置了较大缓存的 Scan 操作，均属于 Big PUT）或 ReigonServer 的内存比较紧张的场景。

2）较多的 I/O 线程数，适用于单次请求内存消耗低，每秒事务数（Transactions Per Second，TPS）要求非常高的场景。

（3）hbase.hregion.max.filesize

hbase.hregion.max.filesize：该参数默认值 256M，表示在当前 ReigonServer 上单个 Reigon 的最大存储空间，单个 Region 超过该值时，这个 Region 会被自动分裂成更小的 Region。

调优思路如下。

1）小 Region 对分裂和合并比较友好，因为分裂或合并小 Region 里的 storefile 速度快、内存占用低。缺点是分裂和合并会很频繁。

2）大 Region 则不太适合经常分裂和合并，因为 Region 做一次分裂和合并会产生较长时间的停顿，对应用的读写性能冲击非常大。此外，大 Region 意味着较大的 storefile，合并时对内存也是一个挑战。

3）Region 的合并是无法避免的，根据具体应用场景可以手动设置 Region 的分裂大小。

（4）hfile.block.cache.size

hfile.block.cache.size：该参数默认值为 0.2，表示 storefile 的读缓存占用 Heap 的大小百分比，0.2 表示 20%。该值直接影响数据读的性能。

调优思路为：当读大于写时，可以适当调大该参数值，但当读缓存和写缓存的百分比之和大于 80%时，就会有 OOM 的风险，谨慎设置该参数的大小。

（5）hbase.hstore.blockingStoreFiles

hbase.hstore.blockingStoreFiles：该参数默认值为 10，表示一个 store 下面的文件超过 10 之后，会阻塞所有的写请求进行合并操作，以减少 storefile 的数量。

调优思路如下。

阻塞写请求，会严重影响当前 RegionServer 的响应时间，但过多的 storefile 也会影响读性能。从实际应用来看，为了获取较平滑的响应时间，可将值设为无限大。如果能容忍响应时间出现较大的波峰或波谷，那么默认或根据自身场景调整即可。

4.1.5　HBase 新闻业务表建模

根据第 1 章节介绍的项目业务需求及项目的数据格式，提前设计并创建 HBase 业务表，为后续大数据采集与分析做准备。

1．项目数据格式

新闻项目数据主要包含用户浏览新闻话题所产生的数据，主要以日志的形式存储在日志服务器磁盘上，具体日志格式如下所示：

```
00:00:01,8761939261737872,[年轻人住房问题],11,7,news.qq.com/a/20070810/002446.htm
```

数据格式由用户访问时间、用户 ID、新闻话题、新闻 URL 在返回结果排名、用户点击的顺序号以及新闻话题 URL 组成。

接下来，根据项目业务需求，设计并创建 HBase 业务表。

2．项目业务建表

分析项目数据格式以及业务需求，创建 HBase 业务表 sogoulogs，具体操作如下所示。

（1）shell 访问 HBase 数据库

HBase 为用户提供了一个非常方便的使用方式，即 HBase shell。HBase shell 提供了大多数的 HBase 命令，通过 HBase shell 用户可以方便地创建、删除及修改表，还可以向表中添加数据、列出表中的相关信息等。通过以下命令进入 shell 命令行界面。

```
[hadoop@hadoop01 hbase]$ bin/hbase shell
```

（2）创建 HBase 业务表

使用 HBase shell 命令创建新闻项目业务表，具体命令如下所示。

```
hbase(main):001:0> create 'sogoulogs','info'
```

上述命令中 sogoulogs 为表名称，info 为列簇名称。

4.2　搭建 Kafka 分布式消息系统

Kafka 是一个高度可扩展的消息系统，它在 LinkedIn 的中央数据管道中扮演着十分重要的角色，因其可水平扩展和高吞吐率而被广泛使用，现在已经被许许多多的公司作为各种类型的数据管道和消息系统。本节先讲解 Kafka 的基本概念，接着深入讲解 Kafka 架构的原理，然后构建 Kafka 分布式集群，最后介绍 Kafka 集群监控技术，从而上手使用 Kafka 分布式消息系统。

4.2.1　Kafka 概述

本小节首先介绍 Kafka 的定义和特点，让读者对 Kafka 消息队列有个初步的认识，后续小节再详细讲解 Kafka 架构设计与安装部署。

1．Kafka 的定义

Kafka 是由 LinkedIn 开发的一个分布式消息系统，使用 Scala 语言编写，它以可水平扩展和高吞吐率的特点而被广泛使用。目前越来越多的开源分布式处理系统，如 Cloudera、Spark、Flink 都支持与 Kafka 集成。比如一个实时日志分析系统，Flume 采集数据通过接口传输到 Kafka 集群（多台 Kafka 服务器组成的集群称为 Kafka 集群），然后 Flink 或 Spark 直接调用接口从 Kafka 实时读取数据并进行统计分析。

Kafka 主要设计目标如下。

- 以时间复杂度为 O（1）的方式提供消息持久化（Kafka）的能力，即使对 TB 级以上数据也能保证常数时间的访问性能。持久化是将程序数据在持久状态和瞬时状态间转换的机制。通俗地讲，就是瞬时数据（比如内存中的数据是不能永久保存的）持久化为持久数据（比如持久化至磁盘中能够长久保存）。
- 保证高吞吐率，即使在非常廉价的商用机器上，也能做到单机支持 100000 条/s 消息的传输速度。
- 支持 Kafka Server 间的消息分区以及分布式消息消费，同时保证每个 Partition 内的消息顺序传输。
- 支持离线数据处理和实时数据处理。

2．Kafka 的特点

Kafka 如此受欢迎，而且有越来越多的系统支持与 Kafka 的集成，主要由于 Kafka 具有如下特性。

- 高吞吐量、低延迟：Kafka 每秒可以处理几十万条消息，它的延迟最低只有几毫秒。
- 可扩展性：Kafka 集群同 Hadoop 集群一样，支持横向扩展。
- 持久性、可靠性：Kafka 消息可以被持久化到本地磁盘，并且支持 Partition 数据备份，防止数据丢失。
- 容错性：允许 Kafka 集群中的节点失败，如果 Partition（分区）副本数量为 n，则最多允许 n-1 个节点失败。
- 高并发：单节点支持上千个客户端同时读写，每秒钟有上百 MB 的吞吐量，基本上达到了网卡的极限。

4.2.2　Kafka 架构设计

一个典型的 Kafka 集群包含若干个生产者（Producer）、若干 Kafka 集群节点（Broker）、若干消费者（Consumer）以及一个 Zookeeper 集群。Kafka 通过 Zookeeper 管理集群配置，选举 Leader 以及在消费者发生变化时进行负载均衡。生产者使用推（Push）模式将消息发布到 Kafka 集群节点，而消费者使用拉（Pull）模式从 Kafka 集群节点中订阅并消费消息。Kafka 的整体架构如图 4-15 所示。

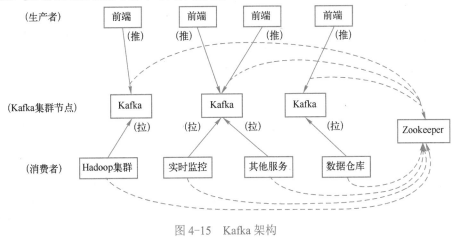

图 4-15　Kafka 架构

从上图可以看出，Kafka 集群架构包含生产者、Kafka 集群节点和消费者三大部分内容，具体解释如下。

- 生产者：它是消息生产者，可以发布消息到 Kafka 集群的终端或服务。
- 消费者：从 Kafka 集群中消费消息的终端或服务都属于消费者。
- Kafka 集群节点：Kafka 使用集群节点来接收生产者和消费者的请求，并把消息持久化到本地磁盘。每个 Kafka 集群会选举出一个集群节点来担任 Controller，负责处理 Partition 的 Leader 选举、协调 Partition 迁移等工作。

在进一步学习 Kafka 之前，需要掌握 Kafka 集群中的一些相关服务，具体如下所示。

1．Topic 和 Partition

Kafka 集群中的主题（Topic）和分区（Partition）示意结构如图 4-16 所示。

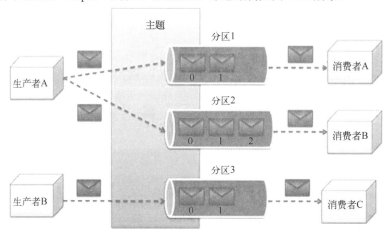

图 4-16 主题（Topic）和分区（Partition）示意结构

主题和分区的具体定义如下。

- 主题是生产者发布到 Kafka 集群的每条信息所属的类别，即 Kafka 是面向主题的，一个主题可以分布在多个节点上。
- 分区是 Kafka 集群横向扩展和一切并行化的基础，每个 Topic 可以被切分为一个或多个分区。一个分区只对应一个集群节点，每个分区内部的消息是强有序的。
- Offset（即偏移量）是消息在分区中的编号，每个分区中的编号是独立的。

2．消费者和消费者组

Kafka 集群（Kafka Cluster）中的消费者（Consumer）和消费者组（Consumer Group）示意结构如图 4-17 所示。

消费者和消费者组具体定义如下。

- 从 Kafka 集群中消费消息的终端或服务都

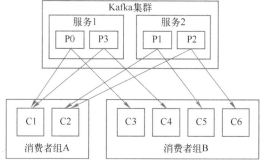

图 4-17 消费者和消费者组

属于消费者，消费者自己维护消费数据的 Offset，而 Offset 保存在 Zookeeper 中，这就保证了它的高可用。每个消费者都有对应自己的消费者组。

- 消费者组内部是 Queue 队列消费模型，同一个消费者组中，每个消费者消费不同的分区。消费者组之间是发布/订阅消费模型，相互之间互不干扰，独立消费 Kafka 集群中的消息。

3．Replica

Replica 是分区的副本。Kafka 支持以分区为单位对 Message 进行冗余备份，每个分区都可以配置至少 1 个副本。围绕分区的副本还有几个需要掌握的概念，具体如下。

- Leader：每个 Replica 集合中的分区都会选出一个唯一的 Leader，所有的读写请求都由 Leader 处理，其他副本从 Leader 处把数据更新同步到本地。
- Follower：是副本中的另外一个角色，可以从 Leader 中复制数据。
- ISR：Kafka 集群通过数据冗余来实现容错。每个分区都会有一个 Leader 以及零个或多个 Follower，Leader 加上 Follower 的总和是副本因子。Follower 与 Leader 之间的数据同步是通过 Follower 主动拉取 Leader 上的消息来实现的。所有的 Follower 不可能与 Leader 中的数据一直保持同步，与 Leader 数据保持同步的 Follower 称为 ISR（In Sync Replica）。Zookeeper 维护着每个分区的 Leader 信息和 ISR 信息。

4.2.3　Kafka 分布式集群的构建

Kafka 使用 Zookeeper 作为其分布式协调框架，能很好地将消息生产、消息存储、消息消费的过程结合在一起。同时借助 Zookeeper，Kafka 能够将生产者、消费者和集群节点在内的所有组件，在无状态的情况下建立起生产者和消费者的订阅关系，并实现生产者与消费者的负载均衡。

可以看出 Kafka 集群依赖于 Zookeeper，所以在安装 Kafka 之前需要提前安装 Zookeeper。Zookeeper 集群在前面 Hadoop 集群的构建过程中已经在使用，Kafka 可以共用之前安装的 Zookeeper 集群，接下来只需要安装 Kafka 集群即可。

1．下载并解压 Kafka

下载 kafka_2.12-1.1.1.tgz 安装包（本书配套资料/第 4 章/4.2/安装包），选择 hadoop01 作为安装节点，然后上传至 hadoop01 节点的 /home/hadoop/app 目录下进行解压安装，具体操作命令如下。

```
[hadoop@hadoop01 app]$ tar -zxvf kafka_2.12-1.1.1.tgz
[hadoop@hadoop01 app]$ rm -rf kafka_2.12-1.1.1.tgz
[hadoop@hadoop01 app]$ ls
kafka_2.12-1.1.1
[hadoop@hadoop01 app]$ ln -s kafka_2.12-1.1.1 kafka
```

2．修改 Kafka 配置文件

从前面 Kafka 架构图中可以看出，它包含生产者、消费者、Zookeeper 和 Kafka 这 4 个角色，所以只需要修改以下 4 个配置文件（本书配套资料/第 4 章/4.2/配置文件）即可。

（1）修改 zookeeper.properties 配置文件

进入 Kafka 根目录下的 config 文件夹中，修改 zookeeper. properties 配置文件，具体内容如下。

```
[hadoop@hadoop01 config]$ vi zookeeper.properties
# 指定 Zookeeper 数据目录
dataDir=/home/hadoop/data/zookeeper/zkdata
# 指定 Zookeeper 端口号
clientPort=2181
```

（2）修改 consumer.properties 配置文件

进入 Kafka 根目录下的 config 文件夹中，修改 consumer. properties 配置文件，具体内容如下。

```
[hadoop@hadoop01 config]$ vi consumer.properties
#配置 Zookeeper 集群
zookeeper.connect=hadoop01:2181,hadoop02:2181,hadoop03:2181
```

（3）修改 producer.properties 配置文件

进入 Kafka 根目录下的 config 文件夹中，修改 producer. properties 配置文件，具体内容如下。

```
[hadoop@hadoop01 config]$ vi producer.properties
#Kafka 集群配置
metadata.broker.list=hadoop01:9092,hadoop02:9092,hadoop03:9092
```

（4）修改 server.properties 配置文件

进入 Kafka 根目录下的 config 文件夹中，修改 server. properties 配置文件，具体内容如下。

```
[hadoop@hadoop01 config]$ vi server.properties
#指定 Zookeeper 集群
zookeeper.connect=hadoop01:2181,hadoop02:2181,hadoop03:2181
```

3. Kafka 安装目录分发集群节点

将 hadoop01 节点中配置好的 Kafka 安装目录，分发给 hadoop02 和 hadoop03 节点，这里使用 Linux 远程命令进行分发。

```
[hadoop@hadoop01 app]$scp -r kafka_2.12-1.1.1    hadoop@hadoop02:/home/hadoop/app/
[hadoop@hadoop01 app]$scp -r kafka_2.12-1.1.1    hadoop@hadoop03:/home/hadoop/app/
```

4. 修改 Server 编号

分别登录 hadoop01、hadoop02 和 hadoop03 节点，进入 Kafka 根目录下的 config 文件夹中，修改 server.properties 配置文件中的 broker id 项。

（1）登录 hadoop01 节点，修改 server.properties 配置文件中的 broker id 项，操作如下所示。

```
[hadoop@hadoop01 config]$ vi server.properties
#标识 hadoop01 节点
broker.id=1
```

（2）登录 hadoop02 节点，修改 server.properties 配置文件中的 broker id 项，操作如下所示。

```
[hadoop@hadoop02 config]$ vi server.properties
#标识 hadoop02 节点
broker.id=2
```

（3）登录 hadoop03 节点，修改 server.properties 配置文件中的 broker id 项，操作如下所示。

```
[hadoop@hadoop03 config]$ vi server.properties
#标识 hadoop03 节点
broker.id=3
```

5. 启动 Kafka 集群

Zookeeper 管理着 Kafka Broker 和消费者，同时 Kafka 将元数据信息保存在 Zookeeper 中，说明 Kafka 集群依赖 Zookeeper 提供协调服务，所以需要先启动 Zookeeper 集群，然后启动 Kafka 集群。

（1）启动 Zookeeper 集群

在所有节点进入 /home/hadoop/app/zookeeper 目录，使用 bin/zkServer.sh start 命令启动 Zookeeper 集群，具体操作如图 4-18 所示。

图 4-18　启动 Zookeeper 集群

（2）启动 Kafka 集群

在所有节点进入 /home/hadoop/app/kafka 目录，使用 bin/kafka-server-start.sh config/server. properties 命令启动 Kafka 集群，具体操作如图 4-19 所示。

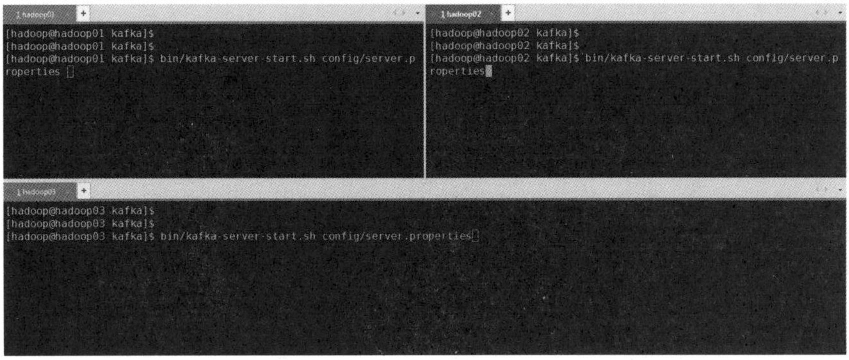

图 4-19　启动 Kafka 集群

分别在 hadoop01、hadoop02 和 hadoop03 节点，使用 jps 命令查看 Kafka 进程，具体操作如图 4-20 所示。

图 4-20　查看 Kafka 进程

6. Kafka 集群测试

Kafka 自带有很多种 shell 脚本供用户使用，包含生产消息、消费消息、Topic 管理等功能。接下来利用 Kafka shell 脚本测试使用 Kafka 集群。

（1）创建 Topic

使用 Kafka 的 bin 目录下的 kafka-topics.sh 脚本，通过 create 命令创建名为 djt 的 Topic，具体操作如下所示。

```
 [hadoop@hadoop01 kafka]$ bin/kafka-topics.sh --zookeeper localhost:2181 --create --topic djt --replication-factor 3 --partitions 3
 Created topic "djt".
```

上述命令中，--zookeeper 指定 Zookeeper 节点；--create 创建 Topic；--topic 指定 Topic 名称；--replication-factor 指定副本数量；--partitions 指定分区个数。

（2）查看 Topic 列表

通过 list 命令可以查看到刚刚创建的 Topic 为 djt，具体操作如下所示。

```
[hadoop@hadoop01 kafka]$ bin/kafka-topics.sh --zookeeper localhost:2181 --list
djt
```

（3）查看 Topic 详情

通过 describe 命令查看 Topic 内部结构，具体操作如下所示，可以看到 djt 有 3 个副本和 3 个分区。

```
[hadoop@hadoop01 kafka]$ bin/kafka-topics.sh --zookeeper localhost:2181 --describe --topic djt
    Topic:djt     PartitionCount:3              ReplicationFactor:3    Configs:
    Topic: djt    Partition: 0    Leader: 1     Replicas: 1,2,3        Isr: 1,2,3
    Topic: djt    Partition: 1    Leader: 2     Replicas: 2,3,1        Isr: 2,3,1
    Topic: djt    Partition: 2    Leader: 3     Replicas: 3,1,2        Isr: 3,1,2
```

（4）消费者消费 Topic

在 hadoop01 节点上，通过 Kafka 自带的 kafka-console-consumer.sh 脚本，开启消费者消费 djt 中的消息。

```
[hadoop@hadoop01 kafka]$ bin/kafka-console-consumer.sh --bootstrap-server localhost: 9092 --topic djt
```

（5）生产者向 Topic 发送消息

在 hadoop01 节点上，通过 Kafka 自带的 kafka-console-producer.sh 脚本，启动生产者给 Topic 发送消息。如下所示，开启生产者之后，生产者向 djt 发送了 4 条消息。

```
[hadoop@hadoop01 kafka]$ bin/kafka-console-producer.sh --broker-list localhost: 9092 --topic djt
>kafka
>kafka
>flume
>flume
```

查看消费者控制台，如果成功消费了 4 条数据，说明 Kafka 集群可以正常对消息进行生产和消费。

4.2.4　Kafka 集群监控

为了便于监控 Kafka，及时了解 Kafka 的数据消费情况，推荐大家使用 Kafka-Manager 监控工具。Kafka-Manager 并没有直接提供安装包，而是需要自己下载源码（源码下载地址为 https://github.

com/yahoo/kafka-manager）编译。为了方便使用，这里直接使用编译好的 Kafka-Manager 安装包 kafka-manager-2.0.0.2.zip（本书配套资料/第 4 章/4.2/安装包）。

1．在线安装 unzip

编译后的 Kafka-Manager 安装包为 zip 格式，Linux 默认并没有安装 unzip 解压命令，需要在线安装 zip 压缩与 unzip 解压缩命令，具体操作如下所示。

```
[root@hadoop01 ~]# yum install -y unzip zip
```

2．解压缩 Kafka-Manager

Kafka-Manager 只需要安装在集群中的一个节点即可，选择 hadoop01 作为安装节点，然后将 kafka-manager-2.0.0.2.zip 上传至 hadoop01 节点的 /home/hadoop/app 目录下进行解压安装，具体操作命令如下。

```
#解压 kafka-manager-2.0.0.2.zip
[hadoop@hadoop01 app]$ unzip kafka-manager-2.0.0.2.zip
#创建 Kafka-Manager 软连接
[hadoop@hadoop01 app]$ ln -s kafka-manager-2.0.0.2 kafka-manager
```

3．配置 Kafka-Manager

进入 kafka-manager 根目录下的 conf 文件夹中，修改 application.conf 配置文件，具体内容如下。

```
[hadoop@hadoop01 conf]$ vi application.conf
#配置 Zookeeper 地址
kafka-manager.zkhosts="hadoop01:2181"
#打开授权认证
basicAuthentication.enabled=true
#配置用户名
basicAuthentication.username="admin"
#配置密码
basicAuthentication.password="admin"
```

4．Kafka-Manager 启动与使用

在 Kafka 集群中，任选一个节点（如 hadoop01）来安装配置 Kafka-manager，只需要在当前节点启动 Kafka-manager 服务，即可完成对 Kafka 集群相关信息的监控。

1）指定配置文件位置和启动端口号，启动 Kafka-Manager 的具体操作如下所示。

```
[hadoop@hadoop01 kafka-manager]$ bin/kafka-manager   -Dhttp.port=9999
```

2）通过浏览器输入地址 http://192.168.20.121:9999/，访问 Kafka-Manager Web 界面，如图 4-21 所示。

图 4-21　Kafka-Manager Web 界面

3）Kafka-Manager 添加 Kafka 集群，如图 4-22 所示。

4）进入刚刚创建的 my-kafka-cluster 集群，可以看到集群的概要，如图 4-23 所示。

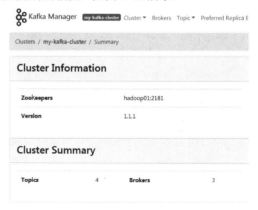

图 4-22　添加 Kafka 集群　　　　　　　　图 4-23　Kafka 集群概要

4.3　本章小结

本章首先讲解了 HBase 分布式数据库，包括 HBase 架构设计、集群部署、性能调优等模块，并基于 HBase 数据库对新闻项目进行建表，然后重点讲解了 Kafka 消息队列架构的设计、集群部署以及监控。通过本章的学习，读者可以掌握海量数据的存储与交换技术，为后续大数据离线分析与实时分析提供数据源。

## 第5章

用户行为离线分析——构建日志
采集和分析平台

学习目标

- 掌握 Flume 日志采集系统环境的构建。
- 掌握 Flume 与 Kafka 系统集成。
- 掌握 Flume 与 HBase 系统集成。
- 掌握 Hive 与 HBase 集成实现离线分析。

在大数据项目开发中，根据业务场景不同可以分为离线分析和实时分析。本章结合项目案例详细讲解 Flume 数据采集，Flume 与 HBase、Kafka 集成开发，Hive 与 HBase 集成开发，从而构建起日志采集和分析平台，最终实现用户行为的离线分析。

5.1 搭建 Flume 日志采集系统

几乎任何规模的公司，每时每刻都在产生大量的日志数据，为了对这些数据进行离线和实时分析，首先需要采集公司产生的日志数据。采集这些日志需要特定的日志采集系统，一般而言，这些系统需要具有高可用性、高可靠性和可扩展性，Flume 日志采集系统在此背景下应运而生。本节首先讲解 Flume 的基本概念，接着深入学习 Flume 架构的原理，然后快速构建 Flume 环境采集日志数据，最后根据新闻项目采集需求构建 Flume 日志采集平台。

5.1.1 Flume 概述

Flume 是 Cloudera 开发的一个分布式、可靠、高可用的系统，它能够将不同数据源的海量日志数据进行高效收集、聚合、移动，最后存储到一个中心化的数据存储系统中。随着互联网的发展，特别是移动互联网的兴起，产生了海量的用户日志信息，为了实时分析和挖掘用户需求，需要使用 Flume 高效快速地采集用户日志，同时对日志进行聚合，避免小文件的产生，然后将聚合后的数据通过管道移动到存储系统进行后续的数据分析和挖掘。

Flume 发展到现在，已经由原来的 Flume OG 版本更新到现在的 Flume NG 版本，进行了架构重构，并且现在 NG 版本完全不兼容原来的 OG 版本。经过架构重构后，Flume NG 更像是一个轻量的小工具，非常简单，容易适应各种方式的日志收集，并支持 Failover（比如其中一个聚合的 Flume 节点宕机了，数据会经过另外一个 Flume 节点进行聚合）和负载均衡（比如 Flume 数据采集节点会将采集过来的数据，以随机或轮询的方式发送给不同的 Flume 聚合节点，避免单个 Flume 聚合节点承受过大的压力）。

5.1.2　Flume 架构设计

Flume 之所以比较强大，是源于它自身的一个设计——Agent。Agent 本身是一个 Java 进程，它运行在日志收集节点（所谓日志收集节点就是日志服务器节点）之上。Agent 包含 3 个核心的组件：Source、Channel 和 Sink，其架构如图 5-1 所示。

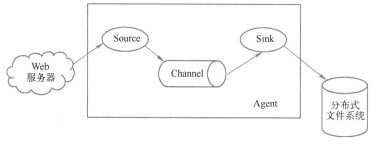

图 5-1　Flume NG 架构

Flume NG 数据采集的工作机制如下。

1）Source 可以接收外部源发送过来的数据。不同的 Source 可以接收不同的数据格式。比如目录池（Spooling Directory）数据源，可以监控指定文件夹中的新文件变化，如果目录中有新文件产生，就会立刻读取其内容。

2）Channel 是一个存储地，接收 Source 的输出，直到有 Sink 消费掉 Channel 中的数据。Channel 中的数据直到进入下一个 Agent 的 Channel 中或进入终端系统才会被删除。当 Sink 写入失败后可以自动重启，不会造成数据丢失，因此很可靠。

3）Sink 会消费 Channel 中的数据，然后发送给外部源（比如数据可以写入 HDFS 或 HBase 中）或下一个 Agent 的 Source。

接下来介绍详细介绍 Flume NG 的核心功能模块。

1．Agent

Flume 被设计成为一个灵活的分布式系统，可以很容易扩展，而且是高度可定制化的。一个配置正确的 Flume Agent 和由相互连接的 Agent 创建的 Agent 的管道，保证数据传输过程中不会丢失数据，提供持久的 Channel。

Flume 部署的最简单元是 Flume Agent。一个 Flume Agent 可以连接一个或多个其他 Agent。一个 Agent 也可以从一个或多个 Agent 接收数据。通过相互连接的 Agent，可以建立一个流作业。这个 Flume Agent 链条可以用于将数据从一个位置移动到另一个位置。

每个 Flume Agent 中的 Source 负责获取 Event 到 Flume Agent。Sink 负责从 Agent 移走 Event 并转发它们到拓扑结构中的下一个 Agent，或 HDFS、HBase、Solr 等。Channel 是一个存储 Source 已经接收到的数据的缓冲区，直到 Sink 已经将数据成功写入下一个阶段或最终目的地。

实际上，一个 Flume Agent 中的数据流是以这几种方式运行的：采集到的数据源可以写入一个或多个 Channel，一个或多个 Sink 从 Channel 读取这些 Event，然后推送它们到下一个 Agent 或外部存储系统。

2．Source

Client 端操作消费数据的来源，可以将数据发送给 Flume Agent，Flume 支持多种数据源，比如 Avro、Log4j、Syslog 和 HTTP。Flume 自带有很多已有的 Source 直接采集各种数据源，比如 Avro Source、SyslogTcp Source；Flume 也可以自定义 Source，以 IPC 或 RPC 的方式接入自己的应用。

Flume 开发成本最低的方式是直接读取生成的日志文件，这样基本可以实现无缝对接，无须对现有的程序做任何改动。那么直接读取文件的 Source 有以下两种方式。

- Exec Source：在启动时运行给定的 UNIX 命令，并期望进程在标准输出上产生连续的数据，UNIX 命令为：tail-F 文件名。Exec Source 可以实现对日志的实时收集，但是存在 Flume 不运行或指令执行出错时，将无法收集到日志数据，无法保证日志数据的完整性。
- Spool Source：监测配置目录下新增的文件，并采集文件中的数据。需要注意两点：复制到 spool 目录下的文件不可以再打开编辑；spool 目录下不可以包含相应的子目录。

Flume Source 支持的常用类型如表 5-1 所示。

表 5-1　Flume Source 类型

Source 类型	说　　明
Avro Source	支持 Avro 协议，内置支持
Spooling Directory Source	监控指定目录内的数据变更
Exec Source	监控指定文件内的数据变更
Taildir Source	可以监控一个目录，并且使用正则表达式匹配该目录中的文件名进行实时收集
Kafka Source	采集 Kafka 消息系统数据
NetCat Source	监控某个端口，将流经端口的每一个文本行数据作为 Event 输入
Syslog Sources	读取 Syslog 数据，产生 Event，支持 UDP 和 TCP 两种协议
HTTP Source	基于 HTTP POST 或 GET 方式的数据源，支持 JSON、BLOB 表示形式

3．Channel

Channel 是中转 Event 的一个临时存储，保存由 Source 组件传递过来的 Event，目前比较常用的 Channel 有两种。

- Memory Channel：Memory Channel 是一个不稳定的隧道，其原因是它在内存中存储所有 Event。如果 Java 进程"死掉"，任何存储在内存的 Event 将会丢失。另外，内存的空间受到 RAM 大小的限制，而 File Channel 在这方面具有优势，只要磁盘空间足够，它就可以将所有 Event 数据存储到磁盘上。
- File Channel：File Channel 是一个持久化的隧道，它持久化所有的 Event，并将其存储到磁盘中。因此，即使 Java 虚拟机挂掉、操作系统崩溃或重启、Event 没有在管道中成功地传递到下一个代理（Agent），都不会造成数据丢失。

Flume Channel 支持的常用类型如表 5-2 所示。

表 5-2　Flume Channel 类型

Channel 类型	说　　明
Memory Channel	Event 数据存储在内存中
JDBC Channel	Event 数据持久化存储，当前 Flume Channel 内置支持 Derby
File Channel	Event 数据存储在磁盘文件中
Kafka Channel	Event 数据存储在 Kafka 集群中

4．Sink

Sink 在设置存储数据时，可以向文件系统、数据库、Hadoop 中存储数据。在日志数据较少时，可以将数据存储在文件系统中，并且设定一定的时间间隔保存数据。在日志数据较多时，可以将相应的日志数据存储到 Hadoop 中，便于日后进行相应的数据分析。

Flume Sink 支持的常用类型如表 5-3 所示。

表 5-3　Flume Sink 类型

Sink 类型	说　　明
HDFS Sink	数据写入 HDFS
Logger Sink	数据写入日志文件
Avro Sink	数据被转换成 Avro Event，然后发送到配置的 RPC 端口上
File Roll Sink	存储数据到本地文件系统
HBase Sink	数据写入 HBase 数据库
ElasticSearch Sink	数据发送到 ElasticSearch 搜索服务器
Kafka Sink	数据发送到 Kafka 集群

5．Event

Event 是 Flume 中数据的基本表现形式，每个 FlumeEvent 包含 header 的一个 Map 集合和一个 body，它是表示为字节数组的有效负荷。为了深入了解 Event，需要熟悉 Event 内部编程接口，下列代码展示了所有 Event 接口。

```
package org.apache.flume
public interface Event {
        public Map<String,String> getHeaders();
        public void setHeaders(Map<String,String> headers);
        public byte[] getBody();
        public void setBody(byte[] body);
}
```

从中可以看出，Event 接口不同，实现类的数据内部表示可能不同，只要其显示接口是指定格式的 header 和 body 即可。通常大多数应用程序使用 Flume 的 EventBuilder API 创建 Event。EventBuilder API 提供了几个静态方法来创建 Event。在任何情况下，API 本身不会对提交的数据进行修改，不论是 header 还是 body。EventBuilder API 提供了 4 个常用方法来创建 FlumeEvent。具体方法如下所示。

```
public class EventBuilder{
        public static Event withBody(byte[] body,Map<String,String> headers);
        public static Event withBody(byte[] body);
        public static Event withBody(String body,Charset charset,Map<String,String> headers);
        public static Event withBody(String body, Charset charset);
}
```

第一个方法只是将 body 看作字节数组，header 看作 Map 集合。第二个方法将 body 看作字节数组，但是不设置 header。第三个和第四个方法可以用来创建 Java String 实例的 Event，使用提供的字符集转换为编码的字节数组，然后用作 FlumeEvent 的 body。

5.1.3　Flume 环境的搭建

Flume 的安装部署非常简单，Flume 的安装步骤如下所示。

1.　下载并解压 Flume

下载 Flume 稳定版本的安装包 apache-flume-1.8.0-bin.tar.gz，下载地址为 http://archive. hapache.org/ dist/flume/，也可通过本书配套资源包下载获取，本书配套资料/第 5 章/5.1/安装包。然后将 Flume 上传至日志所在节点，比如 hadoop01 节点的 /home/hadoop/app 目录下，具体操作命令如下所示。

```
[hadoop@hadoop01 app]$ ls
[hadoop@hadoop01 app]$ tar -zxvf apache-flume-1.8.0-bin.tar.gz
[hadoop@hadoop01 app]$ rm -rf apache-flume-1.8.0-bin.tar.gz
[hadoop@hadoop01 app]$ ln -s apache-flume-1.8.0-bin flume
[hadoop@hadoop01 app]$ ls
apache-flume-1.8.0-bin flume
```

2.　修改 Flume 配置文件

进入 Flume 安装目录的 conf 目录下，修改 flume-conf.properties 配置文件，对 Source、Channel 和 Sink 的参数分别进行设置，具体设置如下所示。

```
[hadoop@hadoop01 conf]$ ls
flume-conf.properties.template flume-env.ps1.template flume-env.sh.template log4j. properties
[hadoop@hadoop01 conf]$ mv flume-conf.properties.template flume-conf.properties
[hadoop@hadoop01 conf]$ cat flume-conf.properties
#定义 Source、Channel、Sink
Agent.sources = seqGenSrc
Agent.channels = memoryChannel
Agent.sinks = loggerSink

#默认配置 Source 类型为序列产生器
Agent.sources.seqGenSrc.type = seq
Agent.sources.seqGenSrc.channels = memoryChannel

#默认配置 Sink 类型为 logger
Agent.sinks.loggerSink.type = logger
Agent.sinks.loggerSink.channel = memoryChannel

#默认配置 Channel 类型为 memory
Agent.channels.memoryChannel.type = memory

# Other config values specific to each type of channel(sink or source)
# can be defined as well
# In this case, it specifies the capacity of the memory channel
Agent.channels.memoryChannel.capacity = 100
```

3.　启动运行 Flume Agent

可以直接使用默认配置启动 Flume Agent，Source 为 Flume 类型自带的序列产生器，Channel 类型为内存，Sink 类型为日志类型，直接打印控制台。

Flume 服务启动命令如下所示。

```
[hadoop@hadoop01 apache-flume-1.8.0-bin]$ bin/flume-ng agent -n agent -c conf -f conf/flume-conf.
properties -Dflume.root.logger=INFO,console
    2020-05-18 19:43:04,897 (SinkRunner-PollingRunner-DefaultSinkProcessor)[INFO-org. apache.

flume.sink.LoggerSink.process(LoggerSink.java:94)] Event: { headers:{} body: 34 37 33 30
```

```
4730 }
2020-05-18 19:43:04,897 (SinkRunner-PollingRunner-DefaultSinkProcessor) [INFO - org.apache. flume.sink.
LoggerSink.process(LoggerSink.java:94)] Event: { headers:{} body: 34 37 33 31
    4731 }
2020-05-18 19:43:04,898 (SinkRunner-PollingRunner-DefaultSinkProcessor) [INFO - org.apache. flume.sink.
LoggerSink.process(LoggerSink.java:94)] Event: { headers:{} body: 34 37 33 32
    4732 }
```

Flume 命令行参数解释如下。

flume-ng 脚本后面的 agent 代表启动 Flume 进程，-n 指定的是配置文件中 Agent 的名称，-c 指定配置文件所在目录，-f 指定具体的配置文件，-Dflume.root.logger=INFO，console 指的是控制台打印 INFO，console 级别的日志信息。

5.1.4 构建 Flume 集群

现在有这样一个需求，每天有海量的用户访问新闻网站，那么新闻网站需要很多台 Web 服务器分摊用户的访问压力，而且用户访问新闻网站产生的日志数据写入 Web 服务器落盘。为了分析新闻网站的用户行为，需要通过 Flume 将用户日志数据采集到大数据平台。每台 Web 服务器都需要部署 Flume 采集服务，因为采集的数据量比较大，如果每台 Flume 采集服务直接将数据写入大数据平台，会造成很大的 I/O 压力，所以需要增加 Flume 聚合层对来自采集节点的数据进行聚合，它能减少对大数据平台的压力。Flume 的采集层和聚合层共同形成了 Flume 集群。

本项目有 3 个实验集群节点：hadoop01、hadoop02 和 hadoop03，为了完成新闻网站用户数据的采集和聚合，构建 Flume 集群，同时实现 Flume 聚合层的高可用（至少需要两个节点）。这里选择 hadoop01 作为 Flume 采集节点，采集 Web 服务器日志，选择 hadoop02 和 hadoop03 作为 Flume 聚合节点，聚合来自 hadoop01 节点采集的数据，要求 hadoop01 采集节点的数据负载均衡到 hadoop02 和 hadoop03 节点。

1．配置 Flume 采集服务

新闻网的 Web 服务器有很多台，那么每台 Web 服务器都需要部署 Flume 采集服务，完成对用户日志的采集。每台 Flume 采集节点的配置是一样的，所以这里以 hadoop01 作为采集节点来配置即可。

在 hadoop01 节点上，进入 Flume 安装目录下的 conf 目录，新建一个配置文件 taildir-file-selector-avro.properties（本书配套资料/第 5 章/5.1/配置文件），具体配置如下所示。

```
#定义 Source、Channel、Sink 的名称
agent1.sources = taildirSource
agent1.channels = fileChannel
agent1.sinkgroups = g1
agent1.sinks = k1 k2

#定义和配置一个 TAILDIR Source
agent1.sources.taildirSource.type = TAILDIR
agent1.sources.taildirSource.positionFile=/home/hadoop/data/flume/taildir_position.json
agent1.sources.taildirSource.filegroups = f1
agent1.sources.taildirSource.filegroups.f1=/home/hadoop/data/flume/logs/sogou.log
agent1.sources.taildirSource.channels = fileChannel

#定义和配置一个 File Channel
```

```
agent1.channels.fileChannel.type = file
agent1.channels.fileChannel.checkpointDir = /home/hadoop/data/flume/checkpointDir
agent1.channels.fileChannel.dataDirs = /home/hadoop/data/flume/dataDirs

#定义和配置一个 Sink 组
agent1.sinkgroups.g1.sinks = k1 k2

#为 Sink 组定义一个处理器，load_balance 表示负载均衡，failover 表示故障切换
agent1.sinkgroups.g1.processor.type = load_balance
agent1.sinkgroups.g1.processor.backoff = true

#定义处理器数据发送聚合节点的方式，round_robin 表示轮询发送，random 表示随机发送
agent1.sinkgroups.g1.processor.selector = round_robin
agent1.sinkgroups.g1.processor.selector.maxTimeOut=10000

#定义一个 Sink 将数据发送给 hadoop02 节点
agent1.sinks.k1.type = avro
agent1.sinks.k1.channel = fileChannel
agent1.sinks.k1.batchSize = 1
agent1.sinks.k1.hostname = hadoop02
agent1.sinks.k1.port = 1234

#定义另一个 Sink 将数据发送给 hadoop03 节点
agent1.sinks.k2.type = avro
agent1.sinks.k2.channel = fileChannel
agent1.sinks.k2.batchSize = 1
agent1.sinks.k2.hostname = hadoop03
agent1.sinks.k2.port = 1234
```

Flume 采集配置中，Source 类型选择 TAILDIR 类型实时采集文件的新增内容，Channel 类型选择 file 类型将采集的数据持久化到本地磁盘，Sink 选择 avro 类型将数据再发送给聚合节点的 Flume 服务。

2．配置 Flume 聚合服务

Flume 采集 hadoop01 节点的数据，发送到两个 Flume 聚合节点 hadoop02 和 hadoop03，那么就需要配置聚合节点的 Flume 服务来接收数据，而且两个聚合节点的 Flume 配置是一致的。

分别在 hadoop02 和 hadoop03 节点，进入 Flume 安装目录下的 conf 目录，新建一个配置文件 avro-file-selector-logger.properties（本书配套资料/第 5 章/5.1/配置文件），具体配置如下所示。

```
#定义 Source、Channel、Sink 的名称
agent1.sources = r1
agent1.channels = c1
agent1.sinks = k1

#定义和配置一个 avro Source
agent1.sources.r1.type = avro
agent1.sources.r1.channels = c1
agent1.sources.r1.bind = 0.0.0.0
agent1.sources.r1.port = 1234

#定义和配置一个 File Channel
agent1.channels.c1.type = file
```

```
agent1.channels.c1.checkpointDir = /home/hadoop/data/flume/checkpointDir
agent1.channels.c1.dataDirs = /home/hadoop/data/flume/dataDirs

#定义和配置一个 logger Sink
agent1.sinks.k1.type = logger
agent1.sinks.k1.channel = c1
```

Flume 聚合配置中，Source 选择 avro 类型接收发送过来的数据，Channel 选择 file 类型将接收的数据持久化到本地磁盘，Sink 选择 logger 类型将数据打印到控制台，用于测试、调试数据采集流程。

3．Flume 集群测试

前面已经完成了 Flume 集群服务的配置，接下来分别启动 Flume 聚合服务和采集服务，来测试 Flume 集群的可用性。

（1）启动 Flume 聚合服务

进入 /home/hadoop/app/flume 目录，在 hadoop02 和 hadoop03 节点上分别启动 Flume 进程，启动命令如下所示。

```
[hadoop@hadoop02 flume]$ bin/flume-ng agent -n agent1 -c conf -f conf/avro-file-selector-logger.properties -
Dflume.root.logger=INFO,console
[hadoop@hadoop03 flume]$ bin/flume-ng agent -n agent1 -c conf -f conf/avro-file-selector-logger.properties -
Dflume.root.logger=INFO,console
```

（2）启动 Flume 采集服务

进入 /home/hadoop/app/flume 目录，在 hadoop01 节点上启动 Flume 进程，启动命令如下所示。

```
[hadoop@hadoop01 flume]$ bin/flume-ng agent -n agent1 -c conf -f conf/taildir-file-selector-avro.properties -
Dflume.root.logger=INFO,console
```

（3）准备测试数据

进入 hadoop01 节点（跟 Web 服务器在相同节点）所在的 /home/hadoop/data/flume/logs 目录，向监控日志 sogou.log 文件添加新数据（本书配套资料/第 5 章/5.1/数据集），具体操作如下所示。

```
[hadoop@hadoop01 logs]$echo '00:00:100971413028304674    [火炬传递路线时间]    1  2   www.olympic.
cn/news/beijing/2008-03-19/1417291.html' >> sogou.log
[hadoop@hadoop01 logs]$echo '00:00:11    19400215479348182    [天津工业大学\]    1  65  www. tjpu.edu.cn/' >>
sogou.log
```

通过命令不断向 sogou.log 文件新增数据，如果能在 hadoop02 和 hadoop03 节点的 Flume 服务控制台，查看到均匀打印的用户日志，说明 Flume 集群构建成功。

5.2 使用 Flume 采集用户行为数据

前面章节已经介绍过新闻网站用户行为数据，那么本节将利用 Flume 构建的日志采集集群将用户行为数据分别采集到 Kafka 集群和 HBase 集群，为后续用户行为分析做准备。

5.2.1 Flume 与 Kafka 集成

通过 Flume 集群将用户行为数据采集到 Kafka 集群，这里只需要修改 Flume 聚合节点的配置，因为前面已经构建了 Flume 集群。

1. 配置 Flume 聚合服务

分别在 hadoop02 和 hadoop03 节点，进入 Flume 安装目录下的 conf 目录，新建一个配置文件 avro-file-selector-kafka.properties（本书配套资源/第 5 章/5.2/配置文件），具体配置如下所示。

```
#定义 Source、Channel、Sink 的名称
agent1.sources = r1
agent1.channels = c1
agent1.sinks = k1

#定义和配置一个 avro Source
agent1.sources.r1.type = avro
agent1.sources.r1.channels = c1
agent1.sources.r1.bind = 0.0.0.0
agent1.sources.r1.port = 1234

#定义和配置一个 file Channel
agent1.channels.c1.type = file
agent1.channels.c1.checkpointDir = /home/hadoop/data/flume/checkpointDir
agent1.channels.c1.dataDirs = /home/hadoop/data/flume/dataDirs

#定义和配置一个 Kafka Sink
agent1.sinks.k1.type = org.apache.flume.sink.kafka.KafkaSink
agent1.sinks.k1.topic = sogoulogs
agent1.sinks.k1.brokerList = hadoop01:9092,hadoop02:9092,hadoop03:9092
agent1.sinks.k1.producer.acks = 1
agent1.sinks.k1.channel = c1
```

Flume 聚合配置中，Source 选择 avro 类型接收发送过来的数据，Channel 选择 file 类型将接收的数据持久化到本地磁盘，Sink 选择 KafkaSink 类型将数据写入 Kafka 集群。

2. Flume 与 Kafka 集成测试

前面已经完成了 Flume 与 Kafka 集成的配置，接下来分别启动 Flume 聚合服务和采集服务，来测试 Flume 采集的数据是否能发送到 Kafka 集群。

（1）启动 Flume 聚合服务

进入 /home/hadoop/app/flume 目录，在 hadoop02 和 hadoop03 节点上分别启动 Flume 服务，启动命令如下所示。

```
[hadoop@hadoop02 flume]$bin/flume-ng agent -n agent1 -c conf -f conf/avro-file-selector-kafka.properties -Dflume.root.logger=INFO,console
[hadoop@hadoop03 flume]$bin/flume-ng agent -n agent1 -c conf -f conf/avro-file-selector-kafka.properties -Dflume.root.logger=INFO,console
```

（2）启动 Flume 采集服务

进入 /home/hadoop/app/flume 目录，在 hadoop01 节点上启动 Flume 服务，启动命令如下所示。

```
[hadoop@hadoop01 flume]$ bin/flume-ng agent -n agent1 -c conf -f conf/taildir-file-selector-avro.properties -Dflume.root.logger=INFO,console
```

（3）启动 Kafka 消费者服务

进入 /home/hadoop/app/kafka 目录，在 hadoop01 节点上启动消费者，启动命令如下所示。

```
[hadoop@hadoop01 kafka]$ bin/kafka-console-consumer.sh --bootstrap-server localhost: 9092 --topic sogoulogs
```

如果指定的 topic 不存在，可以通过 Kafka 脚本提前创建 sogoulogs，具体操作如下所示。

```
[hadoop@hadoop01 kafka]$ bin/kafka-topics.sh --zookeeper localhost:2181 --create --topic sogoulogs --replication-factor 3 --partitions 3
```

（4）准备测试数据

进入 hadoop01 节点所在的 /home/hadoop/data/flume/logs 目录，往监控日志 sogou.log 文件添加新数据，具体操作如下所示。

```
[hadoop@hadoop01 logs]$echo '00:00:10    0971413028304674    [火炬传递路线时间]    1 2    www.olympic.cn/news/beijing/2008-03-19/1417291.html' >> sogou.log
[hadoop@hadoop01 logs]$echo '00:00:11   19400215479348182   [天津工业大学]   1 65   www.tjpu.edu.cn/' >> sogou.log
```

通过命令不断向 sogou.log 文件新增数据，如果在 hadoop01 节点上启动的 Kafka 消费者能打印出采集的数据，说明 Flume 成功采集用户行为数据并写入了 Kafka 集群。

5.2.2　Flume 与 HBase 集成

Flume 直接使用默认的 HBaseSink 将采集的数据写入 HBase 集群，无法满足后续数据的查询与分析，所以需要对 HBaseSink 进行二次开发。

1．HBaseSink 的二次开发

用户行为日志入库 HBase 之前，需要提前设计 HBase 数据库。因为在 Flume 的 HBaseSink 中，HBase 表的 RowKey 以及列都是系统默认值，无法满足业务查询的个性化需求，所以需要对 HBaseSink 插件进行二次开发。

（1）下载 Flume 源码

在 Flume 官网下载（地址为 http://archive.apache.org/dist/flume/1.8.0/）Flume1.8.0 版本的源码，Flume 源码文件如图 5-2 所示。

（2）导入 Flume 源码

解压 Flume 源码包之后，通过 IDEA 开发工具导入 Flume 的子项目 HBaseSink，导入结果如图 5-3 所示。

图 5-2　Flume 源码文件　　　　　图 5-3　HBaseSink 项目源码

（3）HBaseSink 源码开发

在 HBaseSink 中，默认的 RowKey 生成方法都写在 SimpleRowKeyGenerator.java 类中，需要根据用户行为查询需求，开发自己的 RowKey 生成方法 getDjtRowKey，具体代码如下所示。

```
/**
 * 自定义 RowKey
 * @param userid
 * @param datetime
 * @return
 * @throws UnsupportedEncodingException
 */
public static byte[] getDjtRowKey(String userid,String datetime) throws UnsupportedEncodingException{
    return (userid + datetime + String.valueOf(System.currentTimeMillis())). getBytes ("UTF8");
}
```

Flume 采集的数据入库 HBase 之前，写请求对象都封装在默认的序列化类 SimpleAsyncHbaseEvent-Serializer.java 中，为了满足用户行为数据入库的个性化需求，需要自定义序列化类 DjtAsyncHbaseEventSerializer.java，具体代码如下所示。

```
package org.apache.flume.sink.hbase;
import com.google.common.base.Charsets;
import org.apache.flume.Context;
import org.apache.flume.Event;
import org.apache.flume.FlumeException;
import org.apache.flume.conf.ComponentConfiguration;
import org.hbase.async.AtomicIncrementRequest;
import org.hbase.async.PutRequest;
import java.util.ArrayList;
import java.util.List;
import org.slf4j.Logger;
import org.slf4j.LoggerFactory;
public class DjtAsyncHbaseEventSerializer implements AsyncHbaseEventSerializer {
    private static final Logger logger=LoggerFactory.getLogger(DjtAsyncHbaseEventSerializer. class);
    private byte[] table;
    private byte[] cf;
    private byte[] payload;
    private byte[] payloadColumn;
    private byte[] incrementColumn;
    private String rowPrefix;
    private byte[] incrementRow;
    private SimpleHbaseEventSerializer.KeyType keyType;

    @Override
    public void initialize(byte[] table, byte[] cf) {
        this.table = table;
        this.cf = cf;
    }

    @Override
    public List<PutRequest> getActions() {
        List<PutRequest> actions = new ArrayList<PutRequest>();
```

```
                    if (payloadColumn != null) {
                         byte[] rowKey;
                         try {
                              //解析列字段
                              String[] columns = new String(this.payloadColumn).split(",");
                              //解析每列对应的值
                              String[] values = new String(this.payload).split(",");
                              //判断数据与字段长度是否一致
                              if(columns.length!=values.length){
                                   return actions;
                              }

                              //时间
                              String datetime = values[0].toString();
                              //用户 ID
                              String userid = values[1].toString();
                              //自定义生成 RowKey
                              rowKey = SimpleRowKeyGenerator.getDjtRowKey(userid,datetime);

                              for(int i=0;i<columns.length;i++){
                                   byte[] colColumn = columns[i].getBytes();
                                   byte[] colValue = values[i].getBytes(Charsets.UTF_8);
                                   //构造写请求对象
                                   PutRequest putRequest = new PutRequest(table,rowKey,cf,colColumn, colValue);
                                   actions.add(putRequest);
                              }

                         } catch (Exception e) {
                              throw new FlumeException("Could not get row key!", e);
                         }
                    }
                    return actions;
          }

          public List<AtomicIncrementRequest> getIncrements() {
                List<AtomicIncrementRequest> actions=new ArrayList<AtomicIncrementRequest>();
                if (incrementColumn != null) {
                     AtomicIncrementRequest inc = new AtomicIncrementRequest(table,
                                incrementRow, cf, incrementColumn);
                     actions.add(inc);
                }
                return actions;
          }

          @Override
          public void cleanUp() {
                // TODO Auto-generated method stub

          }

          @Override
```

```java
public void configure(Context context) {
    //获取后续 Flume 聚合配置中传入的数据对应的列名称
    String pCol = context.getString("payloadColumn", "pCol");
    String iCol = context.getString("incrementColumn", "iCol");
    rowPrefix = context.getString("rowPrefix", "default");
    String suffix = context.getString("suffix", "uuid");
    if (pCol != null && !pCol.isEmpty()) {
        if (suffix.equals("timestamp")) {
            keyType = SimpleHbaseEventSerializer.KeyType.TS;
        } else if (suffix.equals("random")) {
            keyType = SimpleHbaseEventSerializer.KeyType.RANDOM;
        } else if (suffix.equals("nano")) {
            keyType = SimpleHbaseEventSerializer.KeyType.TSNANO;
        } else {
            keyType = SimpleHbaseEventSerializer.KeyType.UUID;
        }
        payloadColumn = pCol.getBytes(Charsets.UTF_8);
    }
    if (iCol != null && !iCol.isEmpty()) {
        incrementColumn = iCol.getBytes(Charsets.UTF_8);
    }
    incrementRow=context.getString("incrementRow","incRow").getBytes(Charsets.UTF_8);
}

@Override
public void setEvent(Event event) {
    //获取每条完整日志数据
    this.payload = event.getBody();
}

@Override
public void configure(ComponentConfiguration conf) {
    // TODO Auto-generated method stub
}
}
```

（4）HBaseSink 项目打包部署

在 IDEA 工具的 Terminal 终端，使用命令 mvn clean package 将 HBaseSink 项目重新打包为 flume-ng-hbase-sink-1.8.0.jar（本书配套资料/第 5 章/5.2/安装包），编译结果如图 5-4 所示。

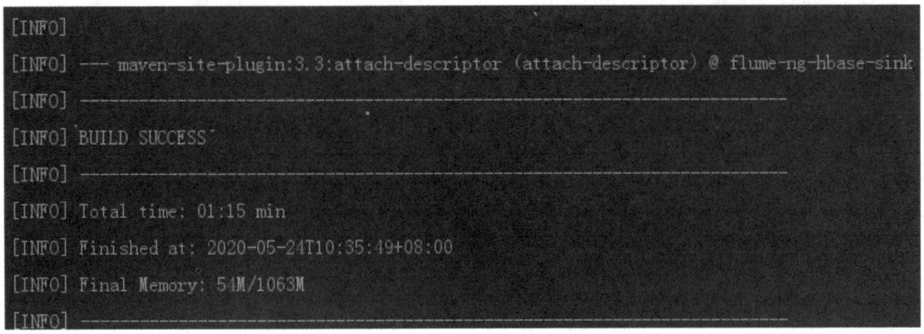

```
[INFO]
[INFO] --- maven-site-plugin:3.3:attach-descriptor (attach-descriptor) @ flume-ng-hbase-sink
[INFO] ------------------------------------------------------------
[INFO] BUILD SUCCESS
[INFO] ------------------------------------------------------------
[INFO] Total time: 01:15 min
[INFO] Finished at: 2020-05-24T10:35:49+08:00
[INFO] Final Memory: 54M/1063M
[INFO] ------------------------------------------------------------
```

图 5-4　HBaseSink 项目编译结果

打包成功之后，将 flume-ng-hbase-sink-1.8.0.jar 分别上传至 hadoop02 和 hadoop03 节点的 Flume 安装目录的 lib 目录下，覆盖 Flume 默认的 HBaseSink 项目包。

2．Flume 聚合配置

分别在 hadoop02 和 hadoop03 节点，进入 Flume 安装目录下的 conf 目录，新建一个配置文件 avro-file-selector-hbase.properties（本书配套资料/第 5 章/5.2/配置文件），具体配置如下所示。

```
#定义 Source、Channel、Sink 的名称
agent1.sources = r1
agent1.channels = c1
agent1.sinks = k1

#定义和配置一个 avro Source
agent1.sources.r1.type = avro
agent1.sources.r1.channels = c1
agent1.sources.r1.bind = 0.0.0.0
agent1.sources.r1.port = 1234

#定义和配置一个 file Channel
agent1.channels.c1.type = file
agent1.channels.c1.checkpointDir = /home/hadoop/data/flume/checkpointDir
agent1.channels.c1.dataDirs = /home/hadoop/data/flume/dataDirs

#定义和配置一个 HBase Sink
agent1.sinks.k1.type = asynchbase
agent1.sinks.k1.channel = c1
#HBase 表名称
agent1.sinks.k1.table = sogoulogs
#配置自己定义的序列化类 DjtAsyncHbaseEventSerializer
agent1.sinks.k1.serializer = org.apache.flume.sink.hbase.DjtAsyncHbaseEventSerializer
agent1.sinks.k1.zookeeperQuorum = hadoop01:2181,hadoop02:2181,hadoop03:2181
#用户行为数据每个列的名称
agent1.sinks.k1.serializer.payloadColumn=datatime,userid,searchname,retorder,cliorder,cliurl
agent1.sinks.k1.znodeParent = /hbase
#HBase 列簇名称
agent1.sinks.k1.columnFamily = info
```

Flume 聚合配置中，Source 选择 avro 类型接收发送过来的数据，Channel 选择 file 类型将接收的数据持久化到本地磁盘，Sink 选择 HBaseSink 类型将数据写入 HBase 集群。

3．Flume 与 HBase 集成测试

前面已经对 HBaseSink 进行了二次开发，并完成了 Flume 与 HBase 集成配置，接下来分别启动 Flume 聚合服务和采集服务，来测试 Flume 采集的数据是否能发送到 HBase 集群。

（1）业务建表

首先开启 HBase 集群，在 hbase shell 中，创建 FLume 配置文件中所配置的 HBase 表 sogoulogs，具体操作如下所示。

```
[hadoop@hadoop01 hbase]$ bin/hbase shell
hbase(main):002:0> create 'sogoulogs','info'
```

（2）启动 Flume 聚合服务

进入 /home/hadoop/app/flume 目录，在 hadoop02 和 hadoop03 节点上分别启动 Flume 服务，启动命令如下所示。

```
[hadoop@hadoop02 flume]$ bin/flume-ng agent -n agent1 -c conf -f conf/avro-file-selector-hbase.properties -Dflume.root.logger=INFO,console
[hadoop@hadoop03 flume]$ bin/flume-ng agent -n agent1 -c conf -f conf/avro-file-selector-hbase.properties -Dflume.root.logger=INFO,console
```

（3）启动 Flume 采集服务

进入 /home/hadoop/app/flume 目录，在 hadoop01 节点上启动 Flume 服务，启动命令如下所示。

```
[hadoop@hadoop01 flume]$ bin/flume-ng agent -n agent1 -c conf -f conf/taildir-file-selector-avro.properties -Dflume.root.logger=INFO,console
```

（4）准备测试数据

进入 hadoop01 节点所在的 /home/hadoop/data/flume/logs 目录，向监控日志 sogou.log 文件添加新数据，具体操作如下所示。

```
[hadoop@hadoop01 logs]$echo '00:00:11  19400215479348182  [天津工业大学\]  1  65  www.tjpu.edu.cn/' >> sogou.log
```

（5）查看 HBase 业务表

在 hbase shell 中，利用 scan 命令查看 sogoulogs 表中的数据，具体操作如下所示。

```
[hadoop@hadoop01 hbase]$ bin/hbase shell
hbase(main):014:0> scan  'sogoulogs'
ROW                              COLUMN+CELL
4062586987168395600:09:4015903207 column=info:cliorder, timestamp=1590320742856, value=65
42621
4062586987168395600:09:4015903207 column=info:cliurl,timestamp=1590320742864, value= www.tjpu.edu.cn/
42621
4062586987168395600:09:4015903207 column=info:datatime, timestamp=1590320742864, value=00:00:11
42621
4062586987168395600:09:4015903207 column=info:retorder, timestamp=1590320742863, value=1
42621
4062586987168395600:09:4015903207  column=info:searchname,  timestamp=1590320742865,  value=[\u5929\u6d25\u5de5\u4e1a\u5927\u5b66\u005c]
4062586987168395600:09:4015903207 column=info:userid, timestamp=1590320742843, value= 19400215479348182
42621
```

查询 HBase 表 sogoulogs，如果每条记录的 RowKey 和列簇中的列符合自定义规则，说明 Flume 成功采集了用户行为数据并写入了 HBase 集群。

5.2.3　Flume 与 Kafka、HBase 集成

前面通过配置分别实现了 Flume 与 Kafka、HBase 的集成，本小节将通过 Flume 选择器将采集的用户行为数据复制为两份，一份发送给 Kafka 集群，一份发送给 HBase 集群，从而实现 Flume 与 Kafka、HBase 一体集成。

1. 配置 Flume 聚合服务

分别在 hadoop02 和 hadoop03 节点，进入 Flume 安装目录下的 conf 目录，新建一个配置文件 avro-file-selector-hbase-kafka.properties（本书配套资料/第 5 章/5.2/配置文件），具体配置如下所示。

```
#定义 Source、Channel、Sink 的名称
agent1.sources = r1
agent1.channels = hbaseC kafkaC
agent1.sinks =    hbaseSink kafkaSink

#定义和配置一个 avro Source
agent1.sources.r1.type = avro
agent1.sources.r1.channels = kafkaC hbaseC
agent1.sources.r1.bind = 0.0.0.0
agent1.sources.r1.port = 1234

#定义和配置一个 Selector
agent1.sources.r1.selector.type = replicating

#定义和配置一个 file Channel
agent1.channels.hbaseC.type = file
agent1.channels.hbaseC.checkpointDir = /home/hadoop/data/flume/checkpointDir
agent1.channels.hbaseC.dataDirs = /home/hadoop/data/flume/dataDirs

#定义和配置一个 HBase Sink
agent1.sinks.hbaseSink.type = asynchbase
agent1.sinks.hbaseSink.channel = hbaseC
agent1.sinks.hbaseSink.table = sogoulogs
agent1.sinks.hbaseSink.serializer=org.apache.flume.sink.hbase.DjtAsyncHbaseEventSerializer
agent1.sinks.hbaseSink.zookeeperQuorum = hadoop01:2181,hadoop02:2181,hadoop03:2181
agent1.sinks.hbaseSink.serializer.payloadColumn=datatime,userid,searchname,retorder,cliorder,cliurl
agent1.sinks.hbaseSink.znodeParent = /hbase
agent1.sinks.hbaseSink.columnFamily = info

#-------------------------------------------------------

#定义和配置一个 File Channel
agent1.channels.kafkaC.type = file
agent1.channels.kafkaC.checkpointDir = /home/hadoop/data/flume/checkpointDir2
agent1.channels.kafkaC.dataDirs = /home/hadoop/data/flume/dataDirs2

#定义和配置一个 Kafka Sink
agent1.sinks.kafkaSink.type = org.apache.flume.sink.kafka.KafkaSink
agent1.sinks.kafkaSink.topic = sogoulogs
agent1.sinks.kafkaSink.brokerList = hadoop01:9092,hadoop02:9092,hadoop03:9092
agent1.sinks.kafkaSink.producer.acks = 1
agent1.sinks.kafkaSink.channel = kafkaC
```

Flume 聚合配置中，Source 选择 avro 类型接收发送过来的数据，Selector 选择 replicating 类型将接收到的数据复制多份写入多个 Channel 中，Channel 选择 file 类型将接收的数据持久化到本地磁盘，Sink 选择 HBaseSink 类型和 KafkaSink 类型分别将数据写入 HBase 和 Kafka 集群。

2.Flume 与 Kafka、HBase 集成开发

前面已经分别完成了 Flume 与 Kafka 集成配置、Flume 与 HBase 集成配置,接下来分别启动 Flume 聚合服务和采集服务,来测试 Flume 采集的数据能否同时发送到 HBase 和 Kafka 集群。

(1)启动 Kafka 消费者

进入 /home/hadoop/app/kafka 目录,在 hadoop01 节点上启动消费者,启动命令如下所示。

```
[hadoop@hadoop01 kafka]$ bin/kafka-console-consumer.sh--bootstrap-server localhost: 9092 --topic sogoulogs
```

(2)启动 Flume 聚合服务

进入 /home/hadoop/app/flume 目录,在 hadoop02 和 hadoop03 节点上分别启动 Flume 服务,启动命令如下所示。

```
[hadoop@hadoop02 flume]$bin/flume-ng agent -n agent1 -c conf -f conf/avro-file-selector-hbase-kafka.
properties  -Dflume.root.logger=INFO,console
[hadoop@hadoop03 flume]$bin/flume-ng agent -n agent1 -c conf -f conf/avro-file-selector-hbase-kafka.
properties  -Dflume.root.logger=INFO,console
```

(3)启动 Flume 采集服务

进入 /home/hadoop/app/flume 目录,在 hadoop01 节点上启动 Flume 服务,启动命令如下所示。

```
[hadoop@hadoop01 flume]$ bin/flume-ng agent -n agent1 -c conf -f conf/taildir-file-selector-avro.properties -
Dflume.root.logger=INFO,console
```

(4)准备测试数据

进入 hadoop01 节点所在的 /home/hadoop/data/flume/logs 目录,向监控日志 sogou.log 文件添加新数据,具体操作如下所示。

```
[hadoop@hadoop01 logs]$echo '00:00:11  19400215479348182  [天津工业大学\]  1 65  www. tjpu.edu.cn/' >>
sogou.log
```

(5)查看数据结果

在 hbase shell 中,利用 scan 命令查看 sogoulogs 表中的数据,具体操作如下所示。

```
[hadoop@hadoop01 hbase]$ bin/hbase shell
hbase(main):014:0> scan  'sogoulogs'
ROW                              COLUMN+CELL
4062586987168395600:09:4015903207 column=info:cliorder, timestamp=1590320742856, value=65
42621
4062586987168395600:09:4015903207 column=info:cliurl, timestamp=1590320742864, value=www.tjpu.edu.cn/
42621
4062586987168395600:09:4015903207 column=info:datatime, timestamp=1590320742864, value=00:00:11
42621
4062586987168395600:09:4015903207 column=info:retorder, timestamp=1590320742863, value=1
42621
4062586987168395600:09:4015903207    column=info:searchname,    timestamp=1590320742865,    value=
[\u5929\u6d25\u5de5\u4e1a\u5927\u5b66\u005c]
4062586987168395600:09:4015903207 column=info:userid, timestamp=1590320742843, value= 19400215479348182
42621
```

在 Kafka 消费者控制台中,查看消费 sogoulogs 主题数据,具体操作如下所示。

```
[hadoop@hadoop01 kafka]$ bin/kafka-console-consumer.sh --bootstrap-server localhost: 9092 --topic sogoulogs
```

00:00:11 19400215479348182 [天津工业大学\] 1 65 www.tjpu.edu.cn/

如果在 HBase 数据库和 Kafka 消息队列中都能查看到采集的数据，说明 Flume 成功采集了用户行为数据并写入了 Kafka 和 HBase 集群。

5.3 基于 Hive 的离线大数据分析

Hive 是基于 Hadoop 的一个数据仓库工具，它可以将结构化的数据文件映射为一张数据库表，并提供完整的类 SQL 查询功能。实际上 Hive 是通过将 SQL 语句转换为 MapReduce 任务来实现数据的分析处理，这样就可以通过类 SQL 语句快速实现简单的大数据分析，而不必开发专门的 MapReduce 应用，这种方式十分适合数据仓库的统计分析，而且学习成本很低。本节首先讲解 Hive 的基本概念，接着深入学习 Hive 架构的原理，紧接着详细讲解 Hive 客户端的安装部署，然后介绍 Hive 在大数据仓库中的应用，最后完成 Hive 与 HBase 集成开发，为新闻项目的离线分析做环境准备。

5.3.1 Hive 概述

Hive 技术的出现降低了大数据的学习门槛，很多传统数据分析人员可以直接利用 Hive 进行大数据分析，接下来介绍 Hive 的由来。

1．Hive 是什么

Hive 是构建在 Hadoop 之上的一个开源的数据仓库分析系统，主要用于存储和处理海量结构化数据。这些海量数据一般存储在 Hadoop 分布式文件系统之上，Hive 可以将其上的数据文件映射为一张数据库表，赋予数据一种表结构。而且 Hive 还提供了丰富的类 SQL（这套 SQL 又称 Hive QL，简称 HQL）查询方式来分析存储在 Hadoop 分布式文件系统中的数据，实际上 Hive 对数据的分析是经过对 HQL 语句进行解析和转换，最终生成一系列基于 Hadoop 的 MapReduce 任务，通过在 Hadoop 集群上执行这些任务完成对数据的处理。这样就能使不熟悉 MapReduce 的用户也能很方便地利用 HQL 语句对数据进行查询、分析、汇总，同时，也允许熟悉 MapReduce 的开发者自定义 Map 和 Reduce 来处理内置的 Map 和 Reduce 无法完成的、复杂的分析工作。目前，Hive 已经是一个成功的 Apache 项目，很多公司和组织也早已把 Hive 当作大数据平台中用于数据仓库分析的核心组件。

2．Hive 产生的背景

Hive 的诞生源于 Facebook 的日志分析需求。面对海量的结构化数据，Hive 能够以较低的成本完成以往需要大规模数据库才能完成的任务，并且学习门槛相对较低，应用开发灵活且高效。后来 Hive 开源给了 Apache，成为 Apache 的一个顶级项目，至此在大数据应用方面得到了快速的发展和普及。

3．Hive 和 Hadoop 的关系

- Hive 构建在 Hadoop 之上。
- 所有的数据都存储在 Hadoop 分布式文件系统中。
- HQL 中对查询语句的解释、优化、生成查询计划是由 Hive 完成的。查询计划被转化为 MapReduce 任务，在 Hadoop 集群上执行（有些查询没有执行 MapReduce 任务，比如 select * from table）。

5.3.2 Hive 架构设计

Hive 是构建在分布式计算框架之上的 SQL 引擎，它重用了 Hadoop 中的分布式存储系统 HDFS 和分布式计算框架 MapReduce 等。Hive 是 Hadoop 生态系统中的重要部分，目前是应用最广泛的 SQL

Hadoop 解决方案。本小节将深入讲解 Hive 架构原理及运行机制。

1. Hive 的设计原理

Hive 是一种底层封装了 Hadoop 的数据仓库处理工具，使用类 SQL 的 HiveQL 语言实现数据查询，所有 Hive 的数据都存储在 Hadoop 兼容的文件系统中，比如 HDFS。Hive 在加载数据的过程中不会对数据进行任何的修改，只是将数据移动到 HDFS 中 Hive 设定的目录下，因此，Hive 不支持对数据的改写和添加，所有的数据都是在加载时确定的。

Hive 的设计特点如下。

- 支持索引，加快数据查询。
- 不同的存储类型，例如，纯文本文件、HBase 中的文件。
- 将元数据保存在关系数据库中，大大减少了在查询过程中执行语义检查的时间。
- 可以直接使用存储在 Hadoop 文件系统中的数据。
- 内置大量用户自定义函数（User Define Function，UDF）来操作时间、字符串和其他数据挖掘工具，支持用户扩展 UDF 函数来完成内置函数无法实现的操作。
- 类 SQL 的查询方式，将类 SQL 查询转换为 MapReduce 的 Job 在 Hadoop 集群上执行。

2. Hive 的体系架构

Hive 的体系架构如图 5-5 所示。

（1）用户接口

用户接口主要有 3 个：CLI 接口、JDBC/ODBC 客户端和 Web 接口。其中最常用的是 CLI。下面分别说明如下。

1）CLI 接口。CLI 即命令行接口，CLI 启动时，会同时启动一个 Hive 副本。

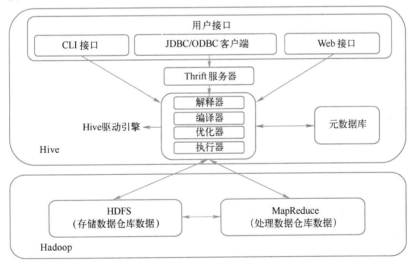

图 5-5　Hive 的体系架构

2）JDBC/ODBC 客户端。Client 是 Hive 的客户端，用户连接至 Hive Server。在启动 Client 模式时，需要指出 Hive Server 所在节点，并且在该节点启动 Hive Server。

- JDBC 客户端：封装了 Thrift 服务的 Java 应用程序，可以通过指定的主机和端口连接到在另一个进程中运行的 Hive 服务器。

● ODBC 客户端：ODBC 驱动允许支持 ODBC 协议的应用程序连接到 Hive。

3）Web 接口。Web 接口就是通过 Web 浏览器访问、操作、管理 Hive。

（2）Thrift 服务器

Thrift 服务器基于 Socket 通信，支持跨语言。Hive Thrift 服务简化了在多编程语言中运行 Hive 的命令。绑定支持 C++、Java、PHP、Python 和 Ruby 语言。

（3）Hive 驱动引擎

Hive 的核心是 Hive 驱动引擎，Hive 驱动引擎由 4 部分组成。

● 解释器：解释器的作用是将 HQL 语句转换为语法树。
● 编译器：编译器是将语法树编译为逻辑执行计划。
● 优化器：优化器是对逻辑执行计划进行优化。
● 执行器：执行器是调用底层的运行框架执行逻辑执行计划。

（4）元数据库

Hive 的数据由两部分组成：数据文件和元数据。

元数据用于存放 Hive 的基础信息，它存储在关系型数据库中，如 MySQL、Derby（默认）中。元数据包括：数据库信息、表名、表的列和分区及其属性，表的属性，表的数据所在目录等。

（5）Hadoop

Hive 是构建在 Hadoop 之上的大数据分析工具。Hive 的数据文件存储在 HDFS 中，大部分的查询由 MapReduce 完成（对于包含*的查询，比如 select * from table；操作不会生成 MapReduce 作业）。

3. Hive 的运行机制

Hive 的运行机制如图 5-6 所示。

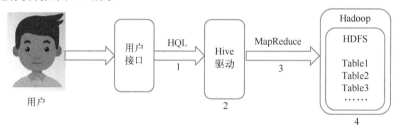

图 5-6　Hive 的运行机制

Hive 的运行机制包含以下几个步骤。

1）用户通过用户接口连接 Hive，发布 HiveQL。

2）Hive 解析查询并制定查询计划。

3）Hive 将查询转换成 MapReduce 作业。

4）Hive 在 Hadoop 上执行 MapReduce 作业。

4. Hive 编译器的运行机制

Hive 编译器的主要组成部分如图 5-7 所示。Hive SQL 的编译过程中，SQL 转化为 MapReduce 任务的编译过程分为 6 个阶段，如下所述。

1）Antlr 定义 SQL 的语法规则，完成 SQL 词法、语法解析，将 SQL 转化为抽象语法树 AST Tree。

2）遍历 AST Tree，抽象出查询的基本组成单元 QueryBlock。

3）遍历 QueryBlock，将其转换为算子树 OperatorTree。

图 5-7 Hive 编译器主要组成部分

4）逻辑层优化器进行 OperatorTree 优化，合并没必要的 ReduceSinkOperator，减小 Shuffle 数据量。

5）遍历 OperatorTree，将其转化为 MapReduce 任务。

6）物理层优化器进行 MapReduce 任务的变换，生成执行计划。

5. Hive 的优缺点

使用 Hive 进行大数据分析查询，既有优点，也存在一些缺点，虽然降低了开发和学习成本，但是也有不适用的应用场景。

（1）Hive 的优点

- Hive 适合大数据的批量处理，解决了传统关系型数据库在大数据处理上的瓶颈。
- Hive 构建在 Hadoop 之上，充分利用了集群的存储资源、计算资源，最终实现并行计算。
- Hive 学习使用成本低，Hive 支持标准的 SQL 语法，这样就免去了编写 MapReduce 程序的过程，减少了开发成本。
- 具有良好的扩展性，且能够实现和其他组件的结合使用。

（2）Hive 的缺点

- HQL 的表达能力依然有限，不支持迭代计算，有些复杂的运算用 HQL 不易表达，还需要单独编写 MapReduce 来实现。
- Hive 的运行效率低、延迟高，Hive 是转换成 MapReduce 任务来进行数据分析的，MapReduce 是离线计算，所以 Hive 的运行效率很低，而且是高延迟。
- Hive 的调优比较困难，由于 Hive 是构建在 Hadoop 之上的，Hive 的调优还要考虑 MapReduce，所以 Hive 的整体调优会比较困难。

6. Hive 的数据类型

学过 Java 编程语言的读者应该了解，Java 有自己的数据类型，包含基本数据类型和引用数据类型。Hive 也有自己的数据类型，包含基本数据类型和复杂数据类型。

（1）Hive 基本数据类型

与 Java 基本数据类型类似，Hive 也包含 8 种基本数据类型，具体使用说明如表 5-4 所示。

表 5-4 Hive 基本数据类型

类型	描述	示例
TINYINT	1 个字节（8 位）有符号整数	1
SMALLINT	2 个字节（16 位）有符号整数	1
INT	4 个字节（32 位）有符号整数	1
BIGINT	8 个字节（64 位）有符号整数	1
FLOAT	4 字节（32 位）单精度浮点数	1.0
DOUBLE	8 字节（64 位）双精度浮点数	1.0
BOOLEAN	TRUE/FALSE	TRUE
STRING	字符串	'djt',"djt"

（2）Hive 复杂数据类型

Hive 的复杂数据类型包含 ARRAY、MAP 和 STRUCT，这三种复杂数据类型的使用说明如表 5-5 所示。

表 5-5 Hive 复杂数据类型

类型	描述	示例
ARRAY	一组有序字段。字段的类型必须相同	Array(1,2)
MAP	一组无序的键/值对。键的类型必须是原子的，值可以是任何类型，同一个映射的键的类型必须相同，值的类型必须相同	Map('a',1,'b',2)
STRUCT	一组命名的字段，字段类型可以不同	Struct('a',1,1,0)

7．Hive 的数据存储

Hive 的存储是建立在 Hadoop 文件系统之上的。Hive 本身没有专门的数据存储格式，也不能为数据建立索引，用户可以自由地组织 Hive 中的表，只需要在创建表时告诉 Hive 数据中的列分隔符和行分隔符就可以解析数据了。

Hive 中主要包含 4 类数据模型：表（Table）、分区（Partition）、桶（Bucket）和外部表（External Table）。

（1）表（Table）

Hive 中的表和数据库中的表在概念上是类似的，每个表在 Hive 中都有一个对应的存储目录。例如，一个表 user 在 HDFS 中的路径为 /warehouse/user，其中 /warehouse 是 hive-site.xml 配置文件中由 ${hive.metastore.warehouse.dir}指定的数据仓库的目录。

（2）分区（Partition）

Partition 对应于数据库中的 Partition 列的密集索引，但是 Hive 中 Partition 的组织方式和传统数据库中的很不相同。在 Hive 中，表中的一个 Partition 对应于表下的一个目录，所有 Partition 的数据都存储在对应的目录中。

例如：user 表中包含 dt 和 city 两个 Partition，则对应于 dt = 20170801, city = US 的 HDFS 子目录为 /warehouse /user/dt=20170801/city=US；对应于 dt = 20170801,city=CA 的 HDFS 子目录为 / warehouse /xiaojun/dt=20170801/city=CA。

（3）桶（Bucket）

Bucket 对指定列计算 Hash，根据 Hash 值切分数据，每一个 Bucket 对应一个文件。例如，将

user 列分散至 32 个 Bucket，首先对 user 列的值计算 Hash，对应 Hash 值为 0 的 HDFS 目录为 /warehouse/user/dt=20170801/city=US/part-00000；Hash 值 为 20 的 HDFS 目录为 /warehouse/user/dt =20170801/city=US/part-00020。

（4）外部表（External Table）

External Table 指向已经在 HDFS 中存在的数据，可以创建 Partition。它和内部表在元数据的组织上是相同的，而实际数据的存储则有较大的差异。

内部表的创建过程和数据加载过程可以在同一个语句中完成。在加载数据的过程中，实际数据会被移动到数据仓库的目录中，之后对数据的访问将会直接在数据仓库目录中完成。删除内部表时，表中的数据和元数据将会被同时删除。External Table 只有一个过程，加载数据和创建表同时完成（CREATE EXTERNAL TABLE…LOCATION），实际数据是存储在 LOCATION 后面指定的 HDFS 路径中，并不会移动到数据仓库目录中。当删除一个 External Table 时，仅删除表的元数据，而实际数据不会被删除。

5.3.3　Hive 的安装部署

Hive 是一个客户端工具，并没有集群的概念，所以 Hive 的安装部署相对简单。由于一般情况下 Hive 的元数据信息存储在第三方数据库中（比如 MySQL），所以在安装 Hive 之前需要首先安装 MySQL 数据库，按照大数据平台规划，将 Hive 客户端及 MySQL 元数据库部署在 hadoop01 节点上。

1. 安装 MySQL

MySQL 数据库的安装有离线安装和在线安装两种方式，为了方便起见，这里选择在线安装方式。

（1）在线安装 MySQL

在 hadoop01 节点上，使用 yum 命令在线安装 MySQL 数据库，具体操作如下所示。

```
[root@hadoop01 ~]# yum install mysql-server
```

（2）启动 MySQL 服务

MySQL 数据库安装成功之后，通过命令行启动 MySQL 服务，具体操作如下所示。

```
[root@hadoop01 ~]# service mysqld start
```

（3）设置 MySQL root 用户密码

MySQL 刚刚安装完成，默认 root 用户是没有密码的，需要登录 MySQL 设置 root 用户密码，具体步骤如下。

1）无密码登录 MySQL。

因为 MySQL 默认没有密码，所以使用 root 用户可直接登录 MySQL，输入密码时可按〈Enter〉键即可，具体操作如下所示。

```
[root@hadoop01 ~]# mysql -u root -p
Enter password:
Welcome to the MySQL monitor.    Commands end with ; or \g.
Your MySQL connection id is 2
Server version: 5.1.73 Source distribution

Copyright (c) 2000, 2013, Oracle and/or its affiliates. All rights reserved.

Oracle is a registered trademark of Oracle Corporation and/or its
```

owners.
Type 'help;' or '\h' for help. Type '\c' to clear the current input statement.
mysql>

2）设置 root 用户密码。

在 MySQL 客户端设置 root 用户密码，具体操作如下所示。

```
mysql>set password for root@localhost=password('root');
```

3）有密码登录 MySQL。

设置完 MySQL root 用户密码之后，退出并重新登录 MySQL，用户名为 root，密码为 root。

```
[root@hadoop01 ~]# mysql -u root –p
Enter password:
mysql>
```

如果能成功登录 MySQL，就说明 MySQL 的 root 用户密码设置成功。

（4）创建 Hive 账户

1）首先输入如下命令创建 Hive 账户，操作命令如下。

```
mysql>create user 'hive' identified by 'hive';
```

2）将 MySQL 所有权限授予 Hive 账户，操作命令如下所示。

```
mysql>grant all on *.* to 'hive'@'hadoop01' identified by 'hive';
```

3）通过命令使上述授权生效，操作命令如下所示。

```
mysql> flush privileges;
```

如果上述操作成功，就可以使用 Hive 账户登录 MySQL 数据库，具体命令如下。

```
mysql> mysql-h hadoop01 -u hive -p
```

2. 安装 Hive

Hive 的安装比较简单，因为 Hive 底层存储依赖 HDFS，底层计算默认依赖 MapReduce，所以选择一个节点部署 Hive 客户端，通过 Hive 客户端能将 Hive Job 提交到 Hadoop 集群运行即可。

（1）下载 Hive

在官网（http://hive.apache.org/down/oads.html）下载 Hive 安装包 apache-hive-2.3.7-bin.tar.gz（也可通过本书配套资源包下载获取，本书配套资料/第 5 章/5.3/安装包），然后上传至 hadoop01 节点的 /home/hadoop/app 目录下。

（2）解压 Hive

在 hadoop01 节点上，使用解压命令解压 Hive 安装包，具体操作如下所示。

```
[hadoop@hadoop01 app]$ tar -zxvf apache-hive-2.3.7-bin.tar.gz
```

然后创建 Hive 软连接，具体操作如下所示。

```
[hadoop@hadoop01 app]$ ln -s apache-hive-2.3.7-bin hive。
```

（3）修改 Hive 配置 hive-site.xml

进入 Hive 的 conf 目录下发现 hive-site.xml（本书配套资料/第 5 章/5.3/配置文件）文件不存在，需要从默认配置文件复制一份，具体操作如下所示。

```
[hadoop@hadoop01 conf]$ cp hive-default.xml.template hive-site.xml
```

修改配置文件 hive-site.xml 中的如下属性。

1）配置连接驱动名为 com.mysql.jdbc.Driver。

```
<property>
    <name>javax.jdo.option.ConnectionDriverName</name>
    <value>com.mysql.jdbc.Driver</value>
    <description>Driver class name for a JDBC metastore</description>
</property>
```

2）修改连接 MySQL 的 URL。

```
<property>
    <name>javax.jdo.option.ConnectionURL</name>
    <value>jdbc:mysql://hadoop01:3306/hive?createDatabaseIfNotExit=true</value>
    <description>JDBC connect string for a JDBC metastore</description>
</property>
```

3）修改连接数据库的用户名和密码。

```
<property>
    <name>javax.jdo.option.ConnectionUserName</name>
    <value>hive</value>
    <description>Username to use against metastore database</description>
</property>
<property>
    <name>javax.jdo.option.ConnectionPassword</name>
    <value>hive</value>
    <description>password to use against metastore database</description>
</property>
```

（4）配置 Hive 环境变量

打开 vi ~/.bashrc 文件，添加如下内容。

```
HIVE_HOME=/home/hadoop/app/hive
PATH=$JAVA_HOME/bin: HADOOP_HOME/bin: HIVE_HOME/bin:$PATH
export JAVA_HOME    CLASSPATH PATH    HADOOP_HOME HIVE_HOME
```

保存并退出，并用命令 source ~/.bashrc 使配置文件生效。

（5）将 MySQL 驱动包复制到 Hive 的 lib 目录

下载 mysql-connector-java-5.1.21.jar 驱动包（下载地址为 http://central.maven.org/maven2/ mysql/，也可通过本书配套资源包下载获取，本书配套资料/第 5 章/5.3/安装包），然后上传至 Hive 的 lib 目录下即可。

（6）修改 Hive 数据目录

修改配置文件 hive-site.xml，更改相关数据目录，相关配置如下所示。

```
<property>
    <name>hive.querylog.location</name>
    <value>/home/hadoop/app/hive/iotmp</value>
```

```
            <description>Location of Hive run time structured log file</description>
        </property>
    <property>
        <name>hive.exec.local.scratchdir</name>
        <value>/home/hadoop/app/hive/iotmp</value>
        <description>Local scratch space for Hive jobs</description>
    </property>
    <property>
        <name>hive.downloaded.resources.dir</name>
        <value>/home/hadoop/app/hive/iotmp</value>
        <description>Temporary local directory for added resources in the remote file system. </description>
    </property>
```

（7）执行 Hive 脚本

切换到 Hive 安装目录下的 bin 目录，执行文件名为 Hive 的脚本，启动 Hive 服务，具体操作如下所示。

```
#第一次启动 Hive 服务之前需要先进行初始化
[hadoop@hadoop01 hive]$ bin/schematool -dbType mysql -initSchema

[hadoop@hadoop01 hive]$ bin/hive
#查看数据库
hive> show databases;
OK
default
```

如果上述操作成功，说明 Hive 安装成功了。

5.3.4　Hive 在大数据仓库中的应用

数据仓库（Data Warehouse）已经成为互联网企业的标配，Hive 在离线数据仓库中的应用也越来越广泛。

1．数据仓库的概念

数据仓库是一个面向主题（Subject Oriented）、集成（Integrate）、相对稳定（Non-Volatile）、反映历史变化（Time Variant）的数据集合，用于支持管理决策。

- 面向主题：指数据仓库中的数据是按照一定的主题域进行组织的。
- 集成：指对原有分散的数据库数据经过系统加工、整理，消除源数据中的不一致性。
- 相对稳定：指一旦某个数据进入数据仓库，只需要定期地加载、刷新。
- 反映历史变化：指通过这些信息，对企业的发展历程和未来趋势做出定量分析预测。

数据仓库建设是一个工程，是一个过程，而不是一种可以购买的产品。企业数据处理方式是以联机事务处理形式获取信息，并利用信息进行决策，在信息应用过程中管理信息。

2．数据仓库和数据库的联系和区别

数据仓库的出现，并不是要取代数据库。目前，大部分数据仓库还是用关系型数据库管理系统来管理的。数据仓库与数据库的主要区别如下。

- 数据库是面向事务设计的，数据仓库是面向主题设计的。
- 数据库一般存储在线交易数据，数据仓库存储的一般是历史数据。
- 数据库在设计上尽量避免冗余，数据仓库在设计上有意引入冗余。
- 数据库是为捕获数据而设计的，数据仓库是为分析数据而设计的。

3. Hive 在大数据仓库中的应用

传统数据仓库一般基于 MySQL 或 Oracle 技术，那么大数据仓库需要基于什么技术呢？Hive 是基于 Hadoop 的一个重要的数据仓库工具，可以将结构化的数据文件映射为一张数据库表，并提供类 SQL 查询功能，本质是将 SQL 转换为 MapReduce 程序。

Hive 是最适合作为大数据仓库的工具，因为 Hive 底层数据存储使用 HDFS，所以基于 Hive 可以维护海量数据。因为 Hive SQL 底层会转换为 MapReduce 程序，那么基于 Hive 可以对数据进行分析挖掘，然后提供决策和报告等。

5.3.5 Hive 与 HBase 集成

前面的章节已经使用 Flume 将新闻网站日志数据采集到 HBase 数据库，但 HBase 属于 NoSQL 数据库，不支持 SQL，那么直接基于 HBase 进行大数据分析非常不方便，所以可以利用 Hive 集成 HBase，从而通过 HQL 完成大数据分析。

1. 添加 HBase 依赖包

前面章节已经在 hadoop01 节点上完成了 Hive 的安装部署，为了实现 Hive 与 HBase 的集成开发，首先需要将 HBase 相关依赖包复制到 Hive 的 lib 目录下，具体操作如下所示。

```
[hadoop@hadoop01 lib]$cp hbase-client-1.2.0.jar /home/hadoop/app/hive/lib/
[hadoop@hadoop01 lib]$cp hbase-common-1.2.0.jar /home/hadoop/app/hive/lib/
[hadoop@hadoop01 lib]$cp hbase-server-1.2.0.jar /home/hadoop/app/hive/lib/
[hadoop@hadoop01 lib]$cp hbase-common-1.2.0-tests.jar /home/hadoop/app/hive/lib/
[hadoop@hadoop01 lib]$cp hbase-protocol-1.2.0.jar /home/hadoop/app/hive/lib/
[hadoop@hadoop01 lib]$cp htrace-core-3.1.0-incubating.jar /home/hadoop/app/hive/lib/
[hadoop@hadoop01 lib]$cp zookeeper-3.4.6.jar /home/hadoop/app/hive/lib/
```

2. 修改 hive-site.xml 配置

在 hadoop01 节点上，进入 /home/hadoop/app/hive 目录修改 hive-site.xml 配置文件，添加内容如下所示。

```
<property>
        <name>hive.aux.jars.path</name>
        <value>file:///home/hadoop/app/hive/lib/hive-hbase-handler-2.3.7.jar,file:///home/hadoop/app/hive/lib/zookeeper-3.4.6.jar,
        file:///home/hadoop/app/hive/lib/hbase-client-1.2.0.jar,file:///home/hadoop/app/ hive/lib/hbase-common-1.2.0.jar
        file:///home/hadoop/app/hive/lib/hbase-server-1.2.0.jar,file:///home/hadoop/app/hive/lib/hbase-common-1.2.0-tests.jar,file:///home/hadoop/app/hive/lib/hbase-protocol-1.2.0.jar,file:///home/hadoop/app/hive/lib/htrace-core-3.1.0-incubating.jar</value>
        </property>

<property>
        <name>hive.zookeeper.quorum</name>
        <value>hadoop01,hadoop02,hadoop03</value>
        </property>

<property>
        <name>hbase.zookeeper.quorum</name>
        <value>hadoop01,hadoop02,hadoop03</value>
```

```
</property>
```

3．修改 hive-env.sh 配置

在 hadoop01 节点上，进入 /home/hadoop/app/hive 目录修改 hive-env.sh 配置文件（本书配套资料/第 5 章/5.3/配置文件），添加内容如下所示。

```
export HADOOP_HOME=/home/hadoop/app/hadoop
export HIVE_CONF_DIR=/home/hadoop/app/hive/conf
export HBASE_HOME=/home/hadoop/app/hbase
```

4．启动 Hive 服务

在 hadoop01 节点上，进入 /home/hadoop/app/hive 目录，执行脚本，启动 Hive 服务操作，如下所示。

```
[hadoop@hadoop01 hive]$ bin/hive
hive> show tables;
OK
Time taken: 8.476 seconds
```

5．创建 Hive 外部表

为了实现 Hive 操作 HBase 进行数据分析，需要创建 Hive 外部表去映射 HBase 表中的字段，Hive 外部表的创建如下所示。

```
hive> create external table sogoulogs(id string,datatime string,userid string, searchname string,retorder string,cliorder string,cliurl string)  STORED BY  'org. apache.hadoop.hive.hbase.HBaseStorageHandler' WITH SERDEPROPERTIES("hbase.columns. mapping"=":key,info:datatime,info:userid,info:searchname,info:retorder, info: cliorder, info:cliurl") TBLPROPERTIES("hbase.table.name" = "sogoulogs");
```

备注：Hive 创建的外部表与 HBase 表名称都为 sogoulogs，Hive 表字段 ID 与 HBase 表的 RowKey 对应，其他字段保持一一映射的关系。

6．Hive 查询 HBase 数据

在完成 Hive 与 HBase 表映射之后，接下来就可以使用 Hive 查询 HBase 中的数据，具体操作如下所示。

```
hive> select * from sogoulogs limit 5;
```

如果通过 Hive 客户端能查询到 HBase 表中的数据，说明 Hive 与 HBase 集成环境配置成功。

5.4　基于 Hive 的用户行为数据离线分析

在前面的小节中，已经使用 Flume 工具将新闻项目数据采集到 HBase 数据库，而且完成了 Hive 与 HBase 的集成开发，接下来利用 Hive 工具对新闻项目用户行为进行离线分析，实现项目的离线分析应用需求。

5.4.1　离线项目架构设计

离线项目使用 Flume 实时采集日志服务器中的数据并写入 HBase 数据库，然后通过 Hive 与 HBase 集成实现数据的离线分析，接着可以通过 Sqoop 工具将离线分析结果导入 MySQL 数据库，最后应用层读取 MySQL 数据实现大屏展示，其架构如图 5-8 所示。

当然，在离线项目架构中，基于 Hive 完成项目离线分析即可，至于后续数据入库以及可视化，可以在实时项目中实现。

5.4.2　用户行为离线分析

前面已经使用 Flume 将数据采集到 HBase 数据库，同时实现了 Hive 与 HBase 的整合，接下来基于 Hive 来实现用户行为的离线分析。

1. 统计新闻话题总量

在 Hive 客户端，使用 Hive SQL 统计分析每天曝光的搜狗新闻话题总量，具体操作如下所示。

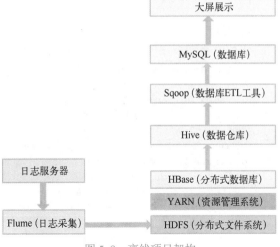

图 5-8　离线项目架构

```
[hadoop@hadoop01 hive]$ bin/hive
hive> select count(distinct searchname) from sogoulogs;
e (i.e. spark, tez) or using Hive 1.X releases.
Query ID = hadoop_20200711094733_de993843-3885-41d5-b6bb-b8885867a2ca
Total jobs = 1
Launching Job 1 out of 1
Number of reduce tasks determined at compile time: 1
In order to change the average load for a reducer (in bytes):
    set hive.exec.reducers.bytes.per.reducer=<number>
In order to limit the maximum number of reducers:
    set hive.exec.reducers.max=<number>
In order to set a constant number of reducers:
    set mapreduce.job.reduces=<number>
Starting  Job=job_1594430614806_0003,Tracking  URL=http://hadoop01:8088/proxy/application_1594430614806_
0003/
Kill Command = /home/hadoop/app/hadoop/bin/hadoop job -kill job_1594430614806_0003
Hadoop job information for Stage-1: number of mappers: 1; number of reducers: 1
2020-07-11 09:47:53,782 Stage-1 map = 0%,    reduce = 0%
2020-07-11 09:48:39,410 Stage-1 map = 100%,    reduce = 0%, Cumulative CPU 17.56 sec
2020-07-11 09:49:41,326 Stage-1 map = 100%,    reduce = 0%, Cumulative CPU 17.56 sec
2020-07-11 09:50:43,331 Stage-1 map = 100%,    reduce = 0%, Cumulative CPU 17.56 sec
2020-07-11 09:51:43,493 Stage-1 map = 100%,    reduce = 0%, Cumulative CPU 17.56 sec
2020-07-11 09:52:26,140 Stage-1 map = 100%,    reduce = 100%, Cumulative CPU 21.05 sec
MapReduce Total cumulative CPU time: 21 seconds 50 msec
Ended Job = job_1594430614806_0003
MapReduce Jobs Launched:
Stage-Stage-1: Map: 1 Reduce: 1 Cumulative CPU: 21.05 sec HDFS Read: 9483 HDFS Write: 103 SUCCESS
Total MapReduce CPU Time Spent: 21 seconds 50 msec
OK
2604
Time taken: 294.998 seconds, Fetched: 1 row(s)
```

hive>

2．统计新闻话题浏览量排行

在 Hive 客户端，使用 Hive SQL 统计分析搜狗排名最高的前 10 名新闻话题，具体操作如下所示。

```
[hadoop@hadoop01 hive]$ bin/hive
hive> select searchname,count(*) as rank from sogoulogs   group by searchname order by rank   desc limit 10;
e (i.e. spark, tez) or using Hive 1.X releases.
Query ID = hadoop_20200711142542_da7c5b83-ba22-4a3d-bc96-0125a9360d47
Total jobs = 2
Launching Job 1 out of 2
Number of reduce tasks not specified. Estimated from input data size: 1
In order to change the average load for a reducer (in bytes):
    set hive.exec.reducers.bytes.per.reducer=<number>
In order to limit the maximum number of reducers:
    set hive.exec.reducers.max=<number>
In order to set a constant number of reducers:
    set mapreduce.job.reduces=<number>
Starting Job = job_1594448543469_0001, Tracking URL = http://hadoop01:8088/ proxy/application_
1594448543469_0001/
    Kill Command = /home/hadoop/app/hadoop/bin/hadoop job   -kill job_1594448543469_0001
    Hadoop job information for Stage-1: number of mappers: 1; number of reducers: 1
    2020-07-11 14:26:53,152 Stage-1 map = 0%,   reduce = 0%
    2020-07-11 14:27:16,403 Stage-1 map = 100%,   reduce = 0%, Cumulative CPU 6.88 sec
    2020-07-11 14:27:35,249 Stage-1 map = 100%,   reduce = 100%, Cumulative CPU 12.35 sec
    MapReduce Total cumulative CPU time: 12 seconds 350 msec
    Ended Job = job_1594448543469_0001
    Launching Job 2 out of 2
    Number of reduce tasks determined at compile time: 1
    In order to change the average load for a reducer (in bytes):
        set hive.exec.reducers.bytes.per.reducer=<number>
    In order to limit the maximum number of reducers:
        set hive.exec.reducers.max=<number>
    In order to set a constant number of reducers:
        set mapreduce.job.reduces=<number>
    Starting   Job   =   job_1594448543469_0002,   Tracking   URL   =   http://hadoop01:8088/ proxy/application_
1594448543469_0002/
    Kill Command=/home/hadoop/app/hadoop/bin/hadoop job    -kill job_1594448543469_ 0002
    Hadoop job information for Stage-2: number of mappers: 1; number of reducers: 1
    2020-07-11 14:27:52,936 Stage-2 map = 0%,   reduce = 0%
    2020-07-11 14:28:02,511 Stage-2 map = 100%,   reduce = 0%, Cumulative CPU 2.34 sec
    2020-07-11 14:28:11,099 Stage-2 map = 100%,   reduce = 100%, Cumulative CPU 5.59 sec
    MapReduce Total cumulative CPU time: 5 seconds 590 msec
    Ended Job = job_1594448543469_0002
    MapReduce Jobs Launched:
    Stage-Stage-1: Map: 1 Reduce: 1 Cumulative CPU: 12.35 sec HDFS Read: 14733 HDFS Write: 30359 SUCCESS
    Stage-Stage-2: Map: 1 Reduce: 1 Cumulative CPU: 5.59 sec HDFS Read: 35959 HDFS Write: 604 SUCCESS
    Total MapReduce CPU Time Spent: 17 seconds 940 msec
    OK
    [健美]   205
```

```
[资生堂护肤品]　200
[邓超+无泪之城]　64
[英语]　51
[刘德华新歌]　27
[银河英雄传说 4]　25
[漫画小说免费下载]　24
[卧室电视多大尺寸合适]　23
[xiao77]　20
[电脑创业]　19
Time taken: 150.701 seconds, Fetched: 10 row(s)
hive>
```

3．统计新闻浏览量不同时段排行

在 Hive 客户端，使用 Hive SQL 统计分析每天哪些时段用户浏览新闻量最高，具体操作如下所示。

```
[hadoop@hadoop01 hive]$ bin/hive
hive> select substr(datatime,0,5),count(substr(datatime,0,5)) as counter from sogoulogs group by substr(datatime,0,5) order by counter desc limit 10;
e (i.e. spark, tez) or using Hive 1.X releases.
Query ID = hadoop_20200711143011_6ed27089-c925-40b0-9524-7a3f79da6b0d
Total jobs = 2
Launching Job 1 out of 2
Number of reduce tasks not specified. Estimated from input data size: 1
In order to change the average load for a reducer (in bytes):
    set hive.exec.reducers.bytes.per.reducer=<number>
In order to limit the maximum number of reducers:
    set hive.exec.reducers.max=<number>
In order to set a constant number of reducers:
    set mapreduce.job.reduces=<number>
Starting Job = job_1594448543469_0003, Tracking URL = http://hadoop01:8088/proxy/ application_1594448543469_0003/
Kill Command = /home/hadoop/app/hadoop/bin/hadoop job   -kill job_1594448543469_0003
Hadoop job information for Stage-1: number of mappers: 1; number of reducers: 1
2020-07-11 14:30:31,636 Stage-1 map = 0%,   reduce = 0%
2020-07-11 14:30:44,263 Stage-1 map = 100%,   reduce = 0%, Cumulative CPU 6.95 sec
2020-07-11 14:30:55,202 Stage-1 map = 100%,   reduce = 100%, Cumulative CPU 9.53 sec
MapReduce Total cumulative CPU time: 9 seconds 530 msec
Ended Job = job_1594448543469_0003
Launching Job 2 out of 2
Number of reduce tasks determined at compile time: 1
In order to change the average load for a reducer (in bytes):
    set hive.exec.reducers.bytes.per.reducer=<number>
In order to limit the maximum number of reducers:
    set hive.exec.reducers.max=<number>
In order to set a constant number of reducers:
    set mapreduce.job.reduces=<number>
Starting Job = job_1594448543469_0004, Tracking URL = http://hadoop01:8088/proxy/ application_1594448543469_0004/
Kill Command = /home/hadoop/app/hadoop/bin/hadoop job   -kill job_1594448543469_0004
```

```
Hadoop job information for Stage-2: number of mappers: 1; number of reducers: 1
2020-07-11 14:31:12,664 Stage-2 map = 0%,   reduce = 0%
2020-07-11 14:31:24,211 Stage-2 map = 100%,   reduce = 0%, Cumulative CPU 3.34 sec
2020-07-11 14:31:34,671 Stage-2 map = 100%,   reduce = 100%, Cumulative CPU 6.91 sec
MapReduce Total cumulative CPU time: 6 seconds 910 msec
Ended Job = job_1594448543469_0004
MapReduce Jobs Launched:
Stage-Stage-1: Map: 1   Reduce: 1   Cumulative CPU: 9.53 sec   HDFS Read: 8658 HDFS Write: 246
SUCCESS
Stage-Stage-2: Map: 1   Reduce: 1   Cumulative CPU: 6.91 sec   HDFS Read: 5883 HDFS Write: 217
SUCCESS
Total MapReduce CPU Time Spent: 16 seconds 440 msec
OK
00:02    1082
00:04    1048
00:03    1043
00:01    1040
00:00    1038
00:05    339
00:09    12
00:06    8
00:08    6
00:10    1
Time taken: 83.854 seconds, Fetched: 6 row(s)
hive>
```

5.5 本章小结

本章先讲解了 Flume 日志采集系统，然后利用 Flume 将用户行为数据采集到 Kafka 消息队列和 HBase 数据库，紧接着完成 Hive 与 HBase 的环境集成，最后通过 Hive 对用户行为进行离线分析。通过本章的学习，读者可以具备从 0 到 1 构建日志采集和分析平台的能力。

第 6 章
基于 Spark 的用户行为实时分析

学习目标

● 掌握 Spark 分布式集群的构建。
● 掌握 Spark Streaming 实时计算。
● 掌握 Spark SQL 离线计算。
● 掌握 Spark Structured Streaming 实时计算。
● 熟练使用 Spark Streaming 完成新闻项目实时分析。

传统的离线计算会存在数据反馈不及时，很难满足很多急需实时数据做决策的场景。本章结合项目案例详细讲解 Spark 内存计算框架，分别通过 Spark Streaming 和 Spark Structured Streaming 对新闻项目用户行为进行实时分析。

6.1　Spark 快速入门

本节首先介绍 Spark 框架的基本概念，然后本地安装 Spark 提供最简运行环境，最后通过 WordCount 案例快速上手 Spark 程序开发。

6.1.1　Spark 概述

如果说 MapReduce 计算框架的出现是为了解决离线计算问题，那么 Spark 计算框架的出现则解决了实时计算问题，接下来先初步认识 Spark 内存计算框架。

1. Spark 的定义

Spark 是基于内存计算的大数据并行计算框架。Spark 基于内存计算的特性，提高了在大数据环境下数据处理的实时性，同时保证了高容错性和高可伸缩性，允许用户将 Spark 部署在大量的廉价硬件之上形成集群，提高了并行计算能力。

Spark 于 2009 年诞生于加州大学伯克利分校 AMPLab，在开发以 Spark 为核心的 BDAS 时，AMPLab 提出的目标是 one stack to rule them all，即在一套软件栈内完成各种大数据分析任务。目前，Spark 已经成为 Apache 软件基金会旗下的顶级开源项目。

2. Spark 的特点

在实际应用型项目中，绝大多数公司都会选择 Spark 技术。Spark 之所以受欢迎，主要因为它与其他大数据平台有不同的特点，具体特点如下。

（1）运行速度快

Spark 框架运行速度快主要有 3 个方面的原因：Spark 基于内存计算，速度要比磁盘计算快得多；Spark 程序运行是基于线程模型，以线程的方式运行作业，要远比进程模式运行作业资源开销小；Spark 框架内部有优化器，可以优化作业的执行，提高作业的执行效率。

（2）易用性

Spark 支持 Java、Python 和 Scala 的 API，还支持超过 80 种高级算法，使用户可以快速构建不同的应用。而且 Spark 支持交互式的 Python 和 Scala 的 shell，可以非常方便地在这些 shell 中使用 Spark 集群来验证解决问题的方法。

（3）支持复杂查询

Spark 支持复杂查询。在简单的 Map 及 Reduce 操作之外，Spark 还支持 SQL 查询、流式计算、机器学习和图计算。同时，用户可以在同一个工作流中无缝搭配这些计算范式。

（4）实时的流处理

对比 MapReduce 只能处理离线数据，Spark 还能支持实时流计算。Spark Streaming 主要用来对数据进行实时处理（Hadoop 在拥有了 YARN 之后，也可以借助其他工具进行流式计算）。

（5）容错性

Spark 引进了弹性分布式数据集（Resilient Distributed Dataset，RDD），它是分布在一组节点中的只读对象集合。这些对象集合是弹性的，如果丢失了一部分对象集合，Spark 则可以根据父 RDD 对它们进行计算。另外在对 RDD 进行转换计算时，可以通过 CheckPoint 方法将数据持久化（比如可以持久化到 HDFS），从而实现容错。

6.1.2　Spark 的最简安装

Spark 的最简安装方式非常简单，直接对 Spark 安装包解压即可使用。

1．下载并解压 Spark

下载 spark-2.3.1-bin-hadoop2.7.tgz 安装包（地址为 https://archive.apache.org/dist/spark，也可通过本书配套资源下载获取，本书配套资料/第 6 章/6.1/安装包），将 Spark 安装包上传至 hadoop01 节点的 /home/hadoop/app 目录下进行解压安装，操作命令如下。

```
[hadoop@hadoop01 app]$ ls
spark-2.3.1-bin-hadoop2.7.tgz
[hadoop@hadoop01 app]$ tar –zxvf spark-2.3.1-bin-hadoop2.7.tgz
[hadoop@hadoop01 app]$ ln –s spark-2.3.1-bin-hadoop2.7 spark
```

2．测试运行 Spark

Spark 本地环境配置非常简单，开箱即用。为了测试 Spark 环境的可用性，接下来准备少量数据集，测试运行 Spark 入门程序。

（1）准备测试数据集

在 Spark 安装目录下，创建一个日志文件 djt.log，具体内容如下所示。

```
[hadoop@hadoop01 spark]$ cat djt.log
hadoop hadoop hadoop
spark spark spark
```

（2）Spark shell 测试运行单词词频统计

在 Spark 安装目录下，使用 spark-shell 脚本启动 Spark 服务，具体操作如下所示。

```
[hadoop@hadoop01 spark]$ bin/spark-shell
```

在 Spark shell 控制台测试运行 WordCount 程序，完成单词词频统计分析，具体操作如下所示。

```
#读取本地文件
scala>val line = sc.textFile("/home/hadoop/app/spark/djt.log")
line: org.apache.spark.rdd.RDD[String]=/home/hadoop/app/djt.log MapPartitionsRDD[1] at textFile at
<console>:24

#WordCount 统计并打印
scala> line.flatMap(_.split(" ")).map((_,1)).reduceByKey(_+_).collect().foreach(println)
(spark,3)
(hadoop,3)
```

6.1.3　Spark 实现 WordCount

下面将通过 WordCount 案例统计单词词频，快速掌握 Spark 编程思路。

1. 引入 Spark 依赖

使用 Scala 语言、利用 IDEA 工具构建 Maven 项目，然后需要引入 Spark 依赖包才能完成 Spark 程序的开发。在 Maven 项目的 pom.xml 文件中，添加如下配置即可自动下载 Spark 依赖包。

```
<dependency>
    <groupId>org.apache.spark</groupId>
    <artifactId>spark-core_2.11</artifactId>
    <version>2.3.1</version>
</dependency>
```

2. 通过 Scala 开发 WordCount 程序

在 Maven 项目中，使用 Scala 语言编写 WordCount 程序，具体代码如下所示。

```
import org.apache.spark.{SparkConf, SparkContext}
object MyScalaWordCout {
    def main(args: Array[String]): Unit = {
        //参数检查
        if (args.length < 2) {
            System.err.println("Usage: MyWordCout <input> <output> ")
            System.exit(1)
        }
        //获取参数
        val input=args(0)
        val output=args(1)
        //创建 Scala 版本的 SparkContext
        val conf=new SparkConf().setAppName("myWordCount")
        val sc=new SparkContext(conf)
        //读取数据
        val lines=sc.textFile(input)
        //进行相关计算
        val resultRdd=lines.flatMap(_.split(" ")).map((_,1)).reduceByKey(_+_)
```

```
        //保存结果
        resultRdd.saveAsTextFile(output)
        sc.stop()
    }
}
```

3．通过 IDEA 运行 WordCount

首先在本地创建文件 djt.log，文件内容如下所示。

```
hadoop hadoop hadoop
spark spark spark
```

然后在 IDEA 工具中，选择 Run→Edit Configurations，打开 IDEA 参数配置编辑界面，输入 WordCount 的输入和输出路径，如图 6-1 所示。

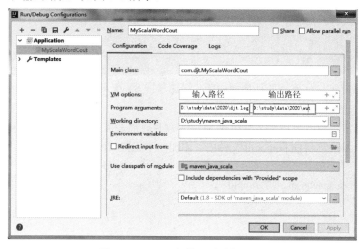

图 6-1　IDEA 参数配置编辑界面

最后在 MyScalaWordCout 程序中右击，在弹出的快捷菜单中选择 Run MyScalaWordCout，即可运行 WordCount，如图 6-2 所示。

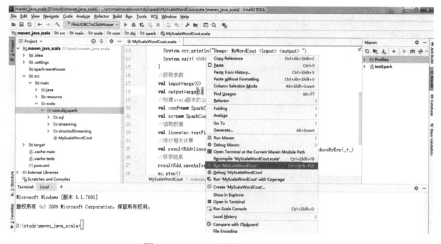

图 6-2　IDEA 运行 WordCount

打开 WordCount 程序的输出路径,查看 WordCount 运行结果,如图 6-3 所示。

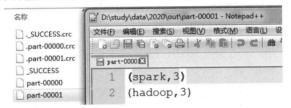

图 6-3　WordCount 运行结果

如果程序输出结果跟预想结果一致,那么说明 WordCount 运行成功。

6.2　Spark Core 的核心功能

Spark Core 实现了 Spark 框架的基本功能,包含任务调度、内存管理、错误恢复、与存储系统交互等模块。Spark Core 中还包含了对弹性分布式数据集 RDD 的 API 定义。RDD 表示分布在多个计算节点上可以并行操作的元素集合,是 Spark 主要的编程抽象。Spark Core 提供了创建和操作这些集合的多个 API。

6.2.1　Spark 架构的原理

Spark 架构采用了分布式计算中的 Master/Slave 模型。Master 是对应集群中含有 Master 进程的节点,Slave 是集群中含有 Worker 进程的节点。Master 作为整个集群的控制器,负责整个集群的正常运行;Worker 是计算节点,接收主节点命令并进行状态汇报;Executor 负责任务的执行。Spark 具体架构如图 6-4 所示。

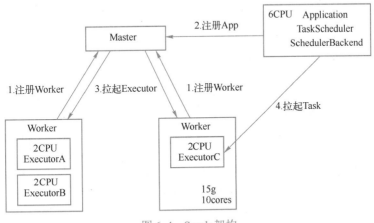

图 6-4　Spark 架构

Spark 的工作原理:Worker 节点启动之后会向 Master 节点注册,此时 Master 就能知晓哪些 Worker 节点处于工作状态;当客户端提交 Application 时,会向 Master 注册 App,此时 Master 会根据 Application 的需要向 Spark 集群申请所需要的 CPU 和内存等资源;接着 Master 节点会在 Worker 节点上启动 Executor 进程,比如左侧 Worker 节点启动两个 Executor,分别分配到两个 CPU,右侧 Worker 节点启动一个 Executor,分配到两个 CPU;最后客户端中的 Driver(驱动)跟 Worker 通信,在各个

Worker 节点中启动任务作业。

6.2.2 弹性分布式数据集 RDD

本节介绍 Spark 对数据的核心抽象 RDD，RDD 其实就是分布式的元素集合。在 Spark 中，对数据的操作包括创建 RDD、转化已有 RDD 以及调用 RDD 操作进行求值。Spark 会自动将 RDD 中的数据分发到集群上，并将操作并行化执行。

1．RDD 简介

Spark 的核心数据模型是 RDD，Spark 将常用的大数据操作都转化成为 RDD 的子类（RDD 是抽象类，具体操作由各子类实现，如 MappedRDD、Shuffled RDD）。可以从以下 3 点来理解 RDD。

- 数据集：抽象地说，RDD 是一种元素集合。单从逻辑上的表现来看，RDD 是一个数据集合。可以简单地将 RDD 理解为 Java 中的 List 集合或数据库中的一张表。
- 分布式：RDD 是可以分区的，每个分区可以分布在集群中不同的节点上，从而可以对 RDD 中的数据进行并行操作。
- 弹性：RDD 默认情况下存放在内存中，但是当内存中的资源不足时，Spark 会自动将 RDD 数据写入磁盘进行保存。对于用户来说，不必知道 RDD 的数据是存储在内存还是磁盘，因为这些都由 Spark 底层去做，用户只需要针对 RDD 来进行计算和处理。RDD 自动进行内存和磁盘之间权衡和切换的机制是基于 RDD 弹性的特点。

2．RDD 的两种创建方式

Spark 提供了两种创建 RDD 的方式：读取外部数据集以及从已有的 RDD 数据集进行转化。

- 可从 Hadoop 文件系统（或与 Hadoop 兼容的其他持久化存储系统，比如 Hive、Cassandra、Hbase）输入（比如 HDFS）创建 RDD。
- 可从父 RDD 转换得到新的 RDD。

3．RDD 的两种操作算子

对于 RDD 可以有两种计算操作算子：Transformation（变换）与 Action（行动）。

- Transformation 算子。Transformation 操作是延迟计算的，即从一个 RDD 转换生成另一个 RDD 的转换操作不是马上执行，需要等到有 Actions 操作时才真正触发运算。
- Action 算子。Action 算子会触发 Spark 提交作业（Job），并将数据输出到 Spark 系统。

4．RDD 是 Spark 数据存储的核心

Spark 数据存储的核心是 RDD。RDD 可以被抽象地理解为一个大的数组（Array），但是此数组是分布在集群上的。逻辑上 RDD 的每个分区是一个 Partition。

在 Spark 的执行过程中，RDD 经历一个个的 Transformation 算子运算之后，最后通过 Action 算子进行触发操作。逻辑上每经历一次变换，就会将 RDD 转换为一个新的 RDD，RDD 之间通过 Lineage（血统）机制产生依赖关系，此关系在容错中有很重要的作用。经过变换操作的 RDD，其输入和输出还是 RDD。RDD 会被划分成很多的分区分布到集群的多个节点中。分区是逻辑概念，变换前后的新旧分区在物理上可能在同一块内存中存储。这是很重要的优化，以防止函数式数据不变性（Immutable）导致的内存需求无限扩张。有些 RDD 是计算的中间结果，其分区并不一定有相应的内存或磁盘数据与之对应，如果要迭代使用数据，可以调用 Cache 函数缓存数据。

接下来通过图 6-5 了解 RDD 的数据存储模型。

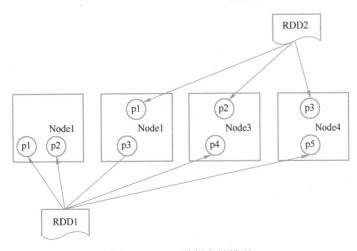

图 6-5　RDD 数据存储模型

从图 6-5 可以看出 RDD1 含有 5 个分区（p1、p2、p3、p4、p5），分别存储在 4 个节点（Node1、Node2、Node3、Node4）中。RDD2 含有 3 个分区（p1、p2、p3），分布在 3 个节点（Node1、Node2、Node3）中。

在物理上，RDD 对象实质上是一个元数据结构，存储着 Block、Node 等的映射关系以及其他的元数据信息。一个 RDD 就是一组分区，在物理数据存储上，RDD 的每个分区对应的就是一个 Block，Block 可以存储在内存，当内存不够时可以存储到磁盘上。

每个 Block 中存储着 RDD 所有数据项的一个子集，呈现给用户的可以是一个 Block 的迭代器（例如，用户可以通过 mapPartitions 获得分区迭代器进行操作），也可以是一个数据项（例如，通过 map 函数对每个数据项并行计算）。

6.2.3　Spark 算子

RDD 主要支持两种操作：转化（Transformation）操作和行动（Action）操作。RDD 的转化操作是返回一个新的 RDD 的操作，比如 map()和 filter()；而行动操作则是向驱动器程序返回结果或把结果写入外部系统的操作，会触发实际的计算，比如 count()和 first()。

1. 算子的作用

算子是 RDD 中定义的函数，可以对 RDD 中的数据进行转换和操作。图 6-6 描述了 Spark 的输入、运行转换、输出，在运行转换中通过算子对 RDD 进行转换。

结合图 6-6 分别对 Spark 的输入、运行转换、输出进行介绍。

1）输入：在 Spark 程序运行过程中，数据从外部数据空间输入 Spark，数据进入 Spark 运行时数据空间，转化为 Spark 中的数据块，通过 BlockManager 进行管理。

2）进行转换：在 Spark 数据输入形成 RDD_0 后，便可以通过 Transformation 算子，如 filter、map 等，对数据进行操作并将 RDD_0 转化为新的 RDD_1，RDD_1 通过其他转换操作转换为 RDD_2，最后通过 Action 算子对 RDD_2 进行操作，从而触发 Spark 提交作业。如果 RDD_1 需要复用，可以通过 Cache 算子将 RDD_1 缓存到内存。

3）输出：程序运行结束后，数据会输出 Spark 运行时数据空间，存储到分布式存储中（如 saveAsTextFile 输出到 HDFS）。

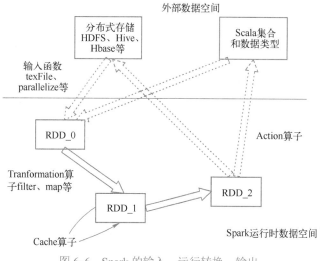

图 6-6 Spark 的输入、运行转换、输出

2．算子的分类

Spark 算子大致可以分为以下两类。

（1）Transformation 变换/转换算子

Transformation 算子是延迟计算的，这种变换并不触发提交作业，只是完成作业中间过程处理。即从一个 RDD 转换生成另一个 RDD 的转换操作不是马上执行，需要等到有 Action 操作时才会真正触发运算。这种从一个 RDD 到另一个 RDD 的转换没有立即转换，而仅记录 RDD 逻辑操作的这种算子叫作 Transformation 算子。

接下来介绍常用的 Transformation 变换/转换算子。

1）map。map 对 RDD 中的每个元素都执行一个指定的函数来产生一个新的 RDD。任何原来 RDD 中的元素在新 RDD 中都有且只有一个元素与之对应。

2）flatMap。flatMap 与 map 类似，区别是原 RDD 中的元素经 map 处理后只能生成一个元素，而原 RDD 中的元素经 flatMap 处理后可生成多个元素来构建新 RDD。

3）filter。filter 的功能是对元素进行过滤，对每个元素应用传入的函数，返回值为 true 的元素在 RDD 中保留，返回值为 false 的将过滤掉。

4）distinct。distinct 将 RDD 中的元素进行去重操作。

5）union。union 可以对两个 RDD 进行合并，但并不对两个 RDD 中的数据进行去重操作，它会保存所有数据，另外 union 做合并时要求两个 RDD 的数据类型必须相同。

6）reduceBykey。reduceBykey 就是对元素为 KV 对的 RDD 中 Key 相同元素的 Value 进行聚合，因此，Key 相同的多个元素的值被聚合为一个值，然后与原 RDD 中的 Key 组成一个新的 KV 对。

（2）Action 行动算子

本质上在 Action 算子中通过 SparkContext 执行提交作业的 runJob 操作，触发了 RDD DAG 的执行。触发并提交 Job 作业的算子就是 Action 算子。

接下来介绍一下常用的 Action 行动算子。

1）foreach。foreach 对 RDD 中的每个元素都应用传入的函数进行操作，不返回 RDD 和 Array，而是返回 Unit。

2）saveAsTextFile。saveAsTextFile 将数据输出，存储到 HDFS 的指定目录。

3）collect。collect 相当于 toArray（toArray 已经过时不推荐使用），collect 将分布式的 RDD 返回为一个单机的 Scala Array 数组。在这个数组上运用 Scala 的函数式操作。

4）count。count 返回整个 RDD 的元素个数。

5）top。top 从按降序排列的 RDD 中获取前几个元素，比如 top(5) 表示获取前 5 个元素。

6）reduce。reduce 将 RDD 中的元素两两传递给输入函数，同时产生一个新的值，新产生的值与 RDD 中下一个元素再被传递给输入函数，直到最后只有一个值为止。

6.2.4　Pair RDD 及算子

Pair RDD（即键值对 RDD）是 Spark 中许多操作所需要的常见数据类型。Pair RDD 通常用来进行聚合计算。一般先通过一些初始 ETL 操作来将数据转化为键值对形式。本小节将简单介绍 Pair RDD 的定义以及常用的算子。

1. Pair RDD 的定义

包含键值对类型的 RDD 被称作 Pair RDD。Pair RDD 通常用来进行聚合计算，由普通 RDD 做 ETL 转换而来。下面通过 3 种语言分别展示数据集由 RDD 转换为 Pair RDD。

（1）Python 语言实现数据集由 RDD 转换为 Pair RDD

```
pairs = lines.map(lambda x: (x.split(" ")[0], x))
```

（2）Scala 语言实现数据集由 RDD 转换为 Pair RDD

```
val pairs = lines.map(x => (x.split(" ")(0), x))
```

（3）Java 语言实现数据集由 RDD 转换为 Pair RDD

```
PairFunction<String, String, String> keyData =
    new PairFunction<String, String, String>() {
    public Tuple2<String, String> call(String x) {
        return new Tuple2(x.split(" ")[0], x);
    }
};
JavaPairRDD<String, String> pairs = lines.mapToPair(keyData);
```

2. Pair RDD 算子

Pair RDD 可以使用所有标准 RDD 上的转换操作，还提供了特有的转换操作，比如 reduceByKey、groupByKey、sortByKey 等。另外所有基于 RDD 支持的行动操作也都在 Pair RDD 上可用。

6.3　Spark 分布式集群的构建

本节首先介绍 Spark 的各种运行模式，然后详细讲解基于 Standalone 模式构建 Spark 分布式集群，最后介绍 Spark on YARN 部署模式，可以将 Spark 作业提交到 Hadoop 集群运行。

6.3.1　Spark 的运行模式

Spark 的运行模式有很多种，Spark 支持的各种运行模式如表 6-1 所示。

表 6-1　Spark 运行模式

运行模式	说明
Local[N]模式	本地模式，使用 N 个线程
Local Cluster 模式	伪分布式模式
Standalone 模式	需要启动 Spark 的运行时环境
Mesos 模式	需要部署 Spark 和 Mesos 到相关节点
YARN Cluster 模式	需要部署 YARN，Driver 运行在 APPMaster
YARN Client 模式	需要部署 YARN，Driver 运行在本地

虽然 Spark 支持很多种运行模式，但是工作中常用的模式包含以下 3 种。

（1）Local 模式

Local 模式是最简单的一种 Spark 运行方式，它采用单节点多线程方式运行。Local 模式是一种开箱即用的方式，只需要在 spark-env.sh 中配置 JAVA_HOME 环境变量，无须其他任何配置即可使用，因而常用于开发和学习。

（2）Standalone 模式

Spark 可以通过部署与 YARN 的架构类似的框架来提供自己的集群模式，该集群模式的架构设计与 HDFS 和 YARN 相似，都是由一个主节点和多个从节点组成，在 Spark 的 Standalone 模式中，Master 节点为主，Worker 节点为从。

（3）Spark on YARN 模式

简而言之，Spark on YARN 模式就是将 Spark 应用程序运行在 YARN 集群之上，通过 YARN 资源调度将 executor 启动在 container 中，从而完成 driver 端分发给 executor 的各个任务。将 Spark 作业运行在 YARN 上，首先需要启动 YARN 集群，然后通过 spark-shell 或 spark-submit 的方式将作业提交到 YARN 上运行。

6.3.2　Standalone 模式集群的构建

本小节首先介绍 Spark 的各种运行模式，然后详细讲解如何基于 Standalone 模式构建 Spark 分布式集群，最后介绍 Spark On YANR 部署模式，可以将 Spark 作业提交到 Hadoop 集群运行。

1．下载并解压 Spark

下载 spark-2.3.1-bin-hadoop2.7.tgz 安装包（6.1 节已下载），选择 hadoop01 作为安装节点，然后将安装包上传至 hadoop01 节点的 /home/hadoop/app 目录下进行解压安装，操作命令如下。

```
[hadoop@hadoop01 app]$ ls
spark-2.3.1-bin-hadoop2.7.tgz
#解压
[hadoop@hadoop01 app]$ tar -zxvf spark-2.3.1-bin-hadoop2.7.tgz
[hadoop@hadoop01 app]$ rm –rf spark-2.3.1-bin-hadoop2.7.tgz
[hadoop@hadoop01 app]$ ls
spark-2.3.1-bin-hadoop2.7
```

2．配置 spark-env.sh

进入 Spark 根目录下的 conf 文件夹中，修改 spark-env.sh 配置文件（本书配套资料/第 6 章/6.3/配置文件 1），具体内容如下。

```
[hadoop@hadoop01 conf]$ mv spark-env.sh.template spark-env.sh
[hadoop@hadoop01 conf]$ vi spark-env.sh
#JDK 安装目录
export JAVA_HOME=/home/hadoop/app/jdk
#Hadoop 配置文件目录
export HADOOP_CONF_DIR=/home/hadoop/app/hadoop/etc/hadoop
#Hadoop 根目录
export HADOOP_HOME=/home/hadoop/app/hadoop
#Spark Web UI 端口号
SPARK_Master_WEBUI_PORT=8888
#配置 Zookeeper 地址和 Spark 在 Zookeeper 的节点目录
SPARK_DAEMON_JAVA_OPTS="-Dspark.deploy.recoveryMode=ZOOKEEPER -Dspark.deploy.
zookeeper.url=hadoop01:2181,hadoop02:2181,hadoop03:2181 -Dspark.deploy.zookeeper. dir=/my-spark"
```

3．配置 slaves

进入 Spark 根目录下的 conf 文件夹中，修改 slaves 配置文件（本书配套资料/第 6 章/6.3/配置文件 1），具体内容如下。

```
[hadoop@hadoop01 conf]$ vi slaves
hadoop01
hadoop02
hadoop03
```

4．Spark 安装目录分发集群节点

将 hadoop01 节点中配置好的 Spark 安装目录，分发给 hadoop02 和 hadoop03 节点，因为 Spark 集群配置都是一样的。这里使用 Linux 远程命令进行分发。

```
[hadoop@hadoop01 app]$scp -r spark-2.3.1-bin-hadoop2.7   hadoop@hadoop02:/home/ hadoop/app/
[hadoop@hadoop01 app]$scp -r spark-2.3.1-bin-hadoop2.7   hadoop@hadoop03:/home/ hadoop/app/
```

5．创建软连接

分别到 hadoop01、hadoop02 和 hadoop03 节点上为 Spark 安装目录创建软连接。

```
[hadoop@hadoop01 app]$ ln -s spark-2.3.1-bin-hadoop2.7 spark
[hadoop@hadoop02 app]$ ln -s spark-2.3.1-bin-hadoop2.7 spark
[hadoop@hadoop03 app]$ ln -s spark-2.3.1-bin-hadoop2.7 spark
```

6．启动集群

在启动 Spark 集群之前，首先确保 Zookeeper 集群已经启动，因为 Spark 集群中的 Master 高可用选举依赖于 Zookeeper 集群。

1）在 hadoop01 节点一键启动 Spark 集群，操作命令如下所示。

```
[hadoop@hadoop01 spark]$ sbin/start-all.sh
[hadoop@hadoop01 spark]$ jps
3781 Worker
3703 Master
3888 Jps
1198 QuorumPeerMain
```

2）在 hadoop02 节点启动 Spark 另外一个 Master 进程，命令如下所示。

```
[hadoop@hadoop02 spark]$ sbin/start-master.sh
```

```
[hadoop@hadoop02 spark]$ jps
3689 Jps
1191 QuorumPeerMain
3642 Master
3554 Worker
```

7. 查看集群状态

在 hadoop01 和 hadoop02 节点分别通过 Web 界面查看 Spark 集群的健康状况，此时访问端口号为 8888。

hadoop01 节点为 ALIVE 状态，如图 6-7 所示。

hadoop02 节点为 STANDBY 状态，如图 6-8 所示。如果上述操作结果没有问题，说明 Spark 集群已经搭建成功。

图 6-7　hadoop01 节点信息　　　　图 6-8　hadoop02 节点信息

8. 测试运行 Spark 集群

为了验证 Spark Standalone 分布式集群的可用性，这里将对 WordCount 程序进行打包编译，然后提交到 Spark 集群运行。

（1）编译 WordCount 程序

将前面 IDEA 开发的 WordCount 程序的整个项目 maven_java_scala，通过 IDEA 的 Terminal 输入 mvn clean package 命令打包，具体操作如图 6-9 所示。

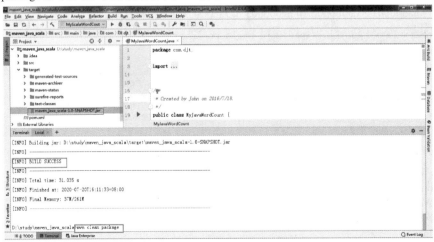

图 6-9　编译 WordCount

打包成功之后，在项目 maven_java_scala 的 target 目录下找到编译好的 maven_java_scala-1.0-SNAPSHOT.jar，然后将编译好的包上传至 /home/hadoop/shell/lib 目录下。

（2）准备数据源

仍然可以使用运行 hadoop 程序的数据文件 djt.txt，该文件在 HDFS 文件系统的 /test 目录下，使用 HDFS 命令查看如下所示。

```
[hadoop@hadoop01 hadoop]$ bin/hdfs dfs -ls /test
-rw-r--r--    3 hadoop supergroup          54 2020-04-11 19:53 /test/djt.txt
drwxr-xr-x    - hadoop supergroup           0 2020-04-11 19:57 /test/out
[hadoop@hadoop01 hadoop]$ bin/hdfs dfs -cat /test/djt.txt
hadoop dajiangtai
hadoop dajiangtai
hadoop dajiangtai
```

（3）WordCount 程序提交 Spark 集群运行

通过 spark-submit 脚本将 WordCount 程序提交到 Spark Standalone 集群运行，具体命令如下所示。

```
[hadoop@hadoop01  spark-standalone]$bin/spark-submit --master spark://hadoop01:7077, hadoop02:7077 --class
com.djt.MyScalaWordCout/home/hadoop/shell/lib/maven_java_scala-1.0-SNAPSHOT.jar/test/djt.txt /test/output1
```

WordCount 程序运行完毕，使用 HDFS 命令查看输出结果，具体操作如下所示。

```
[hadoop@hadoop01 hadoop]$ bin/hdfs dfs -cat /test/output1/*
(dajiangtai,3)
(hadoop,3)
```

6.3.3　Spark on YARN 模式集群的构建

前面已经提到过，Spark on YARN 模式就是将 Spark 应用程序运行在 YARN 集群之上，其实并不需要 Spark 启动任何进程服务，只需要选择一个节点安装 Spark 作为客户端，能将 Spark 作业提交到 YARN 集群运行即可，所以 Spark on YARN 模式的安装非常简单。

1. 下载并解压 Spark

选择 hadoop01 节点作为 Spark 客户端，下载 spark-2.3.1-bin-hadoop2.7.tgz（下载地址为 http://spark. apache.org/download.html/）安装包，然后上传至 hadoop01 节点的 /home/hadoop/ app 目录下进行解压安装，操作命令如下。

```
[hadoop@hadoop01 app]$ ls
spark-2.3.1-bin-hadoop2.7.tgz
#解压 Spark 安装包
[hadoop@hadoop01 app]$ tar -zxvf spark-2.3.1-bin-hadoop2.7.tgz
#删除 Spark 安装包
[hadoop@hadoop01 app]$ rm –rf spark-2.3.1-bin-hadoop2.7.tgz
[hadoop@hadoop01 app]$ ls
spark-2.3.1-bin-hadoop2.7
#修改 Spark 目录名称
[hadoop@hadoop01 app]$ mv spark-2.3.1-bin-hadoop2.7 spark-on-yarn
```

2. 配置 spark-env.sh

进入 Spark 根目录下的 conf 文件夹中，修改 spark-env.sh 配置文件（本书配套资料/第 6 章/6.3/配置文件 2），添加 HADOOP_CONF_DIR 或 YARN_CONF_DIR 环境变量，让 Spark 知道 YARN 的配置信息即可，具体内容如下。

```
[hadoop@hadoop01 conf]$ mv spark-env.sh.template spark-env.sh
[hadoop@hadoop01 conf]$ vi spark-env.sh
#添加 Hadoop 配置文件目录
HADOOP_CONF_DIR=/home/hadoop/app/hadoop/etc/hadoop
```

3. 测试运行

在测试运行 Spark on YARN 模式之前，需要依次启动 Zookeeper 集群、HDFS 集群、YARN 集群。然后在 hadoop01 节点客户端，通过 spark-submit 脚本将 WordCount 程序提交到 YARN 集群运行，具体命令如下所示。

```
[hadoop@hadoop01 spark-on-yarn]$bin/spark-submit --master yarn --class com.djt.MyScalaWordCout
/home/hadoop/shell/lib/maven_java_scala-1.0-SNAPSHOT.jar /test/ djt.txt /test/output2
```

WordCount 程序运行完毕，使用 HDFS 命令查看输出结果，具体操作如下所示。

```
[hadoop@hadoop01 hadoop]$ bin/hdfs dfs -cat /test/output2/*
(dajiangtai,3)
(hadoop,3)
```

6.4   基于 Spark Streaming 的新闻项目实时分析

本节首先介绍 Spark Streaming 的定义，然后详细讲解 Spark Streaming 的运行原理，接着讲解 Spark Streaming 编程模型，最后基于 Spark Streaming 实时计算框架分析新闻项目用户行为。

6.4.1   Spark Streaming 概述

随着用户对实时性要求越来越高，许多应用需要即时处理收到的数据，例如，本书项目中实时统计用户新闻话题访问量以及每个时段新闻访问量。Spark Streaming 是 Spark 为这些实时应用而设计的模型，接下来先从定义和特点对 Spark Streaming 有个初步认识。

1. Spark Streaming 的定义

Spark Streaming 是构建在 Spark 上的实时计算框架，且是对 Spark Core API 的一个扩展，它能够实现对流数据进行实时处理，并具有很好的可扩展性、高吞吐量和容错性。

2. Spark Streaming 的特点

Spark Streaming 具有如下显著特点。

（1）易用性

Spark Streaming 支持 Java、Python、Scala 等编程语言，可以像编写离线程序一样编写实时计算的程序。

（2）容错性

Spark Streaming 在没有额外代码和配置的情况下，可以恢复丢失的数据。对于实时计算来说，容错性至关重要。首先要明确 Spark 中 RDD 的容错机制，即每一个 RDD 都是个不可变、分布式、可重算的数据集，它记录着确定性的操作继承关系（lineage），所以只要输入的数据是可容错的，那么任意一个 RDD 的分区（Partition）出错或不可用，都可以使用原始输入数据经过转换操作重新计算得到。

（3）易整合性

Spark Streaming 可以在 Spark 上运行，并且还允许重复使用相同的代码进行批处理。即实时处理可以与离线处理相结合，实现交互式的查询操作。

6.4.2　Spark Streaming 的运行原理

和批处理不同的是，Spark Streaming 需要不间断运行。为了更好地使用 Spark Streaming 进行实时应用开发，首先需要理解其运行原理。

1. Spark Streaming 的工作原理

Spark Streaming 支持从多种数据源获取数据，包括 Kafka、Flume、Twitter、LeroMQ、Kinesis 以及 TCP Sockets 数据源。当 Spark Streaming 从数据源获取数据之后，可以使用如 map、reduce、join 和 window 等高级函数进行复杂的计算处理，然后将处理的结果存储到分布式文件系统、数据库中，最终利用 Dashboards 仪表盘对数据进行可视化。Spark Streaming 支持的输入、输出源，如图 6-10 所示。

图 6-10　Spark Streaming 支持的输入、输出源

Spark Streaming 的工作原理：Spark Streaming 先接收实时输入的数据流，并且将数据按照一定的时间间隔分成一批批的数据，每一段数据都转变成 Spark 中的 RDD，接着交由 Spark 引擎进行处理，最后将数据处理的结果输出到外部储存系统，如图 6-11 所示。

图 6-11　Spark Streaming 的工作原理

2. DStream

离散流（Discretized Stream，DStream）是 Spark Streaming 提供的一种高级抽象，代表了一个持续不断的数据流；DStream 可以通过输入数据源来创建，比如 Kafka、Flume，也可以通过对其他 DStream 应用高阶函数来创建，比如 map、reduce、join、window。

DStream 的内部其实是一系列持续不断产生的 RDD，RDD 是 Spark Core 的核心抽象，即不可变的、分布式的数据集。

DStream 中的每个 RDD 都包含了一个时间段内的数据；如图 6-12 所示，0~1 这段时间的数据累积构成了第一个 RDD，1~2 这段时间的数据累积构成了第二个 RDD，依次类推。

图 6-12　DStream 数据流

3. DStream 与 RDD

DStream 与 RDD 之间的关系如图 6-13 所示。

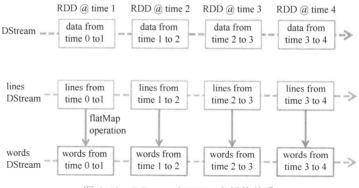

图 6-13　DStream 与 RDD 之间的关系

对 DStream 应用的算子，其实在底层会被翻译为对 DStream 中每个 RDD 的操作。

比如对一个 DStream 执行一个 map 操作，会产生一个新的 DStream。其底层原理为：对输入 DStream 中的每个时间段的 RDD 都应用一遍 map 操作，生成的 RDD 即作为新的 DStream 中对应时间段的一个 RDD；底层的 RDD 的 transformation 操作还是由 Spark Core 的计算引擎来实现的，Spark Streaming 对 Spark Core 进行了一层封装，隐藏了细节，然后对开发人员提供了方便易用的高层次 API。

4. batch duration

Spark Streaming 按照设定的 batch duration（批次）来累积数据，周期结束时把周期内的数据作为一个 RDD，并提交任务给 Spark Engine。batch duration 的大小决定了 Spark Streaming 提交作业的频率和处理延迟。batch duration 的大小设定取决于用户的需求，一般不会太大。如下代码所示，Spark Streaming 每个批次的大小为 10s，即每 10s 提交一次作业。

```
val ssc = new StreamingContext(sparkConf, Seconds(10))
```

6.4.3　Spark Streaming 编程模型

Spark Streaming 的编程模型可以看成是一个批处理 Spark Core 的编程模型，除了 API 是调用 Spark Streaming 的 API 之外，它也包含三个部分：数据输入、数据转换和数据输出。

1. 输入 DStream

输入 Dstream 可以从 Spark 内置的数据源转换而来，Spark Streaming 提供了两种内置的数据源支持。

- 基础数据源：StreamingContext API 中直接提供了对这些数据源的支持，比如文件、Socket、Akka Actor 等。
- 高级数据源：诸如 Kafka、Flume、Kinesis、Twitter 等数据源，通过第三方工具类提供支持。这些数据源的使用，需要引用其依赖。

输入 Dstream 都会关联一个 Receiver（接收器），Receiver 以 task（任务）的形式运行在应用的执行器进程中，从输入源收集数据并保存为 RDD。Receiver 收集到输入数据后会把数据复制到另一个执行器进程来保障容错性（默认行为）。Receiver 会消耗额外的 CPU 资源，所以要注意分配更多的 CPU 核，分配的 CPU 核数要大于 Receiver 的数量。StreamingContext 会周期性地运行 task 来处理输入 Dstream，然后在每个批次中输出结果。Receiver 的工作原理如图 6-14 所示。

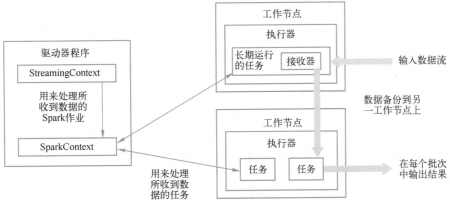

图 6-14　Receiver 的工作原理

2. 有状态和无状态转换

输入 Dstream 的转化操作可以分为两种：无状态的（stateless）转换和有状态的（stateful）的转换。

（1）无状态转换

和 Spark Core 的语义一致，无状态转换操作就是把简单的 RDD 转换操作应用到每个批次上。那么 Spark Streaming 的无状态转换操作，也就是对 Dstream 的操作会映射到每个批次的 RDD 上。无状态转换操作不会跨多个批次的 RDD 去执行，即每个批次的 RDD 结果不能累加。

（2）有状态转换

1）updateStateByKey 函数。

有时需要在 DStream 中跨所有批次维护状态（如跟踪用户访问网站的会话）。针对这种情况，updateStateByKey()提供了对一个状态变量的访问，用于键值对形式的 Dstream。

使用 updateStateByKey 需要完成两步工作。

第一步：定义状态，状态可以是任意数据类型。

第二步：定义状态更新函数 update(events, oldState)。

update(events, oldState)的参数说明如下。

● events：是在当前批次中收到的事件的列表（可能为空）。

● oldState：是一个可选的状态对象，存放在 Option 内；如果一个键没有之前的状态，此值可以空缺。

● newState：由函数返回，也以 Option 的形式存在；可以返回一个空的 Option 来表示想要删除该状态。

2）windows 函数。

windows（窗口）函数也是一种有状态操作，基于 windows 的操作会在一个比 StreamingContext 的批次间隔更长的时间范围内，通过整合多个批次的结果，计算出整个窗口的结果。

所有基于窗口的操作都需要两个参数，分别为 windowDuration 和 slideDuration，两者都必须是 StreamContext 的批次间隔的整数倍。windowDuration 表示窗口框住的批次个数，slideDuration 表示每次窗口移动的距离（批次个数）。窗口函数具体使用方式如下所示。

```
val ssc = new StreamingContext(sparkConf, Seconds(10))
…
val accessLogsWindow = accessLogsDStream.window(Seconds(30), Seconds(10))
val windowCounts = accessLogsWindow.count()
```

3．DStream 输出

输出操作指定了对流数据经转化操作得到的数据所要执行的操作（如把结果推入外部数据库或输出到屏幕上）。Spark Streaming 常见的 DStream 输出操作如下所示。

- print()：在运行流程序的驱动结点上打印 DStream 中每一批次数据最开始的 10 个元素。用于开发和调试。
- saveAsTextFiles()：以 text 文件形式存储 DStream 的内容。
- saveAsObjectFiles()：以 Java 对象序列化的方式将 Stream 中的数据保存为 SequenceFiles。
- saveAsHadoopFiles()：将 Stream 中的数据保存为 Hadoop files。
- foreachRDD()：这是最通用的输出操作，即函数 func 产生于 Stream 的每一个 RDD。其中参数传入的函数 func 应该实现将每一个 RDD 中数据推送到外部系统，如将 RDD 存入文件或通过网络将其写入数据库。

6.4.4 Spark Streaming 实时分析用户行为

前面的章节根据新闻项目需求，利用 Hive 对用户行为进行了离线分析，那么本小节借助 Spark Streaming 来实时分析新闻项目用户行为。首先在 MySQL 数据库中创建用户行为业务表存储分析结果，接着开发 Spark Streaming 程序，实现用户行为分析业务逻辑，然后开发 Java 应用程序，模拟实时产生新闻用户行为日志，最后打通数据源→数据采集→数据聚合→数据实时分析→数据结果入库的实时流程，完成 Spark Streaming 对用户行为的实时分析。

1．业务建表

根据项目最终实时分析的指标，需要按新闻话题名称和浏览时段来存储新闻项目统计的数据。另外利用 Spark Streaming 实时计算获得的最终结果数据量比较小，所以可以选择 Hive 的元数据库 MySQL 来存储实时分析的指标。

（1）MySQL 建库

在 hadoop01 节点，使用 hive 用户登录 MySQL，创建 test 数据库，具体操作如图 6-15 所示。

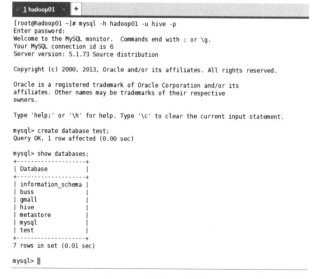

图 6-15　创建 test 数据库

（2）MySQL 建表

在 test 数据库下，创建 newscount 表存储每个新闻话题的数量，具体操作如图 6-16 所示。

在 test 数据库下，创建 periodcount 表存储每分钟新闻话题的总量，具体操作如图 6-17 所示。

```
mysql> use test;
Database changed
mysql> create table newscount (
    -> name varchar(50) not null,
    -> count int(11) not null
    -> );
Query OK, 0 rows affected (0.05 sec)

mysql> show tables;
+----------------+
| Tables_in_test |
+----------------+
| newscount      |
+----------------+
1 row in set (0.00 sec)

mysql>
```

```
mysql> create table periodcount (
    -> logtime varchar(50) not null,
    -> count int(11) not null
    -> );
Query OK, 0 rows affected (0.00 sec)

mysql> show tables;
+----------------+
| Tables_in_test |
+----------------+
| newscount      |
| periodcount    |
+----------------+
2 rows in set (0.01 sec)

mysql>
```

图 6-16　创建 newscount 表　　　　　　　　图 6-17　创建 periodcount 表

2．业务代码实现

在 IDEA 开发工具中，创建名称为 learningspark 的 Maven 项目（本书配套资料/第 6 章/6.4/代码），具体创建过程就不再赘述，在 IDEA 安装与配置的部分已经介绍过。

（1）引入 Kafka 依赖

由于 Kafka 是第三方系统，所以需要在 learningspark 项目的 pom.xml 文件中添加 Kafka 的依赖，添加内容如下所示。

```xml
<dependency>
    <groupId>org.apache.spark</groupId>
    <artifactId>spark-streaming_2.11</artifactId>
    <version>2.3.1</version>
</dependency>
<dependency>
    <groupId>org.apache.spark</groupId>
    <artifactId>spark-streaming-kafka-0-10_2.11</artifactId>
    <version>2.3.1</version>
</dependency>
```

（2）开发实时业务代码

前面的章节已经实现新闻用户数据采集到 Kafka 系统，接下来利用 Spark Streaming 消费 Kafka 中的数据，完成项目业务指标分析即可，当然最后的分析结果需要保存到 MySQL 数据库。

首先定义一个 Constants 类存储 MySQL 和 Kafka 配置参数，具体代码如下所示。

```scala
object Constants {
    var url:String = "jdbc:mysql://192.168.20.121:3306/test"
    var userName:String = "hive"
    var passWord:String = "hive"
    val kafksServer:String = "hadoop01:9092,hadoop02:9092,hadoop03:9092"
    val groupId:String = "sogoulogs"
    val offset:String = "earliest"
    val topic:String = "sogoulogs"
}
```

然后再定义一个 kafka_sparkStreaming_mysql 类消费 Kafka 数据，并将统计分析结果存入 MySQL 数据库，具体代码如下所示。

```scala
import org.apache.spark.SparkConf
import org.apache.spark.storage.StorageLevel
import org.apache.spark.streaming.{Seconds, StreamingContext}
import java.sql.Connection
import java.sql.Statement
import java.sql.DriverManager
import org.apache.kafka.clients.consumer.ConsumerRecord
import org.apache.kafka.common.serialization.StringDeserializer
import org.apache.spark.streaming.kafka010._
import org.apache.spark.streaming.kafka010.LocationStrategies.PreferConsistent
import org.apache.spark.streaming.kafka010.ConsumerStrategies.Subscribe

object kafka_sparkStreaming_mysql {

  /**
   * 新闻浏览量数据插入 MySQL
   */
  def myFun(records:Iterator[(String,Int)]): Unit = {
    var conn:Connection = null
    var statement:Statement = null

    try{
      val url = Constants.url
      val userName:String = Constants.userName
      val passWord:String = Constants.passWord

      //conn 长连接
      conn = DriverManager.getConnection(url, userName, passWord)

      records.foreach(t => {

        val name = t._1.replaceAll("[\\[\\]]", "")
        val count = t._2
        print(name+"@"+count+"********************************")

        val sql = "select 1 from newscount "+" where name = '"+name+"'"

        val updateSql = "update newscount set count = count+"+count+" where name ='"+name+"'"

        val insertSql = "insert into newscount(name,count) values('"+name+"', "+count+")"
        //实例化 statement 对象
        statement = conn.createStatement()

        //执行查询
        var resultSet = statement.executeQuery(sql)

        if(resultSet.next()){
```

```scala
          print("***************更新*****************")
          statement.executeUpdate(updateSql)
        }else{
          print("***************插入*****************")
          statement.execute(insertSql)
        }

      })
    }catch{
      case e:Exception => e.printStackTrace()
    }finally{
      if(statement !=null){
        statement.close()
      }

      if(conn !=null){
        conn.close()
      }

    }

}

/**
  * 时段浏览量数据插入 MySQL 数据
  */
def myFun2(records:Iterator[(String,Int)]): Unit = {
  var conn:Connection = null
  var statement:Statement = null

  try{
    val url = Constants.url
    val userName:String = Constants.userName
    val passWord:String = Constants.passWord

    //conn
    conn = DriverManager.getConnection(url, userName, passWord)

    records.foreach(t => {

      val logtime = t._1
      val count = t._2
      print(logtime+"@"+count+"********************************")

      val sql = "select 1 from periodcount "+" where logtime = '"+logtime+"'"

      val updateSql = "update periodcount set count = count+"+count+" where logtime ='"+logtime+"'"

      val insertSql = "insert into periodcount(logtime,count) values('"+logtime+"', "+count+")"
      //实例化 statement 对象
```

```scala
          statement = conn.createStatement()

          //执行查询
          var resultSet = statement.executeQuery(sql)

          if(resultSet.next()){
            print("****************更新****************")
            statement.executeUpdate(updateSql)
          }else{
            print("****************插入****************")
            statement.execute(insertSql)
          }

        })
    }catch{
      case e:Exception => e.printStackTrace()
    }finally{
      if(statement !=null){
        statement.close()
      }

      if(conn !=null){
        conn.close()
      }

    }

  }
  def main(args: Array[String]): Unit = {
    // Create the context with a 1 second batch size
    val sparkConf = new SparkConf().setAppName("sogoulogs").setMaster("local[2]")
    val ssc = new StreamingContext(sparkConf, Seconds(1))

    val kafkaParams = Map[String, Object](
      "bootstrap.servers" -> Constants.kafksServer,
      "key.deserializer" -> classOf[StringDeserializer],
      "value.deserializer" -> classOf[StringDeserializer],
      "group.id" -> Constants.groupId,
      "auto.offset.reset" -> Constants.offset,
      "enable.auto.commit" -> (true: java.lang.Boolean)
    )

    val topics = Array(Constants.topic)
    val stream = KafkaUtils.createDirectStream[String, String](
      ssc,
      PreferConsistent,
      Subscribe[String, String](topics, kafkaParams)
    )

    val lines = stream.map(record =>    record.value)
```

```
//无效数据过滤
val filter = lines.map(_.split(",")).filter(_.length==6)

//统计所有新闻话题浏览量
val newsCounts = filter.map(x => (x(2), 1)).reduceByKey(_ + _)
newsCounts.foreachRDD(rdd => {
    print("----------------------------------------")
    //分区并行执行
    rdd.foreachPartition(myFun)
})
newsCounts.print()

//统计所有时段新闻浏览量
val periodCounts = filter.map(x => (x(0), 1)).reduceByKey(_ + _)
periodCounts.print()

periodCounts.foreachRDD(rdd =>{
    rdd.foreachPartition(myFun2)
})

ssc.start()
ssc.awaitTermination()
    }
}
```

3．模拟生成用户数据

这里开发的 Spark Streaming 应用程序是实时接收和处理数据,为了模拟数据实时的效果,可以使用 Java 语言编写应用程序实时产生新闻用户行为日志。

（1）编写模拟程序代码

为了模拟新闻用户实时产生数据,通过 IDEA 工具开发 AnalogData 程序模拟产生数据,具体代码如下所示。

```
import java.io.BufferedReader;
import java.io.BufferedWriter;
import java.io.FileInputStream;
import java.io.FileOutputStream;
import java.io.IOException;
import java.io.InputStreamReader;
import java.io.OutputStreamWriter;
/**
 * 模拟产生数据
 *
 */
public class AnalogData {
    /**
     * 读取文件数据
     * @param inputFile
     */
```

```java
public static void readData(String inputFile,String outputFile) {
    FileInputStream fis = null;
    InputStreamReader isr = null;
    BufferedReader br = null;
    String tmp = null;
    try {
        fis = new FileInputStream(inputFile);
        isr = new InputStreamReader(fis,"GBK");
        br = new BufferedReader(isr);
        //计数器
        int counter=1;
        //按行读取文件数据
        while ((tmp = br.readLine()) != null) {
            //打印输出读取的数据
            System.out.println("第"+counter+"行："+tmp);
            //数据写入文件
            writeData(outputFile,tmp);
            counter++;
            //方便观察效果，控制数据参数的速度
            Thread.sleep(1000);
        }
        isr.close();
    } catch (IOException e) {
        e.printStackTrace();
    } catch (InterruptedException e) {
        e.printStackTrace();
    } finally {
        if (isr != null) {
            try {
                isr.close();
            } catch (IOException e1) {
            }
        }
    }
}

/**
 * 文件写入数据
 * @param outputFile
 * @param line
 */
public static void writeData(String outputFile, String line) {
    BufferedWriter out = null;
    try {
        out = new BufferedWriter(new OutputStreamWriter(
                new FileOutputStream(outputFile, true)));
        out.write("\n");
        out.write(line);
    } catch (Exception e) {
        e.printStackTrace();
```

```
        } finally {
            try {
                out.close();
            } catch (IOException e) {
                e.printStackTrace();
            }
        }
    }
    /**
     * 主方法
     * @param args
     */
    public static void main(String args[]){
        String inputFile = args[0];
        String outputFile = args[1];
        try {
            readData(inputFile,outputFile);
        }catch(Exception e){
        }
    }
}
```

（2）打包 AnalogData 程序

在 IDEA 导航栏中，依次选择 File→Project Structure 进入项目设置界面，显示结果如图 6-18 所示。

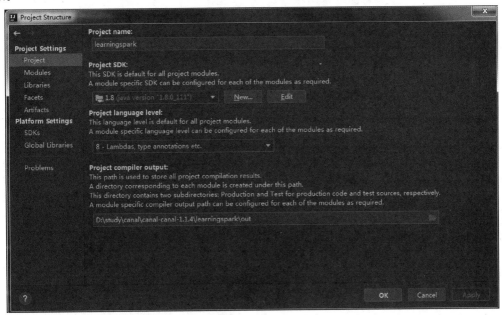

图 6-18　项目设置界面

然后依次选择 Project Settings→Artifacts→+→JAR→From modules with dependencies，进入创建 JAR 包界面，具体操作如图 6-19 所示。

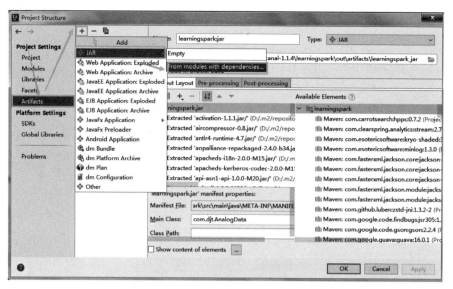

图 6-19　从模块创建 JAR 包

在弹出的对话框中，选择打包的项目模块以及包含 main 方法的主程序，然后依次单击 OK 按钮即可，具体操作如图 6-20 所示。

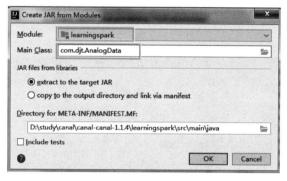

图 6-20　选择项目模块及主程序

然后在 IDEA 导航栏，依次选择 Build→Build Artifacts→Build，对程序进行编译打包，具体操作如图 6-21 和图 6-22 所示。

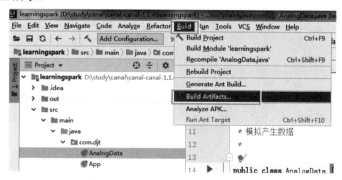

图 6-21　选择 Build Artifacts 选项

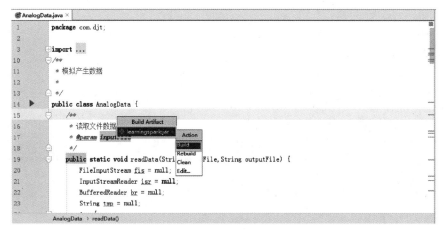

图 6-22　选择 Build 编译打包

Build 编译打包完成之后，在 learningspark 项目的 out 目录下，可以看到编译成功后的 learningspark.jar，具体路径如图 6-23 所示。

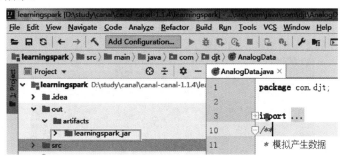

图 6-23　learningspark.jar 路径

最后将 learningspark.jar 上传至 hadoop01 节点的 /home/hadoop/shell/lib 目录下。

（3）编写 shell 脚本

将准备好的日志文件 sogoulogs.log（本书配套资料/第 6 章/6.4/数据集）上传至 hadoop01 节点的/home/hadoop/shell/data 目录下，然后分别以 /home/hadoop/shell/data/sogoulogs.log 和/home/hadoop/data/flume/logs/sogou.log 路径为 Java 模拟程序的输入路径和输出路径，编写 sogoulogs.sh 脚本模拟实时产生新闻用户行为数据，具体脚本内容如下所示。

```
[hadoop@hadoop01 bin]$ vi sogoulogs.sh
#!/bin/sh
home=$(cd `dirname $0`; cd ..; pwd)
. ${home}/bin/common.sh
echo "start analog data ***************"
java -cp ${lib_home}/learningspark.jar com.hadoop.java.AnalogData  ${data_home}/ sogoulogs.log /home/
hadoop/data/flume/logs/sogou.log
```

其中，common.sh 脚本存储的是公共参数，具体内容如下所示。

```
[hadoop@hadoop01 bin]$ vi common.sh
#!/bin/sh
```

```
#切换到当前目录的父目录
home=$(cd `dirname $0`; cd ..; pwd)
bin_home=$home/bin
conf_home=$home/conf
logs_home=$home/logs
data_home=$home/data
lib_home=$home/lib
flume_home=/home/hadoop/app/flume
kafka_home=/home/hadoop/app/kafka
```

最后为 sogoulogs.sh 脚本添加可执行权限，具体操作如下所示。

```
[hadoop@hadoop01 bin]$chmod u+x sogoulogs.sh
```

4．打通实时计算流程

到目前为止，已经分别实现了数据模拟产生、数据采集、数据存储、数据实时处理以及数据入库各个环节，接下来对各个环节进行整合，打通 Spark Streaming 整个项目实时计算流程，从而实现对用户行为的实时分析。

（1）启动 MySQL 服务

Spark Streaming 实时分析新闻用户行为数据结果，最终需要存入 MySQL 数据库，所以需要启动 MySQL 数据库服务，具体操作如图 6-24 所示。

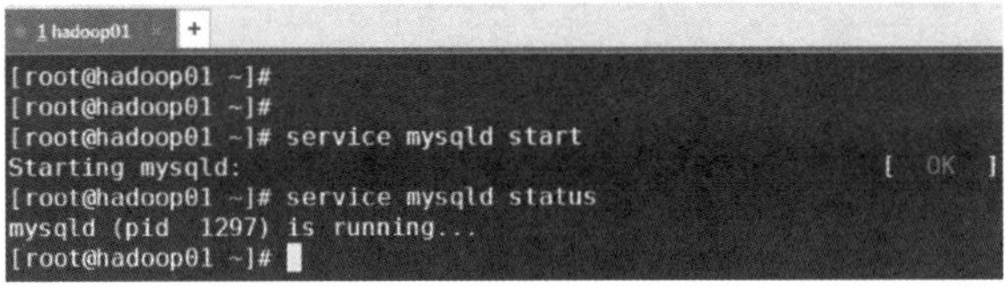

图 6-24　启动 MySQL 服务

（2）启动 Zookeeper 集群

在所有节点进入 /home/hadoop/app/zookeeper 目录，使用 bin/zkServer.sh start 命令启动 Zookeeper 集群，具体操作如图 6-25 所示。

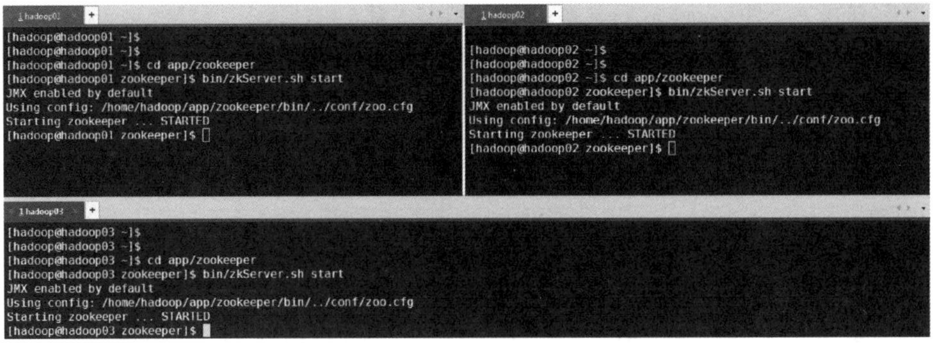

图 6-25　启动 Zookeeper 集群

（3）启动 Kafka 集群

Spark Streaming 需要实时消费 Kafka 集群数据，所以需要在每个节点启动 Kafka 集群服务，具体操作如图 6-26 所示。

图 6-26　启动 Kafka 集群

（4）启动 Spark 实时应用

为了测试方便，通过 IDEA 工具直接右击 kafka_sparkStreaming_mysql 程序，在弹出的快捷菜单中选择 Run 即可本地运行 Spark Streaming 项目，具体操作如图 6-27 所示。当然也可以将 Spark Streaming 项目打包上传至 Spark 集群运行。

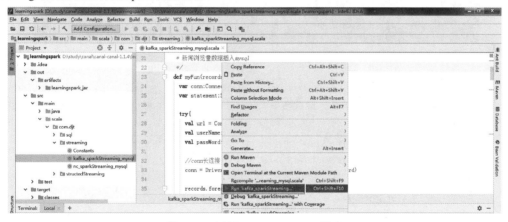

图 6-27　运行 Spark Streaming 程序

（5）启动 Flume 聚合服务

进入 /home/hadoop/app/flume 目录，在 hadoop02 和 hadoop03 节点上分别启动 Flume 服务，具体操作如图 6-28 所示。

图 6-28　启动 Flume 聚合服务

（6）启动 Flume 采集服务

进入 /home/hadoop/app/flume 目录，在 hadoop01 节点上启动 Flume 服务，具体操作如图 6-29 所示。

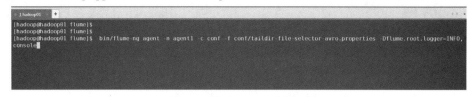

图 6-29　启动 Flume 采集服务

（7）模拟产生数据

在 hadoop01 节点的 /home/hadoop/shell/bin 目录下执行 sogoulogs.sh 脚本（本书配套资料/第 6 章/6.4/脚本），模拟实时产生的新闻用户行为日志，具体操作如图 6-30 所示。

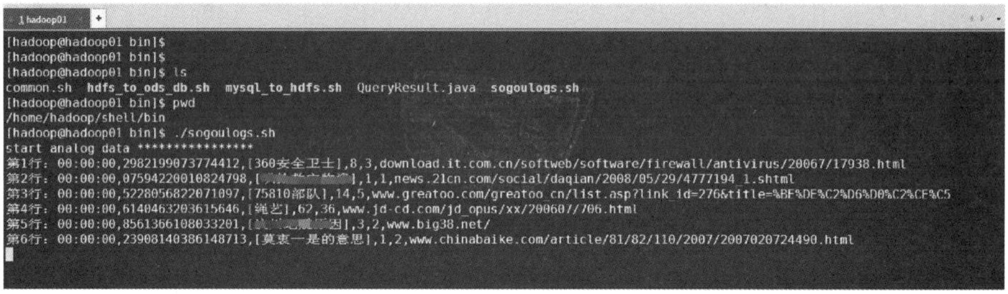

图 6-30　模拟产生数据

（8）查询分析结果

通过客户端打开 MySQL 数据库，查看结果表 newscount 和 periodcount 中的用户行为分析数据，如图 6-31 和图 6-32 所示。

name	count
健美	205
资生堂护肤品	200
邓超+无泪之城	64
英语	51
刘德华新歌	27
银河英雄传说4	25
漫画小说免费下载	24
卧室电视多大尺寸合适	23
xiao77	20
电脑创业	19

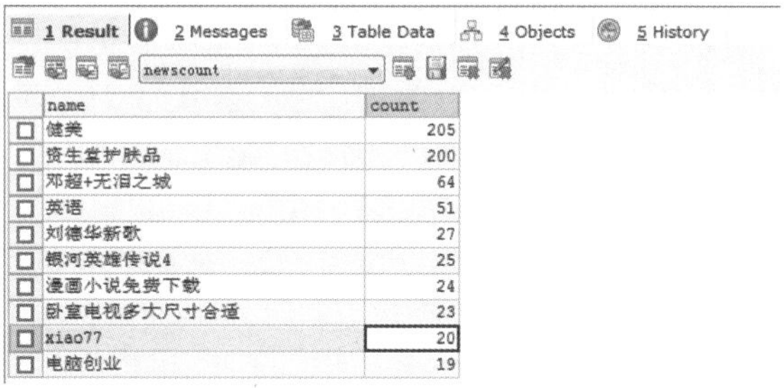

图 6-31　查看 newscount 表中的数据

logtime	count
00:02	1082
00:04	1048
00:03	1043
00:01	1040
00:00	1038
00:05	339
00:09	12
00:06	8
00:08	6
00:10	1

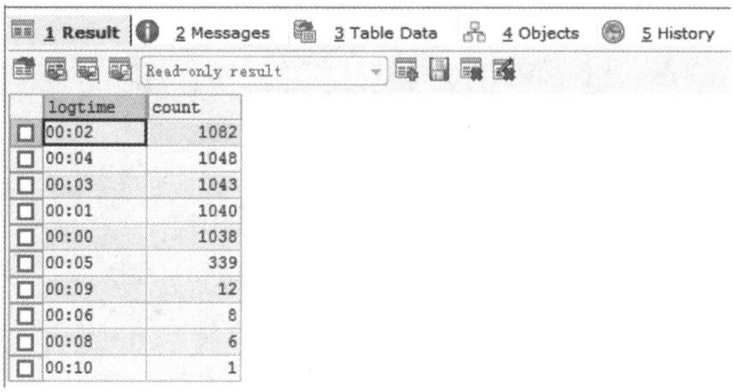

图 6-32　查看 periodcount 表中的数据

如果上述操作没有问题，说明已经打通了 Spark Streaming 实时计算流程，完成了新闻项目用户行为的实时分析。

在实时计算流程中，数据在每个流程环节中都必须是实时的。通过 sogoulogs.sh 脚本实时产生用户行为日志，Flume 实时采集用户行为日志写入 Kafka，然后 Spark Streaming 实时消费 Kafka 中的用户行为日志，最后将分析结果实时写入 MySQL 业务表中。

6.5 基于 Spark SQL 的新闻项目离线分析

本节首先介绍 Spark SQL 架构的原理，然后分别实现 Spark SQL 与 Hive、MySQL、HBase 的集成开发，最后基于 Spark SQL 离线计算框架，离线分析新闻项目用户行为。

6.5.1 Spark SQL 架构的原理

本小节介绍 Spark 用来操作结构化和半结构化数据的接口 Spark SQL。结构化数据是指任何有结构信息的数据。所谓结构信息，就是每条记录共用的已知的字段集合。当数据符合这样的条件时，使用 Spark SQL 对这些数据的读取和查询会变得更加简单和高效。

1. Spark SQL 是什么

Spark SQL 是 Spark 用来处理结构化数据的一个模块，它提供了两个编程抽象，分别为 DataFrame 和 DataSet，它们用于作为分布式 SQL 的查询引擎。

（1）DataFrame

与 RDD 类似，DataFrame 也是一个分布式数据容器。然而 DataFrame 更像传统数据库的二维表格，除了数据以外，还记录数据的结构信息，即 schema。同时，与 Hive 类似，DataFrame 也支持嵌套数据类型（struct、array 和 map）。从 API 易用性的角度上看，DataFrame API 提供的是一套高层的关系操作，比函数式的 RDD API 要更加友好，门槛更低。RDD 与 DataFrame 的区别如图 6-33 所示。

如图 6-33 所示，Spark core 读取文本文件对每行数据解析，然后强制将数据转换为 Person 对象，最后返回结果为 RDD[Person]，但 Person 对象是人为划定的，实际上没有数据格式。Spark SQL 可以读取表结构数据，比如 CSV，读取之后将数据转换为 DataFrame。DataFrame 类似于表，可以做很多优化，比如查询用户名称只需要指定并扫描 Name 列即可，可以避免全表扫描。

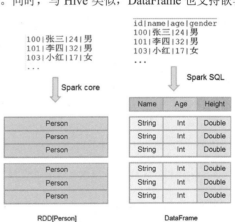

图 6-33 RDD 与 DataFrame 的区别

（2）DataSet

DataSet 是从 Spark 1.6 开始引入的一个新的抽象。DataSet 是特定域对象中的强类型集合，它可以使用函数或相关操作并行地进行转换等操作。每个 DataSet 都有一个称为 DataFrame 的非类型化的视图，这个视图是行的数据集。为了有效地支持特定域对象，DataSet 引入了 Encoder（编码器）。例如，给出一个 Person 的类，有两个字段 name(string) 和 age(int)，通过一个 Encoder 来告诉 Spark 在运行时产生代码把 Person 对象转换成一个二进制结构。这种二进制结构通常有更低的内存占用以及优化的数据处理效率。

DataSet 和 RDD 主要的区别是：DataSet 是特定域的对象集合；RDD 是任何对象的集合。DataSet 的 API 总是强类型的，而且可以利用这些模式进行优化；然而 RDD 却不行。另外，DataFrame 是特殊的 DataSet，它在编译时不会对模式进行检测。

2．Spark SQL 运行架构

类似于关系型数据库，Spark SQL 语句也是由 Projection（字段）、Data Source（表）、Filter（查询条件）组成，分别对应 SQL 查询过程中的 Result（结果）、Data Source（表）、Operation（操作），即 SQL 语句按 Result→Data Source→Operation 的次序来描述。Spark SQL 的运行架构如图 6-34 所示。

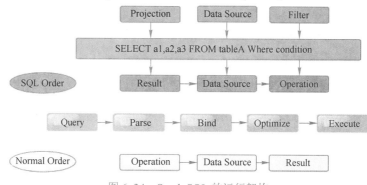

图 6-34　Spark SQL 的运行架构

如图 6-34 所示，Spark SQL 语句的执行顺序如下。

1）对读入的 SQL 语句进行解析（Parse），分辨出 SQL 语句中哪些是关键词（如 SELECT、FROM、WHERE），哪些是 Projection，哪些是 Data Source，从而判断 SQL 语句是否规范。

2）将 SQL 语句和数据库的数据字典（列、表、视图等）进行绑定（Bind），如果相关的 Projection、Data Source 等都存在，就表示此 SQL 语句是可以执行的。

3）一般的数据库会提供几个执行计划，这些计划一般都有运行统计数据，数据库会在这些计划中选择一个最优计划（Optimize）。

4）执行（Execute）计划，按照 Operation→Data Source→Result 的顺序进行。在执行过程中，有时甚至不需要读取物理表就可以返回结果，比如重新运行刚刚运行过的 SQL 语句，可能直接从数据库的缓冲池中获取返回结果。

6.5.2　Spark SQL 与 Hive、MySQL、HBase 集成

Spark SQL 的数据源有很多种，本小节将重点学习 Hive、MySQL 和 HBase 外部数据源的使用。

1．Spark SQL 与 Hive 集成

Hive 是 Hadoop 上的 SQL 引擎，Spark SQL 编译时可以包含对 Hive 的支持，可以支持 Hive 表访问、UDF（用户自定义函数）和 Hive 查询语言（HiveQL/HQL）等。前面集群部署时下载的是二进制版本的 Spark，所以 Spark 已经在编译时添加了对 Hive 的支持。接下来只需要简单的配置，即可完成 Spark SQL 与 Hive 集成。

（1）修改 hive 配置文件

登录 hadoop01 节点，进入 hive 的 conf 目录，修改 hive-site.xml 配置文件，添加如下内容。

```
[hadoop@hadoop01 conf]$vi hive-site.xml
<property>
    <name>hive.metastore.uris</name>
    <value>thrift://hadoop01:9083</value>
</property>
```

然后将 hive 的配置文件 hive-site.xml 复制到 spark 的 conf 目录下。

```
[hadoop@hadoop01 conf]$scp hive-site.xml hadoop@hadoop01:/home/hadoop/app/spark/conf
```

（2）复制 MySQL 驱动包

登录 hadoop01 节点，进入 hive 的 lib 目录，将 hive 元数据库 MySQL 的驱动包 mysql-connector-java-5.1.38.jar 复制到 spark 的 jars 目录下。

```
[hadoop@hadoop01 lib]$cp mysql-connector-java-5.1.38.jar /home/hadoop/app/spark/jars/
```

（3）修改 Spark 配置文件

登录 hadoop01 节点，进入 Spark 的 conf 目录，修改 spark-env.sh 配置文件，添加如下内容。

```
[hadoop@hadoop01 conf]$ vi spark-env.sh
HADOOP_CONF_DIR=/home/hadoop/app/hadoop/etc/hadoop
```

（4）测试运行 Spark SQL 与 Hive 集成

1）检查 Hive 元数据库 MySQL 服务是否启动。在 hadoop01 节点的 root 用户下，通过如下命令检查 MySQL 服务是否启动。

```
#MySQL 服务没有启动
[root@hadoop01 ~]# service mysqld status
mysqld is stopped
#启动 MySQL 服务
[root@hadoop01 ~]# service mysqld start
Starting mysqld:
#MySQL 服务真正运行                                              [  OK  ]
[root@hadoop01 ~]# service mysqld status
mysqld (pid   1350) is running...
```

2）准备测试数据。在 hadoop01 节点，进入 /home/hadoop/shell/data/ 目录，新建测试文件 course.txt。

```
[hadoop@hadoop01 data]$vi course.txt
001      hadoop
002      storm
003      spark
004      flink
```

3）启动 Hive metastore 服务。Spark SQL 通过连接 Hive 提供的 metastore 服务来获取 Hive 表的元数据，启动 Hive 的 metastore 服务即可完成 SparkSQL 和 Hive 的集成。

```
[hadoop@hadoop01 hive]$ bin/hive --service metastore
```

4）创建 Hive 测试表。在 hadoop01 节点，进入 Hive 安装目录，启动 Hive 服务，创建 course 测试表。

```
[hadoop@hadoop01 hive]$bin/hive
#查看数据库列表
hive> show databases;
#创建数据库 djt
hive> create database djt;
#使用当前创建的数据库
hive> use djt;
#创建 course 表
hive> create table if not exists course(cid string,name string)ROW FORMAT DELIMITED FIELDS
TERMINATED BY '\t' STORED AS textfile;
#加载数据到 course 表
hive> load data local inpath "/home/hadoop/shell/data/course.txt" into table course;
#查看 course 表数据
hive> select * from course;
OK
001        hadoop
002        storm
003        spark
004        flink
```

5）spark-shell 测试 Spark SQL 操作 Hive 表。在 hadoop01 节点，进入 Spark 安装目录，通过 spark-shell 脚本进入客户端操作 Hive 表数据。

```
[hadoop@hadoop01 spark]$ bin/spark-shell
scala> spark.sql("select * from djt. course ").show
+---+--------+
|cid|name|
+---+--------+
|001|  hadoop|
|002|   storm|
|003|   spark|
|004|   flink|
+---+--------+
```

6）spark-sql 测试 Spark SQL 操作 Hive 表。在 hadoop01 节点，进入 Spark 安装目录，通过 spark-sql 脚本进入客户端操作 Hive 表数据。

```
[hadoop@hadoop01 spark]$ bin/spark-sql
spark-sql> show databases;
spark-sql> use djt;
spark-sql> show tables;
spark-sql> select * from course;
001        hadoop
002        storm
003        spark
004        flink
```

至此，已经完成了 Spark SQL 与 Hive 的集成开发。在 spark-sql 客户端，可以很方便地编写 Spark SQL 语句操作 Hive 数据源，对数据进行离线分析。

2．Spark SQL 与 MySQL 集成

Spark SQL 与 MySQL 集成比较简单，不需要额外的配置，Spark SQL 可以直接通过 JDBC 从关系型数据库中读取数据的方式创建 DataFrame，然后对 DataFrame 进行各种操作。

（1）准备 Spark SQL 测试代码

Spark SQL 访问 MySQL 的代码非常简单、简洁，只需要传入 MySQL 数据库相关参数即可，具体代码如下所示。

```
val df = spark
  .read
  .format("jdbc")
  .option("url", "jdbc:mysql://hadoop01:3306/djt")
  .option("dbtable", "course")
  .option("user", "hive")
  .option("password", "hive")
  .load()
```

（2）spark-shell 测试 Spark SQL 操作 MySQL 表

在 hadoop01 节点，进入 Spark 安装目录，通过 spark-shell 脚本进入客户端操作 MySQL 表数据。

```
[hadoop@hadoop01 spark]$ bin/spark-shell
scala>
```

首先在 spark-shell 控制台输入命令 paste，然后将测试代码复制到控制台。

```
scala>
val df = spark
  .read
  .format("jdbc")
  .option("url", "jdbc:mysql://hadoop01:3306/djt")
  .option("dbtable", "course")
  .option("user", "hive")
  .option("password", "hive")
  .load()
```

然后按〈Ctrl+D〉组合键退出代码输入，最后再输入 df.show 命令即可打印读取 MySQL 的数据。

```
scala> df.show
+---+--------+
|cid|name|
+---+--------+
|001|  hadoop|
|002|   storm|
|003|   spark|
|004|   flink|
```

至此，已经完成了 Spark SQL 与 MySQL 的集成开发。在 spark-sql 客户端，可以很方便地编写 Spark SQL 程序操作 MySQL 数据源，对数据进行离线分析。

3．Spark SQL 与 HBase 集成

前面的章节已经实现了 Hive 与 HBase 的集成开发，Spark SQL 与 HBase 集成开发的核心是 Spark SQL 通过访问 Hive 进一步操作 HBase 表中的数据。

（1）复制 HBase 的依赖包

在 hadoop01 节点，分别进入 Hive 和 HBase 的 lib 目录，将以下 jar 包复制到 Spark 的 jars 目录下。

```
cp hbase-client-1.2.0.jar /home/hadoop/app/spark/jars/
cp hbase-common-1.2.0.jar /home/hadoop/app/spark/jars/
cp hbase-protocol-1.2.0.jar /home/hadoop/app/spark/jars/
cp hbase-server-1.2.0.jar /home/hadoop/app/spark/jars/
cp htrace-core-3.1.0-incubating.jar /home/hadoop/app/spark/jars/
cp metrics-core-2.2.0.jar /home/hadoop/app/spark/jars/
cp hive-hbase-handler-2.3.7.jar /home/hadoop/app/spark/jars/
cp mysql-connector-java-5.1.38.jar /home/hadoop/app/spark/jars/
```

（2）spark-shell 测试 Spark SQL 操作 HBase

在 hadoop01 节点，进入 Spark 安装目录，通过 spark-shell 脚本进入客户端操作 HBase 表数据。

```
[hadoop@hadoop01 spark]$ bin/spark-shell
scala> spark.sql("select * from sogoulogs").show
```

注意：Hive 创建的外部表与 HBase 实际表名称都为 sogoulogs，在前面的章节已经完成了 sogoulogs 表的映射，这里可以直接通过 Spark SQL 来访问 HBase sogoulogs 表中的数据。

至此，已经完成了 Spark SQL 与 HBase 的集成开发。在 spark-shell 客户端，可以很方便地编写 Spark SQL 语句操作 HBase 数据源，对数据进行离线分析。

6.5.3　Spark SQL 用户行为离线分析

前面通过 Spark Streaming 完成了新闻项目的实时分析，接下来将通过 Spark SQL 对新闻项目进行离线分析。在前面小节已经完成了业务建表，这里不再赘述，接下来直接开发 Spark SQL 程序，批量处理用户行为日志，对用户行为进行分析，最后打通数据源（数据源在本地磁盘）→数据离线分析→数据结果入库的离线计算流程，完成 Spark SQL 对用户行为的离线分析。

1．业务代码的实现

前面已经创建了名称为 learningspark 的 Maven 项目，基于 learningspark 编写 Spark SQL 业务代码，即可实现用户行为离线分析。

（1）引入 jar 包依赖

在 learningspark 项目（本书配套资料/第 6 章/6.5/代码）的 pom.xml 文件中添加 Spark SQL 的依赖，添加内容如下所示。

```
<dependency>
    <groupId>org.apache.spark</groupId>
    <artifactId>spark-sql_2.11</artifactId>
    <version>2.3.1</version>
</dependency>
```

（2）开发离线业务代码

首先定义一个 Constants 类存储 MySQL 参数，具体代码如下所示。

```
object Constants {
  var url:String = "jdbc:mysql://192.168.20.121:3306/test"
```

```
      var userName:String = "hive"
      var passWord:String = "hive"
  }
```

然后再定义一个 sparksql_mysql 类批量读取新闻用户行为日志，并将统计分析的结果存入
MySQL 数据库，具体代码如下所示。

```
import org.apache.spark.sql._
import java.sql.Connection
import java.sql.Statement
import java.sql.DriverManager
object sparksql_mysql {
    case class sogoulogs(logtime:String,uid:String,keywords:String,resultno:String, clickno:String,url:String)
    def main(args: Array[String]): Unit = {
        val spark = SparkSession
                                .builder()
                                .appName("sogoulogs")
                                .master("local[2]")
                                .getOrCreate()

    // For implicit conversions like converting RDDs to DataFrames
    import spark.implicits._
    val input=args(0)
    //读取元数据
    val fileRDD = spark.sparkContext.textFile()

    //rdd 转 DataSet
    val ds = fileRDD.map(line =>line.split(",")).map(t =>sogoulogs(t(0),t(1),t(2), t(3),t(4),t(5))).toDS()
    ds.createTempView("sogoulogs")

    //统计每条新闻浏览量
    val newsCount = spark.sql("select keywords as name ,count(keywords) as count from sogoulogs group by
keywords")
    newsCount.show()
    newsCount.rdd.foreachPartition(myFun)

    //统计每个时段新闻浏览量
    val periodCount = spark.sql("select logtime,count(logtime) as count from sogoulogs group by logtime")
    periodCount.show()
    periodCount.rdd.foreachPartition(myFun2)
  }

    /**
     * 新闻浏览量数据插入 MySQL
     */
    def myFun(records:Iterator[Row]): Unit = {
        var conn:Connection = null
        var statement:Statement = null

        try{
            val url = Constants.url
```

```scala
        val userName:String = Constants.userName
        val passWord:String = Constants.passWord

        //conn 长连接
        conn = DriverManager.getConnection(url, userName, passWord)

        records.foreach(t => {

            val name = t.getAs[String]("name").replaceAll("[\\[\\]]", "")
            val count = t.getAs[Long]("count").asInstanceOf[Int]
            print(name+"@"+count+"******************************")

            val sql = "select 1 from newscount "+" where name = '"+name+"'"

            val updateSql = "update newscount set count = count+"+count+"where name = '"+name+"'"

            val insertSql="insert into newscount(name,count) values('"+name+"',"+count+")"
            //实例化 statement 对象
            statement = conn.createStatement()

            //执行查询
            var resultSet = statement.executeQuery(sql)

            if(resultSet.next()){
                print("***************更新*****************")
                statement.executeUpdate(updateSql)
            }else{
                print("***************插入*****************")
                statement.execute(insertSql)
            }

        })
    }catch{
        case e:Exception => e.printStackTrace()
    }finally{
        if(statement !=null){
            statement.close()
        }

        if(conn !=null){
            conn.close()
        }

    }

}

/**
 * 时段浏览量数据插入 MySQL
 */
```

```scala
def myFun2(records:Iterator[Row]): Unit = {
    var conn:Connection = null
    var statement:Statement = null

    try{
        val url = Constants.url
        val userName:String = Constants.userName
        val passWord:String = Constants.passWord

        //conn
        conn = DriverManager.getConnection(url, userName, passWord)

        records.foreach(t => {

            val logtime = t.getAs[String]("logtime")
            val count = t.getAs[Long]("count").asInstanceOf[Int];
            print(logtime+"@"+count+"*******************************")

            val sql = "select 1 from periodcount "+" where logtime = '"+logtime+"'"

            val updateSql = "update periodcount set count = count+"+count+" where logtime ='"+logtime+"'"

            val insertSql = "insert into periodcount(logtime,count) values('"+logtime+"', "+count+")"
            //实例化 statement 对象
            statement = conn.createStatement()

            //执行查询
            var resultSet = statement.executeQuery(sql)

            if(resultSet.next()){
                print("***************更新*****************")
                statement.executeUpdate(updateSql)
            }else{
                print("***************插入*****************")
                statement.execute(insertSql)
            }

        })
    }catch{
        case e:Exception => e.printStackTrace()
    }finally{
        if(statement !=null){
            statement.close()
        }

        if(conn !=null){
            conn.close()
        }
    }
}
}
```

2．打通离线计算流程

Spark SQL 离线分析项目整合较为简单，上面已经完成了 Spark SQL 项目应用开发，接下来只需要打通数据源到 Spark SQL，然后 Spark SQL 将离线分析结果入库即可。

（1）启动 MySQL 服务

Spark SQL 离线分析新闻用户的行为，最终处理结果需要存入 MySQL 数据库，所以首先需要启动 MySQL 数据库服务，具体操作如图 6-35 所示。

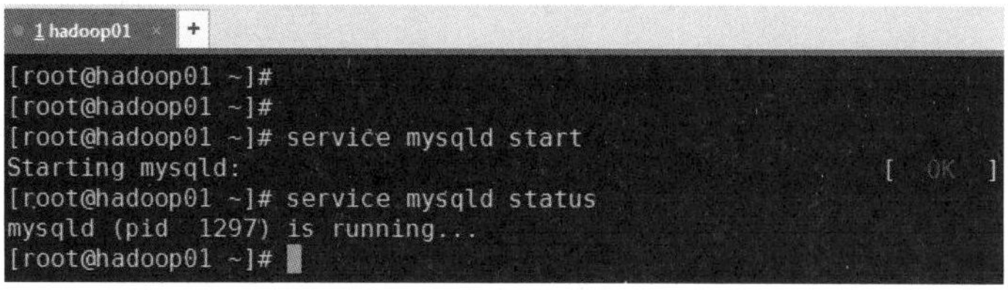

图 6-35　启动 MySQL 服务

（2）准备测试数据

将用户行为日志文件 sogoulogs.log 放在 Windows 的 D:\study\data\2020 目录下，作为 Spark SQL 应用的输入路径，具体文件如图 6-36 所示。

图 6-36　日志文件 sogoulogs.log

（3）启动 Spark SQL 离线应用

为了测试方便，通过 IDEA 工具直接右击 sparksql_mysql 程序，在弹出的快捷菜单中选择 Run 即可在本地运行 Spark SQL 项目，具体操作如图 6-37 所示。当然也可以将 Spark SQL 项目打包上传至 Spark 集群运行。

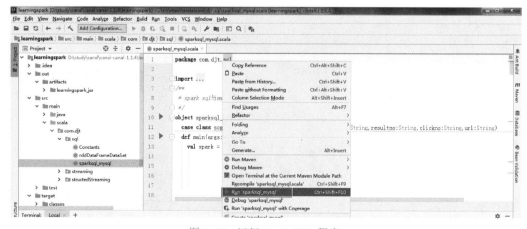

图 6-37　运行 Spark SQL 程序

（4）查看分析结果

通过客户端打开 MySQL 数据库，查看结果表 newscount 和 periodcount 中的用户行为分析数据，如图 6-38 和图 6-39 所示。

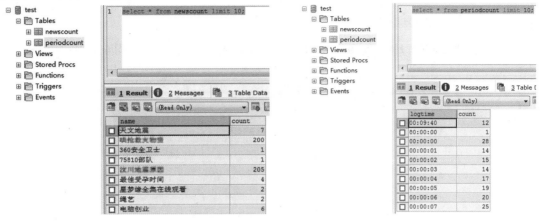

图 6-38　查看 newscount 表中的数据　　　　图 6-39　查看 periodcount 表中的数据

如果上述操作没有问题，说明已经打通了 Spark SQL 离线计算流程，完成了新闻项目用户行为的离线分析。

在离线计算流程中，Spark SQL 批量读取用户日志数据并对用户行为进行离线分析，然后直接将分析结果批量写入 MySQL 业务表中，整个过程中一次性读取所有数据，然后输出统计分析结果。

6.6　基于 Spark Structured Streaming 的新闻项目实时分析

本节首先介绍 Structured Streaming 的定义，然后详细讲解 Structured Streaming 的编程模型，最后基于 Structured Streaming 实时计算框架实时分析新闻项目用户行为。

6.6.1　Structured Streaming 概述

Structured Streaming（结构化流）是一个可拓展、容错的、基于 Spark SQL 执行引擎的流处理引擎。使用小量的静态数据模拟流处理。伴随流数据的到来，Spark SQL 引擎会逐渐连续处理数据并且更新结果到最终的 Table 中。可以在 Spark SQL 引擎上使用 DataSet/DataFrame API 处理流数据的聚集、事件窗口和流与批次的连接操作等。Structured Streaming 系统快速、稳定，能确保端到端的数据消费，支持容错的处理。

总体来说，Structured Streaming 主要具备以下优势。

● 简洁的模型。Structured Streaming 的模型很简洁，易于理解。用户可以直接把一个流想象成是无限增长的表格。

● 一致的 API。由于和 Spark SQL 共用大部分 API，对 Spark SQL 熟悉的用户很容易上手，代码也十分简洁。同时批处理和流处理程序还可以共用代码，不需要开发两套不同的代码，显著提高了开发效率。

● 卓越的性能。Structured Streaming 在与 Spark SQL 共用 API 的同时，也直接使用了 Spark SQL 的 Catalyst 优化器和 Tungsten，数据处理性能十分出色。此外，Structured Streaming 还可以直

接从未来 Spark SQL 的各种性能优化中受益。

- 多语言支持。Structured Streaming 直接支持目前 Spark SQL 支持的语言，包括 Scala、Java、Python、R 和 SQL。用户可以选择自己喜欢的语言进行开发。

6.6.2 Structured Streaming 编程模型

结构化流的关键思想是将实时数据流视为一个连续附加的表，具体效果如图 6-40 所示。

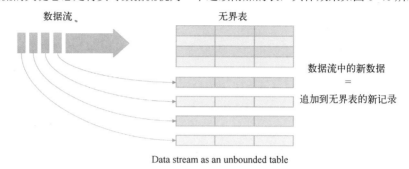

图 6-40　实时数据流

Structured Streaming 的编程模型如图 6-41 所示，对输入的查询将生成"Result 表"。每个触发器间隔（如每 1s）和新行数据都会被追加到 Input 表中，最后更新 Result 表。每当更新 Result 表时，需要将修改后的结果行写入外部存储系统。

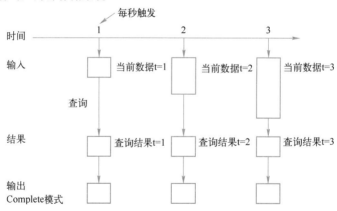

图 6-41　Structured Streaming 的编程模型

Output 是外部存储器的写模式，Structured Streaming 内置以下 3 种模式。

- Complete 模式：将整个更新表写入外部存储，写入整个表的方式由存储连接器决定。
- Append 模式：只有自上次触发后在结果表中附加的新行，才会被写入外部存储器。这种模式仅适用于结果表中的现有行，不会更改查询。
- Update 模式：只有自上次触发后在结果表中更新的行，才会被写入外部存储器。注意：Update 模式与 Complete 模式不同，因为此模式不输出未更改的行。

6.6.3 基于 Structured Streaming 的用户行为实时分析

Structured Streaming 是基于 Spark SQL 执行引擎的流处理引擎，那么基于 Structured Streaming 框

架也可以对新闻项目进行实时分析。前面新闻项目的业务表已经创建，这里不再赘述。

1. 业务代码实现

前面已经创建了名称为 learningspark 的 Maven 项目，基于 learningspark 编写 Structured Streaming 业务代码，即可实现用户行为实时分析。

（1）引入 Kafka 依赖

由于 Kafka 是第三方系统，所以需要在 learningspark 项目（本书配套资料/第 6 章/6.6/代码）的 pom.xml 文件中添加 Kafka 的依赖，添加内容如下所示。

```
<dependency>
    <groupId>org.apache.spark</groupId>
    <artifactId>spark-sql-kafka-0-10_2.11</artifactId>
    <version>2.3.1</version>
</dependency>
```

（2）开发实时业务代码

前面的章节已经将新闻用户数据采集到 Kafka 系统，接下来利用 Structured Streaming 消费 Kafka 中的数据，完成项目业务指标分析即可，当然最后的分析结果需要保存到 MySQL 数据库。

首先定义一个 Constants 类存储 MySQL 和 Kafka 配置参数，具体代码如下所示。

```
object Constants {
    var url:String = "jdbc:mysql://192.168.20.121:3306/test"
    var userName:String = "hive"
    var passWord:String = "hive"
    val kafksServer:String = "hadoop01:9092,hadoop02:9092,hadoop03:9092"
    val topic:String = "sogoulogs"
}
```

然后定义一个 kafka_StructuredStreaming_mysql 类消费 Kafka 数据，并将统计分析结果存入 MySQL 数据库，具体代码如下所示。

```
import org.apache.spark.sql.functions._
import org.apache.spark.sql.SparkSession
import org.apache.spark.sql.streaming.Trigger
object kafka_StructuredStreaming_mysql {
    def main(args: Array[String]): Unit = {
        val spark = SparkSession
                        .builder
                        .appName("sogoulogs")
                        .master("local[2]")
                        .getOrCreate()

        import spark.implicits._
        //读取数据
        val df = spark
                    .readStream
                    .format("kafka")
                    .option("kafka.bootstrap.servers", Constants.kafksServer)
                    .option("subscribe", Constants.topic)
```

```
                .load()
        val ds= df.selectExpr("CAST(key AS STRING)", "CAST(value AS STRING)")
            .as[(String, String)]

    val filter = ds.map(x =>x._2).map(_.split(",")).filter(_.length==6)

    //统计所有新闻话题浏览量
    val newsCounts=filter.map(x=>x(2)).groupBy("value").count().toDF("name", "count")

    //数据输出
    val writer=new JDBCSink(Constants.url,Constants.userName,Constants.passWord)
    val query = newsCounts.writeStream
                .foreach(writer)
                .outputMode("update")
                .trigger(Trigger.ProcessingTime("2 seconds"))
                .start()
    //统计每个时段新闻话题浏览量
    val periodCounts = filter.map(x =>x(0)).groupBy("value").count().toDF("logtime", "count")
    val writer2 = new JDBCSink2(Constants.url,Constants.userName,Constants.passWord)
    val query2 = periodCounts.writeStream
                .foreach(writer2)
                .outputMode("update")
                .trigger(Trigger.ProcessingTime("2 seconds"))
                .start()
        query.awaitTermination()
        query2.awaitTermination()
    }
}
```

2．打通实时计算流程

跟 Spark Streaming 类似，前面已经分别实现了数据模拟产生、数据采集、数据存储、数据实时处理以及数据入库各个环节，接下来对各个环节进行整合，打通 Structured Streaming 整个项目实时计算流程，从而实现对用户行为的实时分析。

（1）启动 MySQL 服务

Structured Streaming 实时分析新闻用户行为数据结果，最终需要存入 MySQL 数据库，所以首先需要启动 MySQL 数据库服务，具体操作如图 6-42 所示。

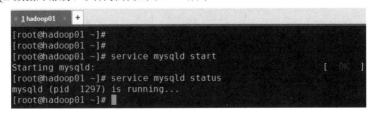

图 6-42　启动 MySQL 服务

（2）启动 Zookeeper 集群

在所有节点进入 /home/hadoop/app/zookeeper 目录，使用 bin/zkServer.sh start 命令启动 Zookeeper

集群，具体操作如图 6-43 所示。

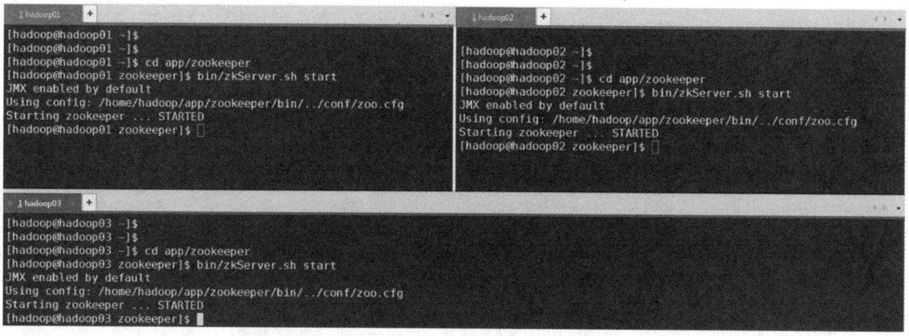

图 6-43　启动 Zookeeper 集群

（3）启动 Kafka 集群

Structured Streaming 需要实时消费 Kafka 中的数据，所以需要先在每个节点启动 Kafka 服务，具体操作如图 6-44 所示。

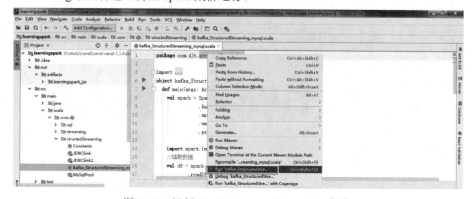

图 6-44　启动 Kafka 集群

（4）启动 Spark 实时应用

为了测试方便，通过 IDEA 工具直接右击 kafka_StructuredStreaming_mysql 程序，在弹出的快捷菜单中选择 Run 即可本地运行 Structured Streaming 项目，具体操作如图 6-45 所示。当然也可以将 Structured Streaming 项目打包上传至 Spark 集群运行。

图 6-45　运行 Spark Structured Streaming 程序

（5）启动 Flume 聚合服务

进入 /home/hadoop/app/flume 目录，在 hadoop02 和 hadoop03 节点上分别启动 Flume 服务，具体操作如图 6-46 所示。

图 6-46　启动 Flume 聚合服务

（6）启动 Flume 采集服务

进入 /home/hadoop/app/flume 目录，在 hadoop01 节点上启动 Flume 服务，具体操作如图 6-47 所示。

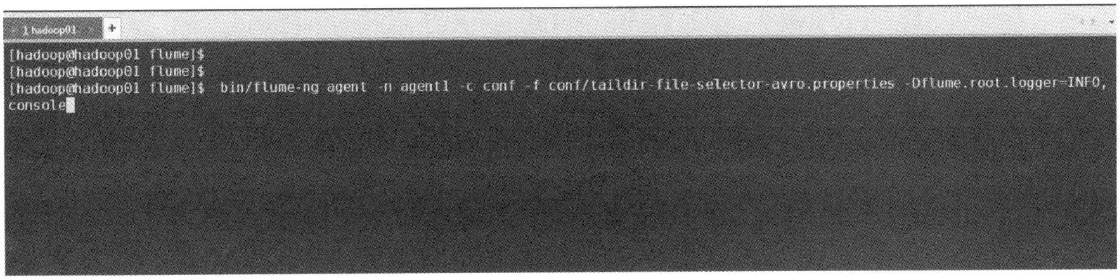

图 6-47　启动 Flume 采集服务

（7）模拟产生数据

在 hadoop01 节点的 /home/hadoop/shell/bin 目录下执行 sogoulogs.sh 脚本，模拟实时产生新闻用户行为日志，具体操作如图 6-48 所示。

图 6-48　模拟产生数据

（8）查询分析结果

通过客户端打开 MySQL 数据库，查看结果表 newscount 和 periodcount 中的用户行为分析数据，如图 6-49 和图 6-50 所示。

name	count
健美	205
资生堂护肤品	200
邓超+无泪之城	64
英语	51
刘德华新歌	27
银河英雄传说4	25
漫画小说免费下载	24
卧室电视多大尺寸合适	23
xiao77	20
电脑创业	19

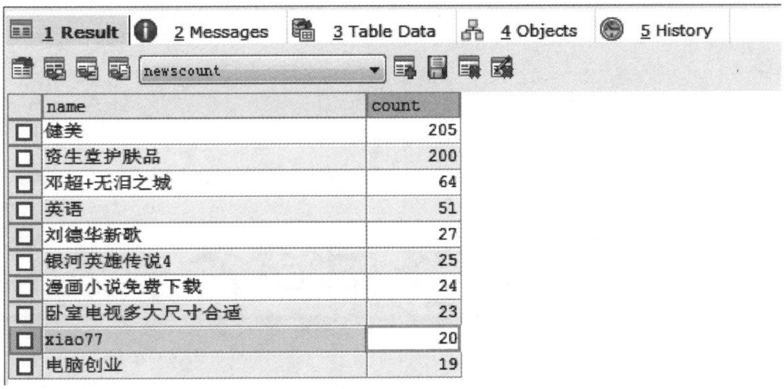

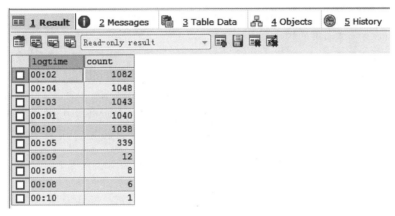

图 6-49　查看 newscount 表中的数据

logtime	count
00:02	1082
00:04	1048
00:03	1043
00:01	1040
00:00	1038
00:05	339
00:09	12
00:06	8
00:08	6
00:10	1

图 6-50　查看 periodcount 表中的数据

如果上述操作没有问题，说明已经打通了 Spark Structured Streaming 实时计算流程，完成了新闻项目用户行为的实时分析。

在实时计算流程中，数据在每个流程环节中都必须是实时的。通过 sogoulogs.sh 脚本实时产生用户行为日志，Flume 实时采集用户行为日志写入 Kafka，然后 Spark Structured Streaming 实时消费 Kafka 中的用户行为日志，最后将分析结果实时写入 MySQL 业务表中。

6.7　本章小结

本章首先以 WordCount 案例快速入门 Spark，接着详细讲解了 Spark Core 的核心功能以及 Spark 分布式集群的构建，重点讲解了 Spark Streaming 实时计算并基于 Spark Streaming 对新闻项目用户行为进行了实时分析，然后讲解了 Spark SQL 离线分析并基于 Spark SQL 对新闻项目用户行为进行了离线分析，最后介绍了 Structured Streaming 实时计算并基于 Structured Streaming 对新闻项目用户行为进行了实时分析，从而实现了理论与实践相结合，读者可以快速掌握 Spark 内存计算框架。

第7章
基于 Flink 的用户行为实时分析

学习目标
- 掌握 Flink 分布式集群的构建。
- 掌握 Flink DataStream 实时计算。
- 掌握 Flink DataSet 离线计算。
- 熟练使用 Flink DataStream 完成新闻项目实时分析。

传统的离线计算会存在数据反馈不及时，很难满足急需实时数据做决策的场景。本章结合项目案例详细讲解 Flink 实时计算框架，通过 Flink DataStream 对新闻项目用户行为进行实时分析。

7.1 Flink 快速入门

本节首先介绍 Flink 框架的基本概念，然后本地安装 Flink 提供最简运行环境，最后通过 WordCount 案例，快速上手 Flink 程序开发。

7.1.1 Flink 概述

1. Flink 的定义

Apache Flink 是一个开源、分布式、高性能、高可用的大数据处理引擎，支持实时流（stream）处理和批（batch）处理。可部署在各种集群环境（k8s、YARN、Mesos），对各种大小的数据规模进行快速计算。

2. Flink 的特性

Flink 主要包含以下特性。

- 支持有状态计算的 Exactly-once 语义。状态是指 Flink 能够维护数据在时序上的聚类和聚合，同时它的 checkpoint 机制可以方便快捷地进行失败重试。
- 支持带有事件时间（event time）语义的流处理和窗口处理。事件时间的语义使流计算的结果更加精确，尤其在事件到达无序或延迟的情况下。
- 支持高度灵活的窗口（window）操作。支持基于 time、count、session 以及 data-driven 的窗口操作，能很好地对现实环境中创建的数据进行建模。
- 支持轻量的容错处理（fault tolerance）。它使得系统既能保持高吞吐率又能保证 exactly-once 的一致性。通过轻量的 state snapshots 实现。
- 支持高吞吐、低延迟、高性能的流处理。

- 支持 savepoints 机制。即可以将应用的运行状态保存下来，在升级应用或处理历史数据时能够做到无状态丢失和最小停机时间。
- 支持大规模的集群模式，支持 YARN、Mesos 等运行模型，可运行在成千上万的节点上。
- 支持具有 Backpressure（背压）功能的持续流模型。
- Flink 在 JVM 内部实现了自己的内存管理。
- 支持迭代计算。
- 支持程序自动优化。避免特定情况下 Shuffle、排序等昂贵操作，中间结果进行缓存。

3. Flink 的架构

Flink 的底层是 Deploy（部署），Flink 可以在 Local（本地）模式运行，也可以在 Cluster 集群（如 Standalone、YARN）模式运行，另外 Flink 还可以在 Cloud（云）模式运行，如 GCE（谷歌云服务）和 EC2（亚马逊云服务）。Flink 的架构如图 7-1 所示。

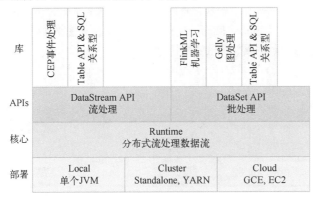

图 7-1　Flink 的架构

Deploy 的上层是 Flink 的核心（Core）部分 Runtime，在 Runtime 之上提供了两套核心的 API：DataStream API（流处理）和 DataSet API（批处理）。在核心 API 之上又扩展了一些高阶的库和 API，比如 CEP 流处理、Table API 和 SQL、FlinkML 机器学习库、Gelly 图计算。SQL 既可以运行在 DataStream API 上，又可以运行在 DataSet API 上。

4. Flink 与 Spark

通过前面的学习，可以了解到 Spark 和 Flink 都支持批处理和流处理，接下来对这两种流行的数据处理框架在各方面进行对比。

（1）API

Flink 和 Spark 支持大部分不同类别的 API，另外，Flink 还支持 CEP（复杂事件处理）。Flink 与 Spark 支持的 API 如图 7-2 所示。

API	Spark	Flink
底层API	RDD	Process Function
核心API	DataFrame/DataSet/Structured Streaming	DataStream/DataSet
SQL	Spark SQL	Table API & SQL
机器学习	MLlib	FlinkML
图计算	GraphX	Gelly
其他		CEP

图 7-2　Flink 与 Spark 对 API 支持的对比

（2）语言支持

Spark 源码是用 Scala 来实现的，它提供了 Java、Python、R 和 SQL 的编程接口。Flink 源码是用 Java 来实现的，同样提供了 Scala、Python、SQL 的编程接口，只不过对 R 的支持需要第三方依赖。Flink 与 Spark 支持的语言如图 7-3 所示。

支持语言	Spark	Flink
Java	☑	☑
Scala	☑	☑
Python	☑	☑
R	☑	第三方
SQL	☑	☑

图 7-3　Flink 与 Spark 对语言支持的对比

（3）Connectors

Flink 和 Spark 都能对接大部分比较常用的系统，即使有些系统暂时还不支持，也可以自定义开发 Connectors 来支持不同的系统。Flink 与 Spark 支持的 Connectors 如图 7-4 所示。

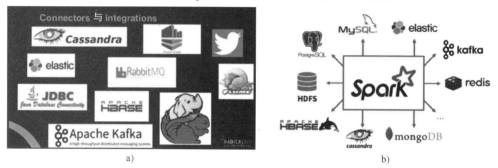

a)　　　　　　　　　　　　　　　　　　　　b)

图 7-4　Flink 与 Spark 对 Connectors 支持的对比

a) Flink 对 Connectors 的支持　b) Spark 对 Connectors 的支持

（4）运行环境

Flink 与 Spark 都能部署到目前的主流环境中，具体支持的部署环境如图 7-5 所示。

部署环境	Spark	Flink
Local(Single JVM)	☑	☑
Standalone Cluster	☑	☑
Yarn	☑	☑
Mesos	☑	☑
Kubernetes	☑	☑

图 7-5　Flink 与 Spark 对运行环境支持的对比

7.1.2　Flink 的最简安装

Flink 的最简安装方式非常简单，直接对 Flink 安装包解压即可使用。

1．下载并解压 Flink

下载 flink-1.9.1-bin-scala_2.11.tgz 安装包（下载地址为：https://archive.apache.org/dist/ flink 也可通过本书配套资源包下载获取：本书配套资料/第 7 章/7.1/安装包），将 Flink 安装包上传至 hadoop01 节点的 /home/hadoop/app 目录下进行解压安装，操作命令如下：

```
[hadoop@hadoop01 app]$ ls
flink-1.9.1-bin-scala_2.11.tgz
[hadoop@hadoop01 app]$ tar –zxvf flink-1.9.1-bin-scala_2.11.tgz
[hadoop@hadoop01 app]$ ln -s flink-1.9.1 flink
```

2.　测试运行

Flink 以最简方式在本地解压安装完成之后，接下来通过 WordCount 案例测试运行 Flink。

（1）准备测试数据集

在 Flink 安装目录下，创建一个日志文件 djt.log，具体内容如下所示。

```
[hadoop@hadoop01 flink]$ cat djt.log
hadoop hadoop hadoop
spark spark spark
flink flink flink
```

（2）Flink shell 测试运行单词词频统计

在 Flink 安装目录下，使用 start-scala-shell.sh 脚本启动 Flink 服务，具体操作如下所示。

```
[hadoop@hadoop01 flink]$ bin/start-scala-shell.sh    local
scala>
```

在 Flink shell 控制台测试运行 WordCount 程序，完成单词词频统计分析，具体操作如下所示。

```
#读取本地文件
scala> val lines = benv.readTextFile("/home/hadoop/app/flink/djt.log");
lines: org.apache.flink.api.scala.DataSet[String] = org.apache.flink.api.scala. DataSet@726a5e6a

#WordCount 统计并打印
scala> val wordcounts = lines.flatMap(_.split("\\s+")).map{(_,1)}.groupBy(0). sum(1)
wordcounts:org.apache.flink.api.scala.AggregateDataSet[(String,Int)] = org.apache. flink.api.scala. Aggregate-
DataSet@6e591c03

scala> wordcounts.print()
(flink,3)
(hadoop,3)
(spark,3)
```

7.1.3　Flink 实现 WordCount

下面通过 WordCount 案例统计单词词频，介绍 Flink 的编程思路。

1.　引入 Flink 依赖

利用 IDEA 工具构建 learningflink1.9 项目，然后需要引入 Flink 依赖包，才能进行 Flink 程序的开发。在 learningflink1.9 项目的 pom.xml 文件中，添加如下配置即可自动下载 Flink 依赖包。

```
<dependency>
    <groupId>org.apache.flink</groupId>
    <artifactId>flink-java</artifactId>
    <version>1.9.1</version>
</dependency>
```

2.　Java 开发 WordCount 程序

在 Maven 项目中，使用 Java 语言编写 WordCount 程序，具体代码如下所示。

```java
import org.apache.flink.api.common.functions.FlatMapFunction;
import org.apache.flink.api.java.DataSet;
import org.apache.flink.api.java.ExecutionEnvironment;
import org.apache.flink.api.java.tuple.Tuple2;
import org.apache.flink.api.java.utils.ParameterTool;
import org.apache.flink.util.Collector;
import org.apache.flink.util.Preconditions;
public class WordCount {

    public static void main(String[] args) throws Exception {

        final ParameterTool params = ParameterTool.fromArgs(args);

        // set up the execution environment
        final ExecutionEnvironment env=ExecutionEnvironment.getExecutionEnvironment();

        // make parameters available in the web interface
        //env.getConfig().setGlobalJobParameters(params);

        // get input data
        DataSet<String> text = null;
        if (params.has("input")) {
            // union all the inputs from text files
            text = env.readTextFile("input");
            Preconditions.checkNotNull(text, "Input DataSet should not be null.");
        } else {
            // get default test text data
            System.out.println("Executing WordCount example with default input data set.");
            System.out.println("Use --input to specify file input.");
            text = WordCountData.getDefaultTextLineDataSet(env);
        }

        DataSet<Tuple2<String, Integer>> counts =
                // split up the lines in pairs (2-tuples) containing: (word,1)
                text.flatMap(new Tokenizer())
                // group by the tuple field "0" and sum up tuple field "1"
                .groupBy(0)
                .sum(1);

        // emit result
        if (params.has("output")) {
            counts.writeAsCsv(params.get("output"), "\n", " ");
            // execute program
            env.execute("WordCount Example");
        } else {
            System.out.println("Printing result to stdout. Use --output to specify output path.");
            counts.print();
        }

    }
```

```java
public static final class Tokenizer implements FlatMapFunction<String, Tuple2<String, Integer>> {

    @Override
    public void flatMap(String value,Collector<Tuple2<String,Integer>> out) {
        // normalize and split the line
        String[] tokens = value.toLowerCase().split("\\W+");

        // emit the pairs
        for (String token : tokens) {
            if (token.length() > 0) {
                out.collect(new Tuple2<>(token, 1));
            }
        }
    }
}
```

Flink WordCount 默认数据源封装在 WordCountData 类中，具体代码如下所示。

```java
import org.apache.flink.api.java.DataSet;
import org.apache.flink.api.java.ExecutionEnvironment;
public class WordCountData {

    public static final String[] WORDS = new String[] {
        "To be, or not to be,--that is the question:--",
        "Whether 'tis nobler in the mind to suffer",
        "The slings and arrows of outrageous fortune",
        "Or to take arms against a sea of troubles,",
        "And by opposing end them.To die,--to sleep,--",
        "No more; and by a sleep to say we end",
        "The heartache, and the thousand natural shocks",
        "That flesh is heir to,--'tis a consummation",
        "Devoutly to be wish'd. To die,--to sleep;--",
        "To sleep! perchance to dream:--ay, there's the rub;",
        "For in that sleep of death what dreams may come,",
        "When we have shuffled off this mortal coil,",
        "Must give us pause: there's the respect",
        "That makes calamity of so long life;",
        "For who would bear the whips and scorns of time,",
        "The oppressor's wrong, the proud man's contumely,",
        "The pangs of despis'd love, the law's delay,",
        "The insolence of office, and the spurns",
        "That patient merit of the unworthy takes,",
        "When he himself might his quietus make",
        "With a bare bodkin? who would these fardels bear,",
        "To grunt and sweat under a weary life,",
        "But that the dread of something after death,--",
        "The undiscover'd country, from whose bourn",
        "No traveller returns,--puzzles the will,",
        "And makes us rather bear those ills we have",
```

```
        "Than fly to others that we know not of?",
        "Thus conscience does make cowards of us all;",
        "And thus the native hue of resolution",
        "Is sicklied o'er with the pale cast of thought;",
        "And enterprises of great pith and moment,",
        "With this regard, their currents turn awry,",
        "And lose the name of action.--Soft you now!",
        "The fair Ophelia!--Nymph, in thy orisons",
        "Be all my sins remember'd."
    };

    public static DataSet<String> getDefaultTextLineDataSet(ExecutionEnvironment env) {
        return env.fromElements(WORDS);
    }
}
```

3. IDEA 运行 WordCount

在 IDEA 工具中，右击程序，在弹出的快捷菜单中直接选择 Run 即可运行 WordCount，如图 7-6 所示。

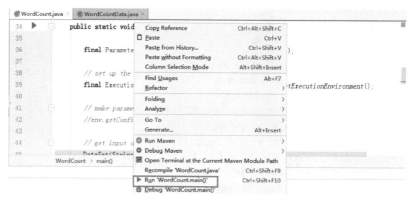

图 7-6　IDEA 运行 Flink WordCount

在 IDEA 控制台查看 WordCount 运行结果，如图 7-7 所示。

图 7-7　WordCount 运行结果

如果上述操作没有出现错误，那么说明 WordCount 运行成功。

7.2 Flink 分布式集群的构建

本节首先介绍 Flink 的各种运行模式，然后详细讲解如何基于 Standalone 模式构建 Flink 分布式集群，最后介绍 Flink on YANR 部署模式，可以将 Flink 作业提交到 Hadoop 集群运行。

7.2.1 Flink 的运行模式

Flink 的运行模式也有很多种，但是常用的包含以下 3 种方式。

（1）Local 模式

Flink 可以运行在 Linux、macOS 和 Windows 系统上，Local 模式是最简单的一种 Flink 运行方式，只需提前安装好 JDK 即可使用。Local 模式会启动 Single JVM，主要用于测试、调试代码。

（2）Standalone 模式

Flink 可以通过部署与 YARN 的架构类似的框架来实现自己的集群模式，该集群模式的架构设计与 HDFS 和 YARN 大同小异，都是由一个主节点和多个从节点组成。在 Flink 的 Standalone 模式中，JobManager 节点为主节点，TaskManager 节点为从节点。

（3）Flink on YARN 模式

简而言之，Flink on YARN 模式是将 Flink 应用程序运行在 YARN 集群之上。不过 Flink on YARN 的 Job 运行模式大致分为两类。

- 在 YARN 中，初始化一个 Flink 集群，开辟指定的资源，之后提交的 Flink Job 都在此 Flink yarn-session 中，无论提交多少个 Job 都会共用初始化时在 YARN 中申请的资源。在这种模式下，除非手动停止 Flink 集群，否则 Flink 集群会常驻在 YARN 集群中。
- 在 YARN 中，每次提交 Job 都会创建一个新的 Flink 集群，任务之间相互独立并且方便管理，任务执行完成之后创建的集群也会消失。

7.2.2 Flink Standalone 模式集群的构建

Flink Standalone 模式部署集群是最简单的一种部署方式，不依赖于其他的组件。但如果想实现 Flink 集群的高可用，需要依赖 Zookeeper 和 HDFS。前面章节中已经完成了 Zookeeper 和 HDFS 集群的部署，接下来直接安装配置 Flink Standalone 高可用集群即可。

1．下载并解压 Flink

下载 flink-1.9.1-bin-scala_2.11.tgz 安装包（7.1.2 节已下载），选择 hadoop01 作为安装节点，然后上传至 hadoop01 节点的 /home/hadoop/app 目录下进行解压安装，操作命令如下。

```
[hadoop@hadoop01 app]$ ls
flink-1.9.1-bin-scala_2.11.tgz
#解压
[hadoop@hadoop01 app]$ tar -zxvf flink-1.9.1-bin-scala_2.11.tgz
[hadoop@hadoop01 app]$ rm –rf flink-1.9.1-bin-scala_2.11.tgz
[hadoop@hadoop01 app]$ ls
flink-1.9.1
```

2．修改 flink-conf.yaml 文件

在 hadoop01 节点，进入 Flink 根目录下的 conf 文件夹中，修改 flink-conf.yaml 配置文件（本书配套资料/第 7 章/7.2/配置文件），具体内容如下。

```
[hadoop@hadoop01 conf]$ vi flink-conf.yaml
#JobManager 地址
jobmanager.rpc.address: hadoop01
#槽位配置为 3（可以默认不配置）
taskmanager.numberOfTaskSlots: 3
#设置并行度为 3（可以默认不配置）
parallelism.default: 3

#高可用模式，必须为 Zookeeper
high-availability: zookeeper
#配置独立 Zookeeper 集群地址
high-availability.zookeeper.quorum: hadoop01:2181,hadoop02:2181,hadoop03:2181
#添加 Zookeeper 根节点，在该节点下放置所有集群节点
high-availability.zookeeper.path.root: /flink
#添加 Zookeeper 的 cluster-id 节点，在该节点下放置集群的所有相关数据
high-availability.cluster-id: /cluster_one
#JobManager 的元数据持久化保存的位置，hdfs://mycluster 为 HDFS NN 高可用地址
high-availability.storageDir: hdfs://mycluster/flink/ha/
```

3．修改 masters 文件

在 hadoop01 节点，进入 Flink 根目录下的 conf 文件夹中，修改 masters 配置文件（本书配套资料/第 7 章/7.2/配置文件），具体内容如下。

```
[hadoop@hadoop01 conf]$ vi masters
#启动 JobManagers 的所有主机以及 Web 用户界面绑定的端口
hadoop01:8081
#增加 JobManager 备用节点
hadoop02:8081
```

4．修改 slaves 文件

在 hadoop01 节点，进入 Flink 根目录下的 conf 文件夹中，修改 slaves 配置文件（本书配套资料/第 7 章/7.2/配置文件），具体内容如下。

```
[hadoop@hadoop01 conf]$ vi slaves
#配置 worker 节点
hadoop01
hadoop02
hadoop03
```

5．添加 hadoop 依赖包

如果要将 Flink 与 Hadoop 一起使用（如在 YARN 上运行 Flink、Flink 连接到 HDFS、Flink 连接到 HBase 等），那么还需要下载 Flink 对应 Hadoop 版本的 shaded 包，Flink 预编译好的 shaded 包已经处理好了依赖冲突，用户可以根据自己的 Hadoop 版本来选择，这里选择 flink-shaded-hadoop-2-uber-2.8.3-7.0.jar 版本（下载地址为 https://flink.apache.org/ downloads. html#flink-shaded，也可通过本书配套资源包下载获取：本书配套资料/第 7 章/7.2/安装包）。

为了让 Flink 识别 flink-shaded-hadoop 包，有两种选择方式。

● 把 flink-shaded-hadoop-2-uber-2.8.3-7.0.jar 包放在 Flink 的 lib 目录下。

- 把 flink-shaded-hadoop-2-uber-2.8.3-7.0.jar 添加到 Hadoop 的环境变量中。

6．向所有节点远程复制 Flink 安装目录

将 hadoop01 节点中配置好的 Flink 安装目录，分发给 hadoop02 和 hadoop03 节点，因为 Flink 集群的配置都是一样的。这里使用 Linux 远程命令进行分发。

```
[hadoop@hadoop01 app]$scp -r flink-1.9.1    hadoop@hadoop02:/home/hadoop/app/
[hadoop@hadoop01 app]$scp -r flink-1.9.1    hadoop@hadoop03:/home/hadoop/app/
```

分别到 hadoop01、hadoop02 和 hadoop03 节点上为 Flink 安装目录创建软连接。

```
[hadoop@hadoop02 app]$ ln -s flink-1.9.1 flink
[hadoop@hadoop03 app]$ ln -s flink-1.9.1 flink
```

7．修改备用节点 flink-conf.yaml 文件

在 hadoop02 节点，进入 Flink 根目录下的 conf 文件夹中，修改 flink-conf.yaml 配置文件，具体内容如下。

```
[hadoop@hadoop02 conf]$ vi flink-conf.yaml
jobmanager.rpc.address: hadoop02
```

8．启动 Flink 集群

在启动 Flink 集群之前，首先确保 Zookeeper 集群已经启动，因为 Flink 集群中的 JobManager 高可用选举依赖于 Zookeeper 集群，Zookeeper 集群启动命令如下所示。

```
[hadoop@hadoop01 flink]$ /home/hadoop/app/zookeeper/bin/zkServer.sh start
[hadoop@hadoop02 flink]$ /home/hadoop/app/zookeeper/bin/zkServer.sh start
[hadoop@hadoop03 flink]$ /home/hadoop/app/zookeeper/bin/zkServer.sh start
```

因为 Flink JobManager 的元数据持久化保存到 HDFS 文件系统，所以还需要启动 HDFS 集群，HDFS 集群启动命令如下所示。

```
[hadoop@hadoop01 hadoop]$ sbin/start-dfs.sh
```

最后通过如下命令启动 Flink 集群即可。

```
[hadoop@hadoop01 flink]$ bin/start-cluster.sh
```

9．Web 界面查看 Flink

输入网址 http://hadoop01:8081/，可以通过 Web 界面查看 Flink 的集群状况，结果如图 7-8 所示。

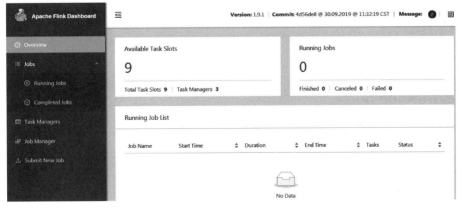

图 7-8　Flink 集群 Web 界面

10. 测试运行 Flink 集群

为了验证 Flink Standalone 集群是否可用，可以通过 Flink 自带的 WordCount 案例来测试运行。

（1）准备数据源

仍然可以使用运行 Hadoop 程序的数据文件 djt.txt，该文件在 HDFS 文件系统的 /test 目录下，使用 HDFS 命令查看，如下所示。

```
[hadoop@hadoop01 hadoop]$ bin/hdfs dfs -ls /test
-rw-r--r--   3 hadoop supergroup           54 2020-04-11 19:53 /test/djt.txt
drwxr-xr-x   - hadoop supergroup            0 2020-04-11 19:57 /test/out
[hadoop@hadoop01 hadoop]$ bin/hdfs dfs -cat /test/djt.txt
hadoop dajiangtai
hadoop dajiangtai
hadoop dajiangtai
```

（2）WordCount 程序提交 Flink 集群运行

通过 Flink 脚本将 WordCount 程序提交到 Flink Standalone 集群运行，具体命令如下所示。

```
[hadoop@hadoop01  flink]$ bin/flink run -c org.apache.flink.examples.java.wordcount. WordCount examples/
batch/WordCount.jar --input hdfs://mycluster/test/djt.txt   --output hdfs://mycluster/test/output2
```

WordCount 程序运行完毕，使用 HDFS 命令查看输出结果，具体操作如下所示。

```
[hadoop@hadoop01 hadoop]$ bin/hdfs dfs -cat /test/output2/*
dajiangtai 3
hadoop 3
```

如果上述操作没有异常，说明 Flink Standalone 集群搭建成功。

7.2.3　Flink on YARN 模式集群的构建

虽然 Flink 的 Standalone 和 on YARN 模式都属于集群运行模式，但在实际生产环境中，使用 Flink on YARN 模式的居多。因为在集群运行时，可能会有很多集群实例，如 MapReduce、Spark、Flink 等，如果它们都能运行在 YARN 中，就可以对资源统一调度与分配，减少单个实例集群的危害，提高集群的利用率。Flink on YARN 模式安装部署比较简单，接下来详细介绍搭建过程。

1. 下载并解压 Flink

选择 hadoop01 节点作为 Flink 客户端，下载 flink-1.9.1-bin-scala_2.11.tgz（下载地址为 https://archive.apache.org/dist/flink）安装包，然后上传至 hadoop01 节点的 /home/hadoop/app 目录下进行解压安装，操作命令如下。

```
[hadoop@hadoop01 app]$ ls
flink-1.9.1-bin-scala_2.11.tgz
#解压
[hadoop@hadoop01 app]$ tar -zxvf flink-1.9.1-bin-scala_2.11.tgz
[hadoop@hadoop01 app]$ rm –rf flink-1.9.1-bin-scala_2.11.tgz
[hadoop@hadoop01 app]$ ls
flink-1.9.1
#修改 Flink 目录名称
[hadoop@hadoop01 app]$   mv flink-1.9.1 flink-on-yarn
```

2．配置 Hadoop 环境变量

在 Flink on YARN 模式下，Flink 应用程序是运行在 YARN 集群之上，因此 Flink 依赖于 Hadoop 集群环境，所以需要添加 HADOOP_CONF_DIR 环境变量，让 Flink 知道 YARN 的配置信息即可，具体内容如下。

```
[hadoop@hadoop01 conf]$ vi ~/.bashrc
#Flink 默认通过 HADOOP_CONF_DIR 目录加载 Hadoop 配置
export HADOOP_CONF_DIR=/home/hadoop/app/hadoop/etc/hadoop
```

3．添加 Hadoop 依赖包

跟 Flink Standalone 模式类似，Flink on YARN 模式需要下载 flink-shaded-hadoop-2-uber-2.8.3-7.0.jar 依赖包，然后将该依赖包放在 Flink 的 lib 目录下。

4．测试运行

在测试运行 Flink on YARN 模式之前，需要依次启动 Zookeeper 集群、HDFS 集群、YARN 集群。然后在 hadoop01 节点客户端，分别使用两种模式利用 Flink 脚本将 WordCount 程序提交到 YARN 集群运行。

（1）第一种模式

第一种模式利用多 Job 共用 yarn session 方式，在 YARN 中，初始化一个 Flink 集群开辟指定的资源，以后将作业都提交到该 Flink 集群，而且此 Flink 集群常驻在 YARN 集群中，除非手动停止。

1）创建 yarn session。

首先在 hadoop01 节点的 YARN 客户端上，通过命令行创建 yarn session，具体操作如下所示。

```
[hadoop@hadoop01 flink-on-yarn]$ bin/yarn-session.sh -n 2 -s 2 -jm 1024 -tm 1024 -nm test_flink_cluster
```

yarn session 启动参数说明如表 7-1 所示。

表 7-1　yarn session 启动参数说明

参数缩写	参数	说明
-n	--container	TaskManager 的数量
-s	--slots	每个 TaskManager 的 slot 数量
-jm	--jobManagerMemory	JobManager 的内存（单位 MB）
-tm	--taskManagerMemory	每个 TaskManager 的内存（单位 MB）
-nm	--name	应用的名称
-d	--detached	以分离模式运行
-qu	--queue	指定 YARN 的队列

2）查看 Flink 启动进程。

以客户端模式运行 yarn session，在 hadoop01 节点上会运行 FlinkYarnSessionCli 和 YarnSessionClusterEntrypoint 两个进程，通过 jps 命令查看进程如下所示。

```
[hadoop@hadoop01 ~]$ jps
2113 ResourceManager
2818 FlinkYarnSessionCli
1219 QuorumPeerMain
1412 NameNode
```

```
1733 JournalNode
2006 DFSZKFailoverController
3190 YarnSessionClusterEntrypoint
3529 Jps
2219 NodeManager
1519 DataNode
```

在 yarn session 提交的主机上必然运行 FlinkYarnSessionCli 进程，该进程代表本节点可以以命令方式提交 Job。YarnSessionClusterEntrypoint 进程代表 yarn-session 的集群入口，实际上代表 JobManager。

3）提交 Job 给指定的 yarn session。

在 hadoop01 节点上的 Hadoop 安装目录下，通过如下命令查看 yarn session 对应的应用 ID。

```
[hadoop@hadoop01 hadoop]$ bin/yarn application    -list|grep test_flink_cluster | awk '{print $1}'
application_1592150965939_0001
```

从运行结果可以看出，应用的 ID 为 application_1592150965939_0001。

然后使用 Flink 脚本通过-yid 参数将 WordCount 程序提交给指定的 yarn session，具体操作如下所示。

```
[hadoop@hadoop01  flink-on-yarn]$ bin/flink run -yid application_1592150965939_ 0001 -c org.apache.
flink.examples.java.wordcount.WordCount examples/batch/WordCount. jar --input hdfs://mycluster/test/djt.txt  --
output hdfs://mycluster/test/output3
```

Flink 作业提交给 yarn session 运行的常用参数如表 7-2 所示。

表 7-2   Flink 作业提交 yarn session 参数说明

参数缩写	参数	说明
-c	--class	指定 main class
-C	--classpath	指定 class path
-d	--detached	后台执行
-p	--parallelism	指定并行度
-yid	--yarnapplicationId	指定把 Job 提供给哪个 yarn session 运行

WordCount 程序运行完毕，使用 HDFS 命令查看输出结果，具体操作如下所示。

```
[hadoop@hadoop01 hadoop]$ bin/hdfs dfs -cat /test/output3/*
dajiangtai 3
hadoop 3
```

（2）第二种模式

第二种模式通过 flink run 命令直接将 Flink 作业提交给 YARN 运行，每次提交作业都会创建一个新的 Flink 集群，任务之间相互独立、互不影响并且方便管理，任务执行完成之后创建的集群也会消失。

```
[hadoop@hadoop01  flink-on-yarn]$ bin/flink run -m yarn-cluster -p 2 -yn 2 -ys 2 -yjm 1024 -ytm 1024   -c
org.apache.flink.examples.java.wordcount.WordCount  examples/ batch/WordCount.jar --input hdfs://mycluster/test/
djt.txt   --output hdfs://mycluster/ test/output4
```

Flink 作业直接提交给 YARN 运行的常用参数如表 7-3 所示。

表 7-3　**Flink** 作业提交给 **YARN** 参数说明

参数缩写	参数	说明
-c	--class	指定 main class
-C	--classpath	指定 class path
-m	--JobManager	指定提交 Job 给哪个 JobManager，这里提交给 YARN 即 yarn-cluster
-yn	--yarncontainer	TaskManager 的数量
-ys	--yarnslots	每个 TaskManager 的 slot 数量
-yjm	--yarnjobManagerMemory	运行 JobManager 的 container 的内存（单位 MB）
-ytm	--yarntaskManagerMemory	运行每个 TaskManager 的 container 的内存（单位 MB）
-ynm	--yarnname	应用名称
-d	--detached	后台执行
-yqu	--yarnqueue	指定 YARN 队列
-p	--parallelism	指定并行度

WordCount 程序运行完毕，使用 HDFS 命令查看输出结果，具体操作如下所示。

```
[hadoop@hadoop01 hadoop]$ bin/hdfs dfs -cat /test/output4/*
dajiangtai 3
hadoop 3
```

如果上述两种模式的操作没有异常，说明 Flink on YARN 集群搭建成功。

7.3　基于 **Flink DataStream** 的新闻项目实时分析

本节首先介绍 Flink DataStream 的定义，然后详细讲解 Flink DataStream 的运行原理，接着讲解 Flink DataStream 编程模型，最后基于 Flink DataStream 实时计算框架，实时分析新闻项目用户行为。

7.3.1　**Flink DataStream** 概述

与 Spark Streaming 类似，Flink DataStream 也支持流式计算。Flink 在流计算上有明显的优势，核心架构和模型也更透彻和灵活一些。本小节会通过 Flink DataStream 执行计划来介绍流式处理的内部机制。

1．Flink API 的抽象级别

Flink 提供了 4 种抽象级别来开发流式/批量的数据应用，如图 7-9 所示。

如图 7-9 所示，从下往上 Flink 提供了以下 4 种 API。

（1）低级 API

低级 API 提供了有状态的流式操作。它是通过处

图 7-9　Flink API 抽象级别

理函数嵌入 DataStream API。它允许用户自由处理一个或多个数据流中的事件，并且使用一致、容错的状态。此外，用户可以注册回调事件时间和处理时间，允许程序实现复杂的计算。

（2）核心 API

实际上，大多数应用不需要低级 API，而是针对核心 API，如 DataStream API（有边界和无边界

的数据流）和 DataSet API（有边界的数据集）。核心 API 主要提供了针对流数据和离线数据的处理，对低级 API 进行了一些封装，提供了 filter、sum、max、min 等高级函数，简单且易用，所以在工作中应用比较广泛。

（3）声明式的 DSL

Table API 是一种声明式的 DSL 环绕表，它可能会被动态的改变（当处理数据流时）。Table API 遵循扩展模型：Table 有一个附加模式（类似于关系型数据库表）并且 API 提供了类似的操作，例如，select，project，join，groupby，aggregate 等。Table API 声明式的定义了逻辑操作应该怎么做，而不是确切的指定操作的代码。尽管 Table API 是可扩展的自定义函数，它的表现还是不如核心 API，但是用起来更加的简洁（写更少的代码）。此外，Table API 还可以执行一个优化器，适用于优化规则之前执行。

（4）高级语言

Flink 最高级别的抽象是 SQL。Flink 的 SQL 集成是基于 Apache Calcite 的，Apache Calcite 实现了标准的 SQL，使用起来比其他 API 更灵活，因为可以直接使用 SQL 语句，Table API 和 SQL 可以很容易结合在一起使用，它们都返回 Table 对象。

2．Flink DataStream 的定义

DataStream 是 Flink 提供给用户使用的用于进行流计算和批处理的 API，是对底层流式计算模型的 API 封装，便于用户编程。DataStream API 是 Flink 的核心 API，DataStream 类用于表示 Flink 程序中的一组数据。可以将它们视为可包含重复项的不可变数据集合。这些数据可以是有限的，也可以是无限的，用于处理它们的 API 是相同的。

就用法而言，DataStream 与常规 Java 集合类似，但在一些关键方面有很大不同。DataStream 是不可变的，这意味着一旦创建就不能添加或删除元素，但可以使用 DataStream API 对它们进行操作，这些操作也称为转换。

3．Flink DataStream 的运行原理

Flink DataStream 通过 Stream API 开发的 Flink 应用，底层首先转换为 StreamGraph（表示程序的拓扑结构），然后再转换为 JobGraph（表示作业的拓扑结构），接着转换为 ExecutionGraph（作业执行的拓扑结构），最后生成"物理执行图"开始执行 DataStream 作业。Flink DataStream 的运行原理如图 7-10 所示。

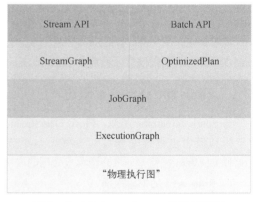

图 7-10 Flink DataStream 的运行原理

7.3.2 Flink DataStream 编程模型

Flink 中定义了 DataStream API 让用户灵活且高效地编写 Flink 流式应用。DataStream API 主要可分为三个部分：DataSource 模块、Transformation 模块以及 DataSink 模块。其中 DataSource 模块主要定义了数据接入功能，主要是将各种外部数据接入 Flink 系统中，并将接入数据转换成对应的 DataStream 数据集。在 Transformation 模块定义了对 DataStream 数据集的各种转换操作，比如进行 map、filter、windows 等操作。最后，将结果数据通过 DataSink 模块写到外部存储介质中，比如将数据输出到文件或 Kafka 消息队列等。

1．DataSource 数据输入

DataSource 模块定义了 DataStream API 中的数据输入操作，Flink 将数据源分为内置数据源和第三方数据源两种类型。

（1）内置数据源

Flink DataStream 提供了三种内置数据源，分别基于文件、socket 和集合的数据源。Flink DataStream API 直接提供了接口访问内置数据源，不依赖第三方包。

1）文件数据源。

基于文件创建 DataStream 主要有两种方式：readTextFile 和 readFile。可以使用 readTextFile 方法直接读取文件，readTextFile 提供了两个重载方法。

- readTextFile(String filePath)：逐行读取指定文件来创建 DataStream，使用系统默认字符编码读取。
- readTextFile(String filePath,String charsetName)：逐行读取文件来创建 DataStream，使用 charsetName 编码读取。

2）socket 数据源。

Flink 支持从 Socket 端口中接入数据，在 StreamExecutionEnvironment 中调用 socketTextStream 方法。

3）集合数据源。

Flink 可以直接将 Java 或 Scala 程序中的集合类（collection）转换为 DataStream 数据集，本质上是将本地集合中的数据分发到远端并行执行的节点中。目前 Flink 支持从 Java.util.Collection 和 Java.util.Iterator 序列中转换为 DataStream 数据集。需要注意的是，集合中数据结构的类型必须要一致，否则可能会出现数据转换异常。

（2）外部数据源

在实际应用中，数据源的种类非常多，也比较复杂，内置的数据源很难满足需求，Flink 提供了丰富的第三方数据连接器，可以访问外部数据源。

1）数据源连接器。

Flink 通过实现 SourceFunction 定义了非常丰富的第三方数据连接器，基本覆盖了大部分的高性能存储介质以及中间件等，其中一部分连接器仅支持读取数据，如 Twitter Streaming API、Netty 等；另外一部分连接器仅支持数据输出（Sink），不支持数据输入（Source），如 Apache Cassandra、Elasticsearch、Hadoop FileSystem 等。还有一部分连接器既支持数据输入，又支持数据输出，如 Apache Kafka、Amazon Kinesis、RabbitMQ 等连接器。

2）自定义数据源连接器。

Flink 中已经实现了大多数主流的数据源连接器，但 Flink 的整体架构非常开放，用户可以自己定义连接器，以满足不同的数据源的接入需求。可以通过实现 SourceFunction 定义单个线程接入的数据接入器，也可以通过实现 ParallelSourceFunction 接口或继承 RichParallelSourceFuntion 类定义并发数据源接入器。DataSources 定义完成后，可以通过使用 StreamExecutionEnvironment 的 addSources 方法添加数据源，这样就可以将外部系统中的数据转换成 DataStream[T]数据集合，其中 T 类型是 SourceFuntion 的返回值类型，然后就可以完成各种流式数据的转换操作了。

2．DataStream 的转换操作

数据处理的核心就是对数据进行各种 transformation（转化操作），Flink 流处理数据的 transformation 是将一个或多个 DataStream 转换成一个或多个新的 DataStream，程序可以将多个

transformation 操作组合成一个复杂的拓扑结构。

Flink DataStream 常用的 transformation 算子如下所述。

（1）map 算子

输入一个元素，然后返回一个元素，中间可以做一些清洗、转换等操作。

（2）flatmap 算子

输入一个元素，可以返回零个、一个或多个元素。

（3）filter 算子

过滤函数，对传入的数据进行判断，符合条件的数据会被留下。

（4）keyBy 算子

根据指定的 key 进行分组，相同 key 的数据会进入同一个分区。

（5）reduce 算子

对数据进行聚合操作，结合当前元素和上一次 reduce 返回的值进行聚合操作，然后返回一个新的值。

（6）union 算子

合并多个流，新的流会包含所有流中的数据，但是 union 有一个限制，就是所有合并的流类型必须是一致的。

3. DataSink 数据输出

Flink 中将 DataStream 数据输出到外部系统的过程被定义为 DataSink 操作。在 Flink 内部定义的第三方外部系统连接器中，支持数据输出的有 Apache Kafka、Apache Cassandra、ElasticSearch、Hadoop FileSystem、RabbitMQ、NIFI 等。Flink DataStream 数据输出包含基本数据输出和第三方数据输出。

（1）基本数据输出

基本数据输出包含了文件输出、客户端输出、Socket 网络端口等。如下代码所示，实现将 DataStream 数据集分别输出在本地文件系统和 Socket 网络端口。

```
val user = env.fromElements(("zhangshan", 28), ("lisi", 18))
user.writeAsCsv("file:///path/to/user.csv", WriteMode.OVERWRITE)
user.writeToSocket(outputHost, outputPort, new SimpleStringSchema())
```

（2）第三方数据输出

Flink 中提供了 DataSink 类操作算子来专门处理数据的输出，所有的数据输出都可以基于实现 SinkFunction 完成定义。例如，在 Flink 中定义了 FlinkKafkaProducer 类来完成将数据输出到 Kafka 的操作，如下代码所示。

```
val userStream = env.fromElements("zhangshan", "lisi", "wangwu")
val kafkaProducer = new FlinkKafkaProducer[string]("hadoop01:9092", "sogoulogs", new SimpleStringSchema)
userStream.addSink(kafkaProducer)
```

7.3.3　Flink DataStream 用户行为实时分析

前面的小节根据新闻项目需求，利用 Spark Streaming 对用户行为进行了实时分析，那么本小节借助 Flink DataStream 来实时分析新闻用户行为。新闻项目业务表前面已经创建，这里不再赘述。

1. 业务代码实现

前面已经创建了名称为 learningflink1.9 的 Maven 项目，基于 learningflink1.9 编写 Flink

DataStream 业务代码，即可实现用户行为实时分析。

（1）引入 Kafka 和 MySQL 依赖

由于 Kafka 和 MySQL 是第三方系统，所以需要在 learningflink1.9 项目（本书配套资料/第 7 章/7.3/代码）的 pom.xml 文件中引入相应的依赖，添加内容如下所示。

```
<dependency>
    <groupId>org.apache.flink</groupId>
    <artifactId>flink-connector-kafka_2.11</artifactId>
    <version>1.9.1</version>
</dependency>
<dependency>
    <groupId>org.apache.flink</groupId>
    <artifactId>flink-jdbc_2.11</artifactId>
    <version>1.9.1</version>
</dependency>
<dependency>
    <groupId>org.apache.flink</groupId>
    <artifactId>flink-streaming-java_2.11</artifactId>
    <version>1.9.1</version>
</dependency>
```

（2）开发实时业务代码

前面的章节已经将数据采集到 Kafka 系统，接下来利用 Flink DataStream 消费 Kafka 中的数据，分析项目业务指标，当然最后的分析结果需要保存到 MySQL 数据库。

首先定义一个 GlobalConfig 类存储 MySQL 和 Kafka 配置参数，具体代码如下所示。

```
public class GlobalConfig implements Serializable {
    /**
     * 数据库驱动类
     */
    public static final String DRIVER_CLASS = "com.mysql.jdbc.Driver";
    /**
     * 数据库链接地址
     */
    public static final String DB_URL = "jdbc:mysql://192.168.20.123:3306/test";
    /**
     * 数据库用户名
     */
    public static final String USER_NAME = "hive";
    /**
     * 数据库密码
     */
    public static final String PASSWORD = "hive";
}
```

然后定义一个 KafkaFlinkMySQL 类消费 Kafka 数据，并将统计分析结果存入 MySQL 数据库，具体代码如下所示。

```
import java.util.Properties;
import org.apache.flink.api.common.functions.FlatMapFunction;
```

```java
import org.apache.flink.api.common.serialization.SimpleStringSchema;
import org.apache.flink.api.java.tuple.Tuple2;
import org.apache.flink.streaming.api.datastream.DataStream;
import org.apache.flink.streaming.api.environment.StreamExecutionEnvironment;
import org.apache.flink.streaming.connectors.kafka.FlinkKafkaConsumer;
import org.apache.flink.util.Collector;
public class KafkaFlinkMySQL {
    public static void main(String[] args) throws Exception {
        //获取 Flink 的运行环境
        StreamExecutionEnvironment env = StreamExecutionEnvironment.GetExecution- Environment();

        //Kafka 配置参数
        Properties properties = new Properties();
        properties.setProperty("bootstrap.servers", "hadoop01:9092,hadoop02:9092,hadoop03:9092");
        properties.setProperty("group.id", "sogoulogs");

        //Kafka 消费者
        FlinkKafkaConsumer<String> myConsumer = new FlinkKafkaConsumer<>("sogoulogs", new SimpleStringSchema(), properties);
        DataStream<String> stream = env.addSource(myConsumer);

        //对数据进行过滤
        DataStream<String>filter=stream.filter((value) -> value.split(",").length==6);

        DataStream<Tuple2<String, Integer>> newsCounts = filter.flatMap(new LineSplitter()).keyBy(0). sum(1);
        //自定义 MySQLSink
        newsCounts.addSink(new MySQLSink());

        DataStream<Tuple2<String, Integer>> periodCounts = filter.flatMap(new LineSplitter2()).keyBy(0). sum(1);
        //自定义 MySQLSink
        periodCounts.addSink(new MySQLSink2());

        // 执行 Flink 程序
        env.execute("FlinkMySQL");
    }

    public static final class LineSplitter implements FlatMapFunction<String, Tuple2<String, Integer>> {
        private static final long serialVersionUID = 1L;

        public void flatMap(String value,Collector<Tuple2<String,Integer>> out) {
            String[] tokens = value.toLowerCase().split(",");
            out.collect(new Tuple2<String, Integer>(tokens[2], 1));
        }
    }

    public static final class LineSplitter2 implements FlatMapFunction<String, Tuple2<String, Integer>> {
        private static final long serialVersionUID = 1L;

        public void flatMap(String value,Collector<Tuple2<String,Integer>> out) {
            String[] tokens = value.toLowerCase().split(",");
```

```
                    out.collect(new Tuple2<String, Integer>(tokens[0], 1));
        }
    }
}
```

自定义 MySQLSink，将新闻话题浏览量数据写入 MySQL 数据库的 newscount 表中，具体代码如下所示。

```java
import org.apache.flink.api.java.tuple.Tuple2;
import org.apache.flink.streaming.api.functions.sink.RichSinkFunction;
import java.sql.Connection;
import java.sql.DriverManager;
import java.sql.PreparedStatement;
import java.sql.ResultSet;

public class MySQLSink extends RichSinkFunction<Tuple2<String, Integer>> {
    private Connection connection;
    private PreparedStatement preparedStatement;
    @Override
    public void open(org.apache.flink.configuration.Configuration parameters) throws Exception {
        super.open(parameters);
        //加载 JDBC 驱动
        Class.forName(GlobalConfig.DRIVER_CLASS);
        //获取数据库连接
        connection=DriverManager.getConnection(GlobalConfig.DB_URL,GlobalConfig.    USER_MAME,
GlobalConfig.PASSWORD);
    }

    @Override
    public void close() throws Exception {
        super.close();
        if(preparedStatement != null){
            preparedStatement.close();
        }
        if(connection != null){
            connection.close();
        }
        super.close();
    }

    @Override
    public void invoke(Tuple2<String, Integer> value, Context context) throws Exception {
        try {
            String   name = value.f0.replaceAll("[\\[\\]]", "");
            int count = value.f1;

            String querySQL="select 1 from newscount "+" where name = '"+name+"'";

            String updateSQL="update newscount set count = "+count+" where name = '"+name+"'";
```

```
                String insertSQL="insert into newscount(name,count)values ('"+name+"', "+count+")";
                //查询数据
                preparedStatement = connection.prepareStatement(querySQL);
                ResultSet resultSet = preparedStatement.executeQuery();
                if(resultSet.next()){
                    //更新数据
                    preparedStatement.executeUpdate(updateSQL);
                }else{
                    //插入数据
                    preparedStatement.execute(insertSQL);
                }
            }catch (Exception e){
                e.printStackTrace();
            }
        }
    }
```

自定义 MySQLSink2，将不同时段新闻浏览量数据写入 MySQL 数据库的 periodcount 表中，具体代码如下所示。

```
import org.apache.flink.api.java.tuple.Tuple2;
import org.apache.flink.streaming.api.functions.sink.RichSinkFunction;
import java.sql.Connection;
import java.sql.DriverManager;
import java.sql.PreparedStatement;
import java.sql.ResultSet;
public class MySQLSink2 extends RichSinkFunction<Tuple2<String, Integer>> {
    private Connection connection;
    private PreparedStatement preparedStatement;
    @Override
    public void open(org.apache.flink.configuration.Configuration parameters) throws Exception {
        super.open(parameters);
        //加载 JDBC 驱动
        Class.forName(GlobalConfig.DRIVER_CLASS);
        //获取数据库连接
        connection=DriverManager.getConnection(GlobalConfig.DB_URL, GlobalConfig. USER_MAME,
GlobalConfig.PASSWORD);
    }

    @Override
    public void close() throws Exception {
        super.close();
        if(preparedStatement != null){
            preparedStatement.close();
        }
        if(connection != null){
            connection.close();
        }
        super.close();
```

```
        }

    @Override
    public void invoke(Tuple2<String, Integer> value, Context context) throws Exception {
        try {
            String   logtime = value.f0;
            int count = value.f1;

            String querySQL="select 1 from periodcount "+" where logtime = '"+logtime+"'";

            String updateSQL="update periodcount set count = "+count+" where logtime ='"+logtime+"'";

            String insertSQL = "insert into periodcount(logtime,count) values ('"+logtime+"',"+count+")";
            //查询数据
            preparedStatement = connection.prepareStatement(querySQL);
            ResultSet resultSet = preparedStatement.executeQuery();
            if(resultSet.next()){
                //更新数据
                preparedStatement.executeUpdate(updateSQL);
            }else{
                //插入数据
                preparedStatement.execute(insertSQL);
            }
        }catch (Exception e){
            e.printStackTrace();
        }
    }
}
```

2．打通实时计算流程

前面章节已经分别实现了数据模拟产生、数据采集、数据存储、数据实时处理以及数据入库各个环节，接下来对各个环节进行整合，打通 Flink DataStream 整个项目实时计算流程，从而实现对用户行为的实时分析。

（1）启动 MySQL 服务

Flink DataStream 实时分析新闻用户行为，分析结果需要存入 MySQL 数据库，所以首先需要启动 MySQL 数据库服务，具体操作如图 7-11 所示。

图 7-11　启动 MySQL 服务

（2）启动 Zookeeper 集群

在所有节点进入 /home/hadoop/app/zookeeper 目录，使用 bin/zkServer.sh start 命令启动 Zookeeper 集群，具体操作如图 7-12 所示。

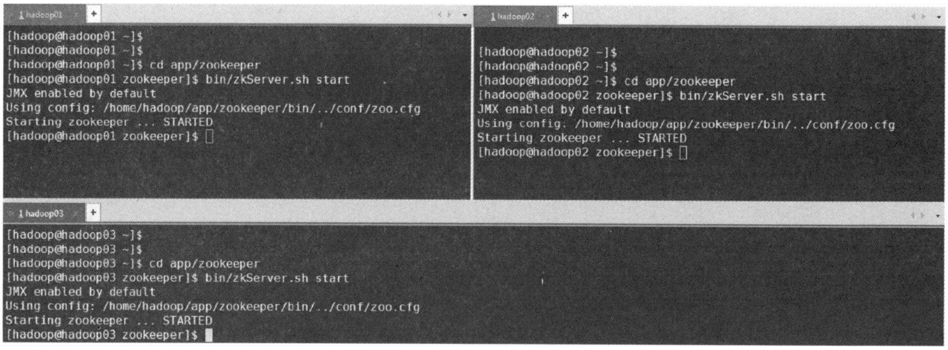

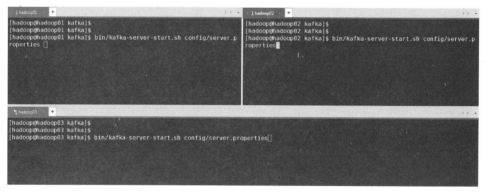

图 7-12　启动 Zookeeper 集群

（3）启动 Kafka 集群

Flink DataStream 需要实时消费 Kafka 集群数据，所以需要在每个节点启动 Kafka 服务，具体操作如图 7-13 所示。

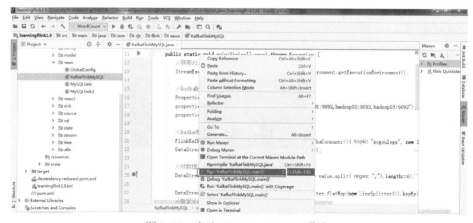

图 7-13　启动 Kafka 集群

（4）启动 Flink 实时应用

为了测试方便，通过 IDEA 工具直接右击 KafkaFlinkMySQL 程序，在弹出的快捷菜单中选择 Run 即可本地运行 Flink DataStream 项目，具体操作如图 7-14 所示。当然也可以将 Flink DataStream 项目打包上传至 Flink 集群运行。

图 7-14　启动 Flink DataStream 项目

（5）启动 Flume 聚合服务

进入 /home/hadoop/app/flume 目录，在 hadoop02 和 hadoop03 节点上分别启动 Flume 服务，具体操作如图 7-15 所示。

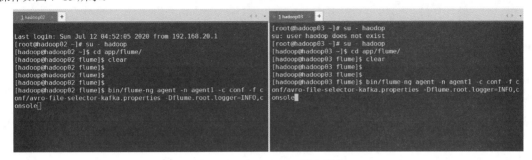

图 7-15　启动 Flume 聚合服务

（6）启动 Flume 采集服务

进入 /home/hadoop/app/flume 目录，在 hadoop01 节点上启动 Flume 服务，具体操作如图 7-16 所示。

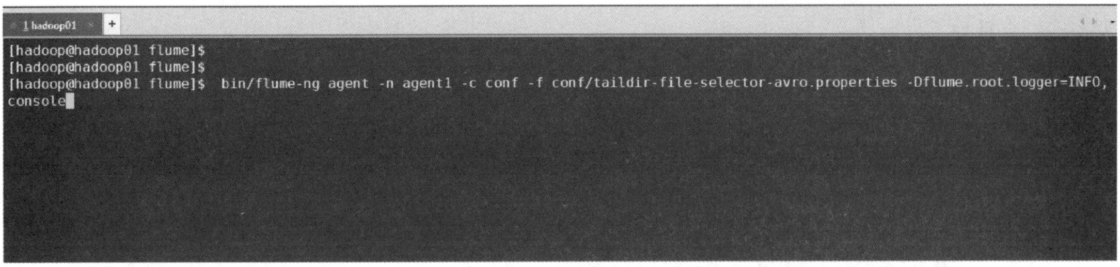

图 7-16　启动 Flume 采集服务

（7）模拟产生数据

在 hadoop01 节点的 /home/hadoop/shell/bin 目录下执行 sogoulogs.sh 脚本，模拟实时产生新闻用户行为日志，具体操作如图 7-17 所示。

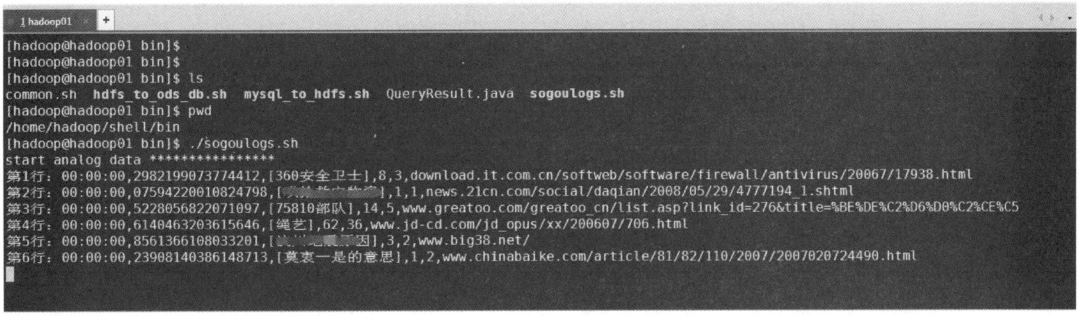

图 7-17　模拟产生数据

（8）查询分析结果

通过客户端打开 MySQL 数据库，查看结果表 newscount 和 periodcount 中的用户行为分析数据，如图 7-18 和图 7-19 所示。

name	count
健美	205
资生堂护肤品	200
邓超+无泪之城	64
英语	51
刘德华新歌	27
银河英雄传说4	25
漫画小说免费下载	24
卧室电视多大尺寸合适	23
xiao77	20
电脑创业	19

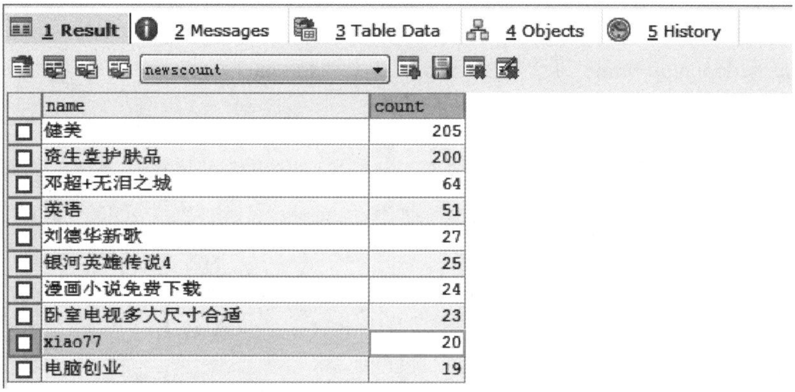

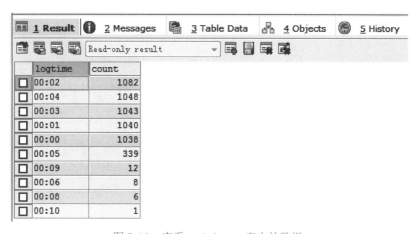

图 7-18　查看 newscount 表中的数据

logtime	count
00:02	1082
00:04	1048
00:03	1043
00:01	1040
00:00	1038
00:05	339
00:09	12
00:06	8
00:08	6
00:10	1

图 7-19　查看 periodcount 表中的数据

如果上述操作没有问题，说明已经打通了 Flink DataStream 实时计算流程，完成了新闻项目用户行为的实时分析。

在实时计算流程中，数据在每个流程环节中都必须是实时的。通过 sogoulogs.sh 脚本实时产生用户行为日志，Flume 实时采集用户行为日志写入 Kafka，然后 Flink DataStream 实时消费 Kafka 中的用户行为日志，最后将分析结果实时写入 MySQL 业务表中。

7.4　基于 Flink DataSet 的新闻项目离线分析

本节首先介绍 Flink DataSet 的定义，然后详细讲解 Flink DataSet 的运行原理，接着讲解 Flink DataSet 编程模型，最后基于 Flink DataSet 离线计算框架，离线分析新闻项目用户行为。

7.4.1　Flink DataSet 的运行原理

DataStream 用于 Flink 流计算，用户可以使用 DataStream API 处理无界流数据。DataSet 用于 Flink 批处理，用户可以使用 DataSet API 处理批量数据。DataSet API 同样提供了各种数据处理接口，如 map、filter、joins、aggregations、window 等方法，同时每种接口都支持了 Java、Scala 及 Python 等

多种开发语言的 SDK。

Flink DataSet 通过 Batch API 开发的 Flink 应用，底层首先转换为 OptimizedPlan（表示最优计划），然后再转换为 JobGraph（表示作业的拓扑结构），接着转换为 ExecutionGraph（作业执行的拓扑结构），最后生成"物理执行图"开始执行 DataSet 作业。Flink DataSet 的运行原理如图 7-20 所示。

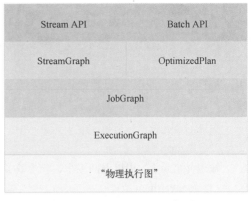

图 7-20　Flink DataSet 运行原理

7.4.2　Flink DataSet 编程模型

跟 DataStream 类似，Flink 也定义了 DataSet API，可以让用户灵活且高效地编写 Flink 批处理应用。DataSet API 也可分为三个部分：DataSource 模块、Transformation 模块以及 DataSink 模块。其中 DataSource 模块主要定义了数据接入功能，主要是将各种外部数据接入 Flink 系统中，并将接入数据转换成对应的 DataSet 数据集。在 Transformation 模块定义了对 DataSet 数据集的各种转换操作，比如进行过滤、映射、连接、分组等操作。最后，将结果数据通过 DataSink 模块写到外部存储介质中，比如将数据输出到文件或 HBase 数据库等。

1．DataSource 数据输入

DataSource 模块定义了 DataSet API 中的数据输入操作，Flink DataSet 附带了几种内置 DataSource 格式。

（1）基于文件

基于文件创建 DataStet 主要包含以下几种方式。

1）readTextFile（path）/ TextInputFormat，按行读取文件并将它们作为字符串返回。

2）readTextFileWithValue（path）/ TextValueInputFormat，按行读取文件并将它们作为 StringValues 返回。StringValues 是可变字符串。

3）readCsvFile（path）/ CsvInputFormat，解析逗号（或其他字符）分隔字段的文件。返回元组、case 类对象或 POJO 的 DataSet。支持基本的 Java 类型及其 Value 对应的字段类型。

4）readFileOfPrimitives（path，delimiter）/ PrimitiveInputFormat，使用给定的分隔符解析新行（或其他 char 序列）分隔的原始数据类型（如 String 或 Integer）的文件。

5）readSequenceFile（Key，Value，path）/ SequenceFileInputFormat，创建 JobConf 并从类型为 SequenceFileInputFormat、Key class 和 Value 类的指定路径中读取文件，并将它们作为 Tuple2 <Key，Value>返回。

（2）基于集合

基于集合创建 DataStet 主要包含以下几种方式。

1）fromCollection（Iterable），从 Iterable 创建数据集，Iterable 返回的所有元素必须属于同一类型。

2）fromCollection（Iterator），从迭代器创建数据集。该类指定迭代器返回的元素的数据类型。

3）fromElements（elements：_*），根据给定的对象序列创建数据集。所有对象必须属于同一类型。

4）fromParallelCollection（SplittableIterator），并行地从迭代器创建数据集。该类指定迭代器返回的元素的数据类型。

5）generateSequence（from，to），并行生成给定时间间隔内的数字序列。

2．DataSet 的转换操作

数据处理的核心是对数据进行各种 transformation（转化操作），Flink 批处理数据转换其实是将一个或多个 DataSet 转换为新的 DataSet。程序可以将多个转换组合到复杂的程序集中。DataSet API 中最重要的是 transformation 算子，将数据接入后，通过这些算子对数据进行处理，得到想要的结果。

Flink DataSet 常用的 transformation 算子如下所示。

（1）map 算子

输入一个元素，然后返回一个元素，中间可以做一些清洗、转换等操作。

（2）flatmap 算子

输入一个元素，可以返回零个、一个或多个元素。

（3）mapPartition 算子

在单个函数调用中转换并进行分区。该函数将分区作为 Iterable 流来获取，并且可以生成任意数量的结果值。每个分区中的数据元数量取决于并行度和先前的算子操作。

（4）filter 算子

过滤函数对传入的数据进行判断，符合条件的数据会被留下。

（5）keyBy 算子

根据指定的 key 进行分组，相同 key 的数据会进入同一个分区。

（6）reduce 算子

对数据进行聚合操作，结合当前元素和上一次 reduce 返回的值进行聚合操作，然后返回一个新的值。

（7）union 算子

合并多个流，新的流会包含所有流中的数据，但是 union 有一个限制，即所有合并的流类型必须是一致的。

（8）distinct 算子

返回数据集的不同数据元。它相对于数据元的所有字段或字段子集从输入 DataSet 中删除重复条目。

3．DataSink 数据输出

通过对批量数据的读（DataSource）及转换（Transformation）操作，最终形成用户期望的结果数据集，然后需要将数据写入不同的外部介质中进行存储，进而完成整个批量数据的处理过程，Flink 中对应的数据输出功能被称为 DataSink 操作。

Flink DataSet 中内置的常用数据输出算子如下所示。

（1）writeAsText()

将元素以字符串形式逐行写入，这些字符串通过调用每个元素的 toString() 方法来获取。

（2）writeAsCsv()

将元组以逗号分隔写入文件中，行及字段之间的分隔是可配置的。每个字段的值来自对象的 toString() 方法。

（3）print()

打印每个元素的 toString() 方法的值到标准输出或标准错误输出流中。

7.4.3　Flink DataSet 用户行为离线分析

前面通过 Flink DataStream 模型完成了新闻项目的实时分析，接下来练习 Flink DataSet 模型来对新闻项目进行离线分析。新闻项目业务表前面已经创建,所以直接进入 Flink DataSet 业务代码实现即可。

1．业务代码实现

前面已经创建了名称为 learningflink1.9 的 Maven 项目,基于 learningflink1.9 编写 FlinkDataSet 业务代码,即可实现用户行为离线分析。

(1)引入 MySQL 依赖

由于 MySQL 是第三方系统,所以需要在 learningflink1.9 项目(本书配套资料/第 7 章/ 7.4/代码)的 pom.xml 文件中引入相应的依赖,添加内容如下所示。

```
<dependency>
    <groupId>org.apache.flink</groupId>
    <artifactId>flink-jdbc_2.11</artifactId>
    <version>1.9.1</version>
</dependency>
<dependency>
    <groupId>org.apache.flink</groupId>
    <artifactId>flink-java</artifactId>
    <version>1.9.1</version>
</dependency>
```

(2)开发离线业务代码

首先定义一个 GlobalConfig 类存储 MySQL 参数,具体代码如下所示。

```
import java.io.Serializable;
public class GlobalConfig implements Serializable {
    /**
     * 数据库驱动类
     */
    public static final String DRIVER_CLASS = "com.mysql.jdbc.Driver";
    /**
     * 数据库链接地址
     */
    public static final String DB_URL = "jdbc:mysql://192.168.20.123:3306/test";
    /**
     * 数据库用户名
     */
    public static final String USER_NAME = "hive";
    /**
     * 数据库密码
     */
    public static final String PASSWORD = "hive";

    /**
     * 插入 newscount 表
     */
    public static final String SQL="insert into newscount (name,count) values (?,?)";

    /**
     * 插入 periodcount 表
```

```
        */
        public static final String SQL2="insert into periodcount (logtime,count) values (?,?)";
}
```

然后定义一个 FlinkDataSetMySQL 类批量读取新闻用户行为日志，并将统计分析结果存入
MySQL 数据库，具体代码如下所示。

```
import org.apache.flink.api.common.functions.FlatMapFunction;
import org.apache.flink.api.common.functions.MapFunction;
import org.apache.flink.api.java.DataSet;
import org.apache.flink.api.java.ExecutionEnvironment;
import org.apache.flink.api.java.io.jdbc.JDBCOutputFormat;
import org.apache.flink.api.java.tuple.Tuple2;
import org.apache.flink.types.Row;
import org.apache.flink.util.Collector;
public class FlinkDataSetMySQL {
    public static void main(String[] args) throws Exception {
        //获取 Flink 的运行环境
        final ExecutionEnvironment env=ExecutionEnvironment.getExecutionEnvironment();

        //读取数据
        DataSet<String> ds = env.readTextFile(args[0]);

        //对数据进行过滤
        DataSet<String> filter=ds.filter((value) -> value.split(",").length==6);

        //统计所有新闻话题浏览量
        DataSet<Tuple2<String, Integer>> newsCounts =
                filter.flatMap(new LineSplitter())
                .groupBy(0)
                .sum(1);
        //数据转换
        DataSet<Row> outputData =newsCounts.map(new MapFunction<Tuple2<String, Integer>, Row>() {
            public Row map(Tuple2<String,Integer> t) throws Exception {
                Row row = new Row(2);
                row.setField(0, t.f0.replaceAll("[\\[\\]]", ""));
                row.setField(1, t.f1.intValue());
                return row;
            };
        });

        //数据输出到 newscount 表
        outputData.output(JDBCOutputFormat.buildJDBCOutputFormat()
                .setDrivername(GlobalConfig.DRIVER_CLASS)
                .setDBUrl(GlobalConfig.DB_URL)
                .setUsername(GlobalConfig.USER_MAME)
                .setPassword(GlobalConfig.PASSWORD)
                .setQuery(GlobalConfig.SQL)
                .finish());
```

```
        //统计所有时段新闻浏览量
        DataSet<Tuple2<String, Integer>> periodCounts = filter.flatMap(new LineSplitter2()).groupBy(0). sum(1);
        //数据转换
        DataSet<Row> outputData2 =periodCounts.map(new MapFunction<Tuple2<String, Integer>, Row>() {
            public Row map(Tuple2<String,Integer> t) throws Exception {
                Row row = new Row(2);
                row.setField(0, t.f0);
                row.setField(1, t.f1.intValue());
                return row;
            };
        });

        //数据输出到 periodcount 表
        outputData2.output(JDBCOutputFormat.buildJDBCOutputFormat()
                .setDrivername(GlobalConfig.DRIVER_CLASS)
                .setDBUrl(GlobalConfig.DB_URL)
                .setUsername(GlobalConfig.USER_MAME)
                .setPassword(GlobalConfig.PASSWORD)
                .setQuery(GlobalConfig.SQL2)
                .finish());

        //执行 Flink 程序
        env.execute("FlinkDataSetMySQL");
    }

    public static final class LineSplitter implements FlatMapFunction<String, Tuple2<String, Integer>> {
        private static final long serialVersionUID = 1L;

        public void flatMap(String value,Collector<Tuple2<String,Integer>> out) {
            String[] tokens = value.toLowerCase().split(",");
            out.collect(new Tuple2<String, Integer>(tokens[2], 1));
        }
    }

    public static final class LineSplitter2 implements FlatMapFunction<String, Tuple2<String, Integer>> {
        private static final long serialVersionUID = 1L;

        public void flatMap(String value,Collector<Tuple2<String,Integer>> out) {
            String[] tokens = value.toLowerCase().split(",");
            out.collect(new Tuple2<String, Integer>(tokens[0], 1));
        }
    }
}
```

2. 打通离线计算流程

Flink DataSet 离线分析项目整合较为简单，上面已经完成了 Flink DataSet 项目应用开发，接下来只需要打通数据源到 Flink DataSet，然后 Flink DataSet 将离线分析结果入库即可。

（1）启动 MySQL 服务

Flink DataSet 离线分析新闻用户行为，最终处理结果需要存入 MySQL 数据库，所以首先需要启动 MySQL 数据库服务，具体操作如图 7-21 所示。

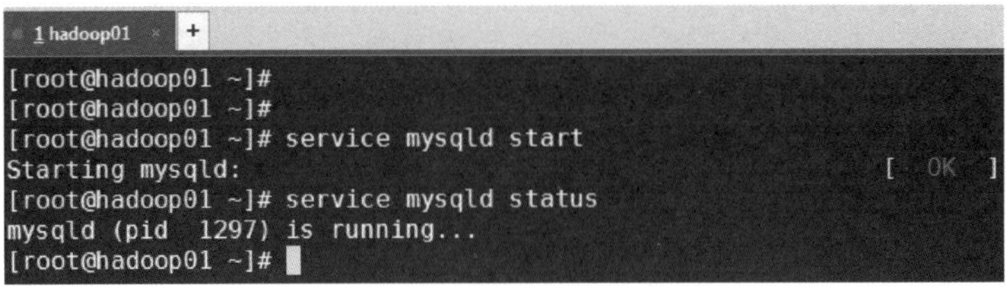

图 7-21　启动 MySQL 服务

（2）准备测试数据

将用户行为日志文件 sogoulogs.log 放在 Windows 的 D:\study\data\2020 目录下，作为 FlinkDataSet 应用的输入路径，具体文件如图 7-22 所示。

图 7-22　日志文件 sogoulogs.log

（3）启动 Flink DataSet 离线应用

为了测试方便，通过 IDEA 工具直接右击 FlinkDataSetMySQL 程序，在弹出的快捷菜单中选择 Run 即可本地运行 Flink DataSet 项目，具体操作如图 7-23 所示。当然也可以将 Flink DataSet 项目打包上传至 Flink 集群运行。

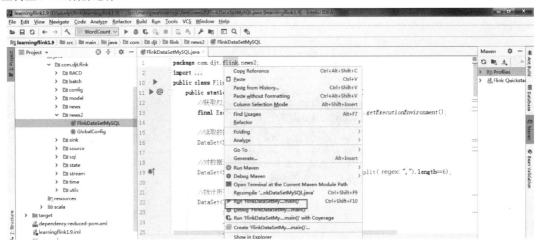

图 7-23　启动 Flink DataSet 项目

（4）查询分析结果

通过客户端打开 MySQL 数据库，查看结果表 newscount 和 periodcount 中的用户行为分析数据，如图 7-24 和图 7-25 所示。

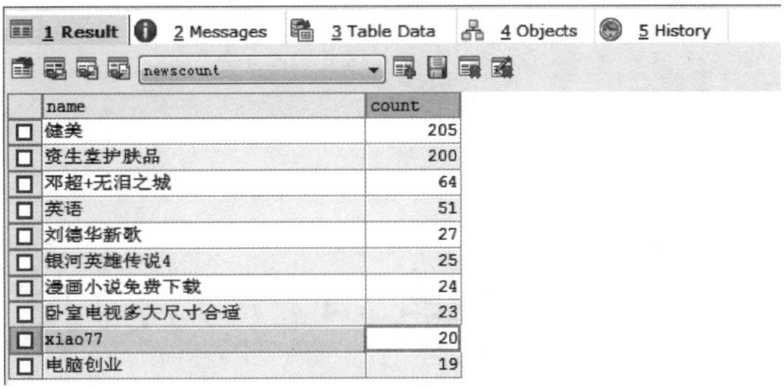

name	count
健美	205
资生堂护肤品	200
邓超+无泪之城	64
英语	51
刘德华新歌	27
银河英雄传说4	25
漫画小说免费下载	24
卧室电视多大尺寸合适	23
xiao77	20
电脑创业	19

图 7-24　查看 newscount 表中的数据

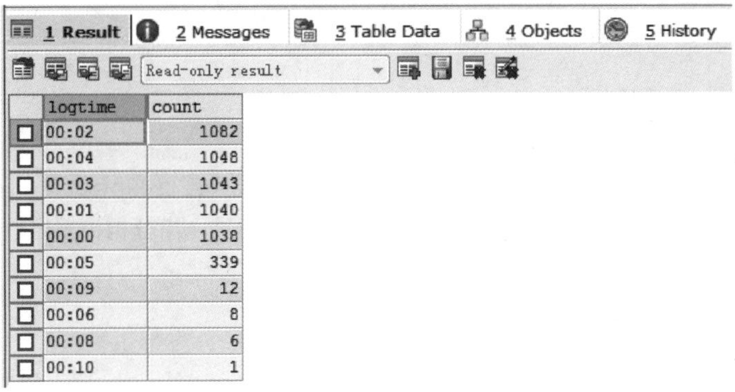

logtime	count
00:02	1082
00:04	1048
00:03	1043
00:01	1040
00:00	1038
00:05	339
00:09	12
00:06	8
00:08	6
00:10	1

图 7-25　查看 periodcount 表中的数据

如果上述操作没有问题，说明已经打通了 Flink DataSet 离线计算流程，完成了新闻项目用户行为的离线分析。

在离线计算流程中，Flink DataSet 批量读取用户日志数据并对用户行为进行离线分析，然后直接将分析结果批量写入 MySQL 业务表中，整个过程中一次性读取所有数据，然后输出统计分析结果。

7.5　本章小结

本章首先以 WordCount 案例快速入门 Flink，接着构建了 Flink 分布式集群，然后详细讲解了 Flink DataStream 实时计算并基于 Flink DataStream 对新闻项目用户行为进行了实时分析，最后介绍了 Flink DataSet 离线计算并基于 Flink DataSet 对新闻项目用户行为进行了离线分析，从而实现理论与实践相结合，读者可以快速掌握 Flink 流式计算框架。

第 8 章
用户行为数据可视化

学习目标

● 了解 Java Web 项目的构建流程。

● 熟悉数据大屏与分析。

大数据项目无论是采用离线分析还是实时分析，最终的成果需要展示给公司的决策部门或公司的用户。本章通过 Java Web 技术对用户行为数据进行展示，从而进一步分析挖掘出有价值的信息。

8.1 构建 Java Web 系统查询用户行为

前面章节已经打通了数据模拟生成、数据采集、数据存储、数据离线与实时处理以及结果数据入库各个环节，距离完整的大数据项目还差最后一步，即数据可视化，接下来将构建 Java Web 系统对数据进行可视化，查询分析用户行为。

8.1.1 基于 Java Web 的系统架构

基于 Java Web 技术进行项目开发可用的框架有很多，如 Spring、Struts2、Hibernate 等框架，这些框架所提供的一些功能本质上都是由 Servlet 扩展而来的，Servlet 是 Java EE 提供的标准。基于 Servlet 的 Java Web 系统架构采用目前比较流行的三层架构模式，包含表示层、模型层和控制层。

1. Java Web 简介

Java Web 技术其实就是使用 Java 语言开发基于互联网的项目。Java Web 技术的核心是 Servlet，各种 Web 框架的出现只是为了封装 Servlet，简化项目开发。如果想研究 Web 框架从头看源码，还是需要了解 Servlet 的实现。

当前比较流行的 Java Web 框架有很多种，比如 Hibernate、Struts2、Spring、Spring MVC、SpringBoot，这些框架的套路基本类似，帮用户隐藏很多关于 HTTP 协议细节的内容，让程序员专注于功能开发。但对于初学者来说，过早接触 Java Web 框架往往事倍功半，因为在项目开发的过程中，如果遇到一个同样的问题，换一种 Java Web 框架实现，可能需要从头开始研究。

2. Servlet 简介

Servlet 是一种独立于平台和协议的服务器端的 Java 技术，可以用来生成动态的 Web 页面。Servlet 主要用于处理客户端传来的 HTTP 请求，并返回一个响应。通常 Servlet 是指 HttpServlet，用于处理 HTTP 请求，能够处理的请求包含 doGet()、doPost()、service()等，在开发 Servlet 项目时，可以直接继承 javax.servlet.http.HttpServlet。

Java Servlet 是一个基于 Java 技术的 Web 组件，运行在服务器端，由 Servlet 容器管理，用于生成动态的内容。Servlet 是平台独立的 Java 类，编写一个 Servlet 实际上就是按照 Servlet 规范编写一个 Java 类。Servlet 被编译为平台独立的字节码，可以被动态地加载到支持 Java 技术的 Web 服务器中运行。

Servlet 容器（如 Tomcat）是 Web 服务器或应用程序服务器的一部分，用于在发送的请求和响应之上提供网络服务。Servlet 不能独立运行，必须被部署到 Servlet 容器中，由容器来实例化和调用 Servlet 的方法，Servlet 容器在 Servlet 的生命周期内管理 Servlet，如 Servlet 的创建、使用与销毁等。

3．Servlet 的工作原理

Servlet 容器处理 HTTP 请求包含以下两个过程。

（1）HTTP 请求的执行过程

1）客户端发出请求http://localhost:8080/xxx。

2）根据 web.xml 文件的配置找到<url-pattern>对应的<servlet-mapping>。

3）读取<servlet-mapping>中<servlet-name>的值。

4）找到<servlet-name>对应的<servlet-class>。

5）找到该 class 并加载执行该 class。

（2）Servlet 的执行过程

1）当收到请求后，Servlet 程序由 Web 服务器调用。

2）检查是否已装载并创建了该 Servlet 对象，如果没有则加载创建。

3）调用 Servlet 的 init()方法初始化实例。

4）调用 service() 方法，处理请求并返回响应结果。

5）在服务器被停止或重启之前，调用 destroy() 方法释放资源。

4．Java Web 的系统架构

用户行为查询的 Java Web 项目采用目前比较流行的 MVC 三层架构模式，如图 8-1 所示。

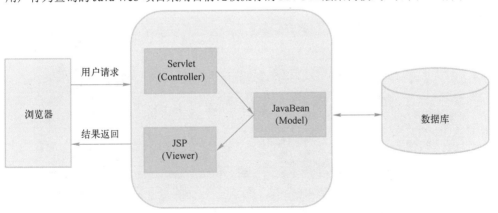

图 8-1　MVC 三层架构模式

如图 8-1 所示，JSP（JavaServer Pages）称为表示层 Viewer，展示用户返回的结果，JavaBean 承担事件逻辑被称为模型层 Model，Servlet 主要负责逻辑控制被称为控制层（Controller），从而构成了典型的 MVC（Model-View-Controller）三层架构模式。

MVC 清楚地划定了程序员与设计者角色的界限。让设计者集中于系统逻辑的设计，而程序员专注于应用程序的功能组件，提高了代码的复用率，大大提高了程序设计的效率。当然也增加了系统控制逻辑的复杂度。

Model 部分负责业务逻辑（JavaBean）；View 部分负责显示界面；Controller 负责与用户进行交互，接收用户的请求，调用 Model 操作数据库，选择相应的视图展现给用户。MVC 模式详细运行机制如图 8-2 所示。

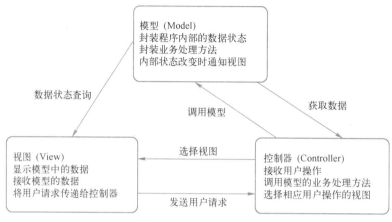

图 8-2　MVC 运行机制

8.1.2　构建并部署 Java Web 项目

前面已经介绍了 Servlet 工作原理，接下来基于 IDEA 开发工具创建 Java Web 项目并部署 Servlet 程序。

1. IDEA 构建 Java Web 项目

（1）构建 Java Web 项目

打开 IDEA 欢迎界面，选择 Create New Project 选项创建新项目，如图 8-3 所示。

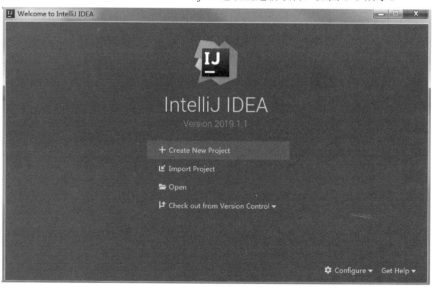

图 8-3　创建新项目

在弹出的界面中左侧选择 Maven，右侧选择 Project SDK，下面勾选 Create from archetype 并选择 maven-archetype-webapp 骨架创建 Java Web Maven 项目，具体操作如图 8-4 所示。

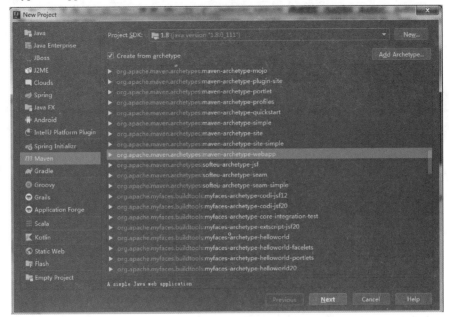

图 8-4　选择 Maven 骨架

单击 Next 按钮进入下一步，在弹出的界面中填写项目的 GroupId 和 ArtifactId，具体操作如图 8-5 所示。GroupId 是项目组织唯一的标识符，实际对应 JAVA 包的结构。ArtifactId 是项目的唯一的标识符，实际对应项目的名称。

图 8-5　配置 GroupId 和 ArtifactId

单击 Next 按钮进入下一步，在弹出的界面中配置 Maven，选择独立安装好的 Maven 路径，具体操作如图 8-6 所示。

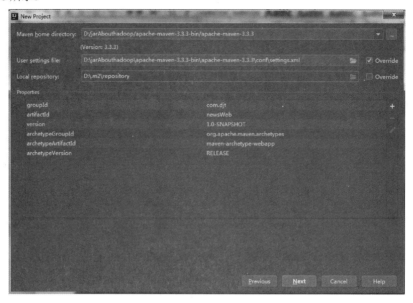

图 8-6　配置 Maven 路径

单击 Next 按钮进入下一步，在弹出的界面中填写项目名称和路径，具体操作如图 8-7 所示。

图 8-7　项目名称和路径

单击 Finish 按钮完成 newsWeb 项目的创建，项目界面如图 8-8 所示。

在 IDEA 导航栏中，选择 File 菜单→Project Structure 选项，进入项目结构如图 8-9 所示。

在 Project Structure 界面中，依次选择 Modules→newsWeb→Sources 选项，然后在 newsWeb 项目下的 main 目录上右击，创建 Java 文件夹，具体操作如图 8-10 和图 8-11 所示。

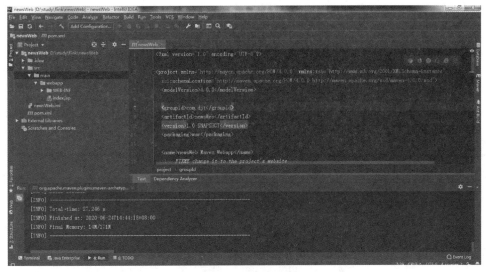

图 8-8　newsWeb 项目

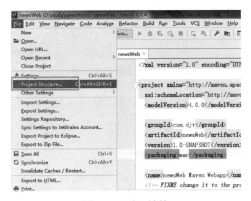

图 8-9　项目结构

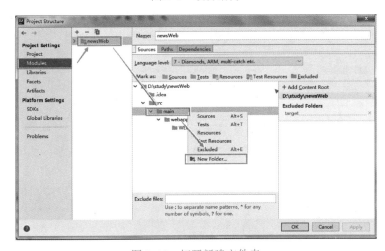

图 8-10　打开新建文件夹

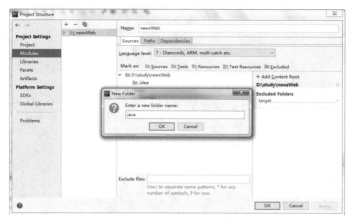

图 8-11　输入 java 目录名称

鼠标右击 java 目录，将 java 目录标记为 Sources 类型，具体操作如图 8-12 所示。

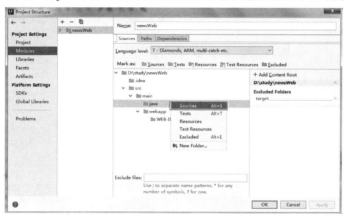

图 8-12　java 目录标记为 Sources 类型

同样的方式，再创建一个 resource 文件夹，并标记为 Resources 类型，具体操作如图 8-13 所示。

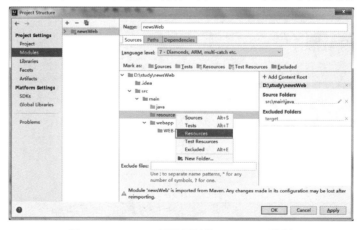

图 8-13　resource 目录标记为 Resources 类型

上述操作完成之后，newsWeb 项目最终的目录结构如图 8-14 所示。

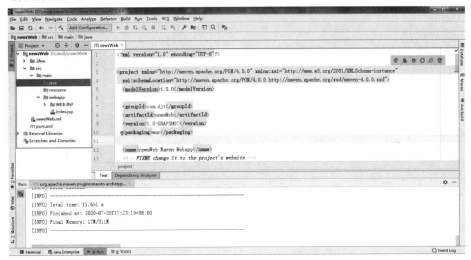

图 8-14　newsWeb 项目结构

（2）创建 Servlet

首先在 newsWeb 项目的 pom.xml 文件中引入 Servlet 需要的依赖，具体操作如图 8-15 所示。

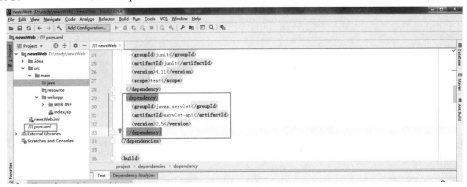

图 8-15　newsWeb 项目引入 Servlet 依赖

在 newsWeb 项目的 java 目录上右击，新建 com.djt.servlet 包名，编写 TestServlet 类继承 HttpServlet 实现 doPost 方法，详细代码如下所示。

```
import javax.servlet.ServletException;
import javax.servlet.http.HttpServlet;
import javax.servlet.http.HttpServletRequest;
import javax.servlet.http.HttpServletResponse;
import java.io.IOException;
import java.io.PrintWriter;

public class TestServlet extends HttpServlet {
    @Override
    protected void doGet(HttpServletRequest request, HttpServletResponse response) throws ServletException,
IOException {
```

```
                this.doPost(request, response);
        }

        @Override
        protected void doPost(HttpServletRequest request, HttpServletResponse response) throws ServletException,
IOException {
                response.setContentType("text/html;charset=utf-8");
                PrintWriter pw = response.getWriter();
                pw.write("My Servlet");
                pw.flush();
                pw.close();
        }
}
```

（3）配置 web.xml

需要将刚刚创建的 TestServlet 配置在 web.xml 文件中，才能被用户调用或访问，详细配置代码如下所示。

```
<!DOCTYPE web-app PUBLIC
 "-//Sun Microsystems, Inc.//DTD Web Application 2.3//EN"
 "http://java.sun.com/dtd/web-app_2_3.dtd" >

<web-app>
  <display-name>Archetype Created Web Application</display-name>

  <servlet>
    <servlet-name>TestServlet</servlet-name>
    <servlet-class>com.djt.servlet.TestServlet</servlet-class>
  </servlet>
  <servlet-mapping>
    <servlet-name>TestServlet</servlet-name>
    <url-pattern>/TestServlet</url-pattern>
  </servlet-mapping>
</web-app>
```

2．Tomcat 的安装与配置

由于 Java Web 项目需要部署运行在容器中，本项目的容器选择 Tomcat，所以首先需要安装并配置 Tomcat，这里选择 Tomcat7 版本进行安装配置。

（1）Tomcat 下载

首先需要在 Tomcat 官网（地址为 https://archive.apache.org/dist/tomcat/tomcat-7/）下载与操作系统相匹配的 Tomcat 版本，因为实验环境使用的是 64 位 Windows 系统，所以下载 apache-tomcat-7.0.103-windows-x64.zip 安装文件即可，如图 8-16 所示。

（2）Tomcat 安装

Tomcat 的安装非常简单，将下载好的 Tomcat 安装包直接解压即可，解压后的目录结构如图 8-17 所示。

（3）配置 Tomcat

在 IDEA 导航栏中，选中并单击 add Configuration 按钮，弹出 Run/Debug Configurations 界面，接着选择+→Tomcat Server→Local 选项，然后修改 Tomcat Server 的 Name 值，如图 8-18 所示。

Index of /dist/tomcat/tomcat-7/v7.0.103/bin

Name	Last modified	Size	Description
Parent Directory		-	
cmbed/	2020-03-19 17:19	-	
extras/	2020-03-19 17:19	-	
apache-tomcat-7.0.103-deployer.tar.gz	2020-03-16 09:12	2.2M	
apache-tomcat-7.0.103-deployer.tar.gz.asc	2020-03-16 09:12	849	
apache-tomcat-7.0.103-deployer.tar.gz.sha512	2020-03-16 09:12	167	
apache-tomcat-7.0.103-deployer.zip	2020-03-16 09:12	2.2M	
apache-tomcat-7.0.103-deployer.zip.asc	2020-03-16 09:12	849	
apache-tomcat-7.0.103-deployer.zip.sha512	2020-03-16 09:12	164	
apache-tomcat-7.0.103-fulldocs.tar.gz	2020-03-16 09:12	6.1M	
apache-tomcat-7.0.103-fulldocs.tar.gz.asc	2020-03-16 09:12	849	
apache-tomcat-7.0.103-fulldocs.tar.gz.sha512	2020-03-16 09:12	167	
apache-tomcat-7.0.103-windows-x64.zip	2020-03-16 09:12	10M	
apache-tomcat-7.0.103-windows-x64.zip.asc	2020-03-16 09:12	849	
apache-tomcat-7.0.103-windows-x64.zip.sha512	2020-03-16 09:12	167	

图 8-16　Tomcat 安装包

图 8-17　Tomcat 目录结构

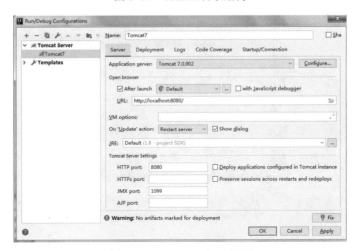

图 8-18　Tomcat Server 界面

在 Server 选项中，需要配置 Tomcat 服务的相关信息，具体操作如图 8-19 所示。

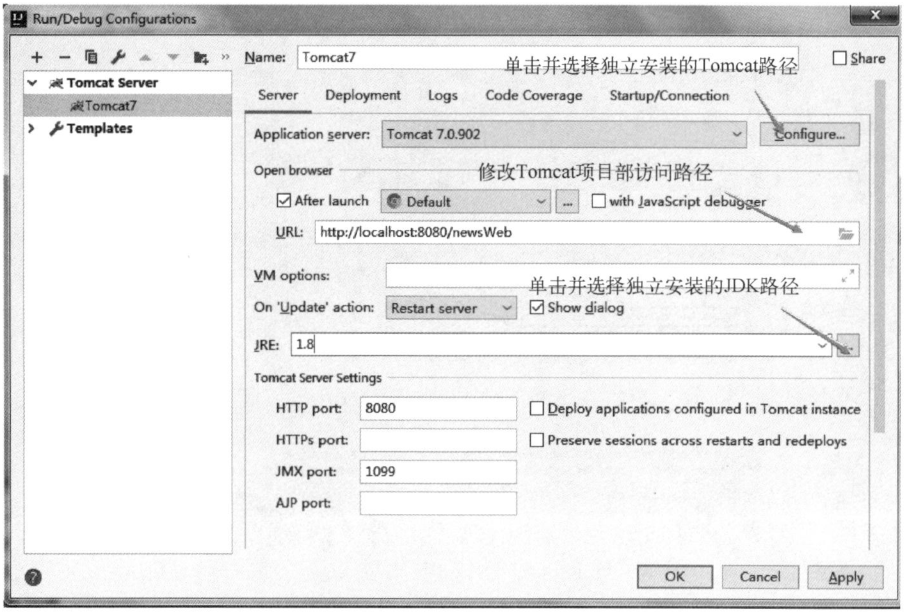

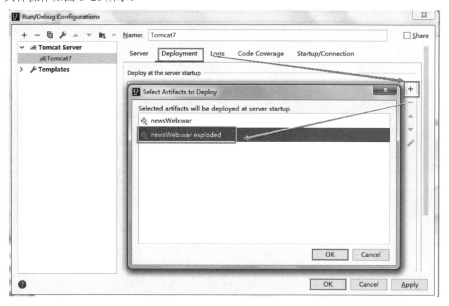

图 8-19　Tomcat Server 配置

选择 Deployment 选项，单击右侧加号按钮选择 Artifacts，然后选择 war exploded 选项对项目进行热部署，具体操作如图 8-20 所示。

图 8-20　项目热部署

（4）启动 Tomcat

在 IDEA 导航栏下侧，单击启动按钮启动 Tomcat 服务，具体操作如图 8-21 所示。

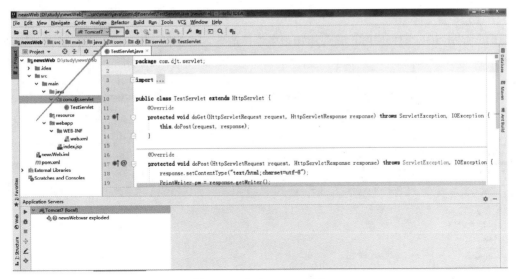

图 8-21　启动 Tomcat 服务

在浏览器中输入地址 http://localhost:8080/newsWeb/TestServlet，可以直接访问刚才创建的
TestServlet，具体结果如图 8-22 所示。

到这里为止，已经通过 IDEA 成功构建 Java
Web 项目（本书配套资源/第 8 章/8.1/代码），并部
署到 Tomcat 容器中。

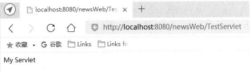

图 8-22　Servlet 返回结果

8.1.3　用户行为查询代码开发

前面已经构建了项目名称为 newsWeb 的 Java
Web 项目，接下来结合业务查询需求完成 newsWeb 项目的整体代码开发。

1. 添加项目依赖

因为项目需要访问 MySQL 数据库，所以需要引入 MySQL 依赖。读取 MySQL 数据之后，需要
将数据组装为 JSON 数据格式返回页面，所以还需要引入 JSON 依赖。在项目的 pom.xml 文件中添加
相关依赖，具体操作如图 8-23 所示。

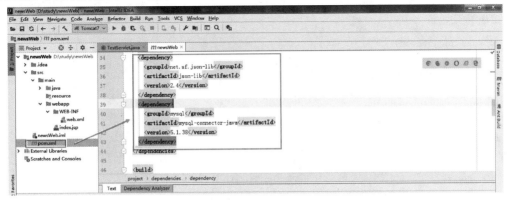

图 8-23　添加项目依赖

2．添加配置文件

在访问 MySQL 数据库时，需要添加很多连接配置，这里将 MySQL 相关配置参数添加到 my.properties 文件中进行管理，并将 my.properties 文件添加到 resource 资源目录下，具体操作如图 8-24 所示。

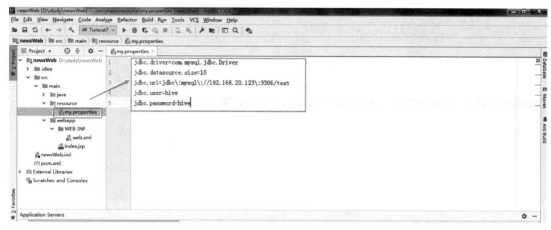

图 8-24　MySQL 连接配置

3．模型层代码开发

将连接 MySQL 数据库的属性值 key 封装到 Constants 类中，具体代码如下所示。

```
package com.djt.bean;

public class Constants {

    static String JDBC_DRIVER = "jdbc.driver";
    static String JDBC_DATASOURCE_SIZE = "jdbc.datasource.size";
    static String JDBC_URL = "jdbc.url";
    static String JDBC_USER = "jdbc.user";
    static String JDBC_PASSWORD = "jdbc.password";
}
```

编写工具类 ConfigurationManager，读取 my.properties 配置文件中 MySQL 数据库的配置参数，具体代码如下所示。

```
package com.djt.bean;

import java.io.IOException;
import java.io.InputStream;
import java.util.Properties;

public class ConfigurationManager {

    private static Properties prop = new Properties();
    static{
        InputStream in=ConfigurationManager.class.getClassLoader().getResourceAsStream ("my.properties");
        try {
```

```
            prop.load(in);
        } catch (IOException e) {
            // TODO Auto-generated catch block
            e.printStackTrace();
        }
    }

    public static String getProperty(String key){

        return prop.getProperty(key);
    }

    public static int getInteger(String key){
        return Integer.parseInt(prop.getProperty(key));
    }

    public static Long getLong(String key){
        String value = getProperty(key);
        return Long.parseLong(value);
    }
}
```

编写 JDBCHelper 类连接 MySQL 数据库并读取数据，具体代码如下所示。

```
package com.djt.bean;
import java.sql.Connection;
import java.sql.DriverManager;
import java.sql.PreparedStatement;
import java.sql.ResultSet;
import java.sql.SQLException;
import java.util.LinkedList;

public class JDBCHelper {

    //第 1 步：加载驱动
    static{

        try {
            ConfigurationManager.getProperty(Constants.JDBC_DRIVER);
            Class.forName("com.mysql.jdbc.Driver");
        } catch (ClassNotFoundException e) {
            // TODO Auto-generated catch block
            e.printStackTrace();
        }
    }

    //第 2 步：实现 JDBCHelper 的单例化
    private static JDBCHelper instance = null;

    public static JDBCHelper getInstance(){
        if(instance == null){
```

```
            synchronized (JDBCHelper.class){
                if(instance == null){
                    instance = new JDBCHelper();
                }
            }
        }
        return instance;
    }

    //第3步：创建数据库连接池
    private LinkedList<Connection> datasource = new LinkedList<Connection>();

    private JDBCHelper(){
        int size=ConfigurationManager.getInteger(Constants.JDBC_DATASOURCE_SIZE);
        for(int i = 0;i <size ;i++){
            String url = ConfigurationManager.getProperty(Constants.JDBC_URL);
            String user = ConfigurationManager.getProperty(Constants.JDBC_USER);
            String password=ConfigurationManager.getProperty(Constants.JDBC_PASSWORD);
            try {
                Connection conn=DriverManager.getConnection(url, user, password);
                datasource.push(conn);
            } catch (SQLException e) {
                // TODO Auto-generated catch block
                e.printStackTrace();
            }
        }
    }

    //第4步：提供获取数据库连接
    public synchronized Connection getConnection(){
        while(datasource.size() == 0){
            try {
                Thread.sleep(100);
            } catch (InterruptedException e) {
                // TODO Auto-generated catch block
                e.printStackTrace();
            }
        }
        return datasource.poll();
    }

    //第5步：执行查询 SQL 语句
    public synchronized void executeQuery(String sql,Object[] params,QueryCallback callback) throws
Exception{
        Connection conn = null;
        PreparedStatement pstmt = null;
        ResultSet rs = null;
        try {
            conn = getConnection();
            pstmt = conn.prepareStatement(sql);
            if(null !=params){
```

```
        for(int i=0;i<params.length;i++){
            pstmt.setObject(i+1, params[i]);
        }
    }
    rs = pstmt.executeQuery();
    callback.process(rs);
} catch (SQLException e) {
    // TODO Auto-generated catch block
    e.printStackTrace();
}finally{
    if(conn !=null){
        datasource.push(conn);
    }
}
    }

    public static interface QueryCallback{
        void process(ResultSet rs) throws Exception;
    }
}
```

4. 控制层代码开发

编写 NewsSvlt 类接收用户的访问请求，查询数据库用户行为数据，并将数据结果返回给访问页面，具体代码如下所示。

```
package com.djt.servlet;

import java.io.IOException;
import java.io.PrintWriter;
import java.sql.ResultSet;
import java.util.HashMap;
import java.util.Map;
import javax.servlet.ServletException;
import javax.servlet.http.HttpServlet;
import javax.servlet.http.HttpServletRequest;
import javax.servlet.http.HttpServletResponse;
import com.djt.bean.JDBCHelper;
import net.sf.json.JSONObject;

/**
 * Servlet implementation class NewsSvlt
 */
public class NewsSvlt extends HttpServlet {
    private static final long serialVersionUID = 1L;
    JDBCHelper jdbcHelper = JDBCHelper.getInstance();
    ResultSet rs = null;

    /**
     * @see HttpServlet#HttpServlet()
     */
    public NewsSvlt() {
```

```
                super();
                // TODO Auto-generated constructor stub
            }

            /**
             * @see HttpServlet#doGet(HttpServletRequest request, HttpServletResponse response)
             */
            protected void doGet(HttpServletRequest request, HttpServletResponse response) throws Servlet Exception,
IOException {
                // TODO Auto-generated method stub
                this.doPost(request, response);
            }

            /**
             * @see HttpServlet#doPost(HttpServletRequest request, HttpServletResponse response)
             */
            protected void doPost(HttpServletRequest request, HttpServletResponse response) throws ServletException,
IOException {
                // TODO Auto-generated method stub
                //总新闻话题数
                int newsCount = getNewsCount();
                Map<String, Object> newsRank = getNewsRank();
                Map<String, Object> periodRank = getPeriodRank();
                Map<String,Object> map = new HashMap<String,Object>();
                //新闻浏览量排行
                map.put("name", newsRank.get("name"));
                map.put("newscount", newsRank.get("count"));

                //新闻时段浏览量排行
                map.put("logtime", periodRank.get("logtime"));
                map.put("periodcount", periodRank.get("count"));

                //新闻话题总量
                map.put("newssum", newsCount);

                response.setContentType("text/html;charset=utf-8");
                PrintWriter pw = response.getWriter();
                pw.write(JSONObject.fromObject(map).toString());
                pw.flush();
                pw.close();
            }

            /**
             * 新闻曝光总量
             */
            public int getNewsCount(){
                String sql = "select count(1) from newscount";
                try {
                    ResultSet rs = getResultSet(sql);
```

```
                if(rs.next()){
                    return rs.getInt(1);
                }
        } catch (Exception e) {
            // TODO Auto-generated catch block
            e.printStackTrace();
        }
        return 0;
}

/**
 * 查询每条新闻浏览量排行榜
 */
public Map<String,Object> getNewsRank(){
        Map<String,Object> map = new HashMap<String,Object>();
        String[] names = new String[10];
        String[] counts = new String[10];
        String sql="select name,count from newscount order by count desc limit 10";
        try {
            ResultSet rs =getResultSet(sql);
            int i = 0;
            while(rs.next()){
                String name = rs.getString("name");
                String count = rs.getString("count");
                names[i] = name;
                counts[i] = count;
                ++i;
            }
            map.put("name", names);
            map.put("count", counts);
        } catch (Exception e) {
            // TODO Auto-generated catch block
            e.printStackTrace();
        }
        return map;
}

/**
 * 查询时段新闻浏览量排行榜
 * @return
 */
public Map<String,Object> getPeriodRank(){
        Map<String,Object> map = new HashMap<String,Object>();
        String[] logtimes = new String[10];
        String[] counts = new String[10];
        String sql = "select logtime,count from periodcount order by count desc limit 10";
        try {
            ResultSet rs =getResultSet(sql);
            int i = 0;
            while(rs.next()){
```

```java
                String logtime = rs.getString("logtime");
                String count = rs.getString("count");
                logtimes[i] = logtime;
                counts[i] = count;
                ++i;
            }
            map.put("logtime", logtimes);
            map.put("count", counts);
        } catch (Exception e) {
            // TODO Auto-generated catch block
            e.printStackTrace();
        }
        return map;
    }


    /**
     * 返回 ResultSet 对象
     */


    public ResultSet getResultSet(String sql) throws Exception{
        jdbcHelper.executeQuery(sql, null, new JDBCHelper.QueryCallback() {

            @Override
            public void process(ResultSet rs1) throws Exception {
                // TODO Auto-generated method stub
                rs = rs1;
            }
        });
        return rs;
    }
}
```

在项目的 web.xml 文件中注册 NewsSvlt 实例，具体操作如图 8-25 所示。

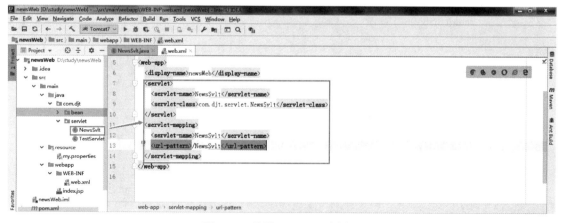

图 8-25　注册 NewsSvlt 实例

5．视图层代码开发

在项目的 webapp 目录下新建 js 文件夹，然后在 js 文件中添加 jquery-3.2.1.js 和 echarts.min.js 文件，具体操作如图 8-26 所示。jQuery 是一个 JavaScript 库，用于简化 JavaScript 代码和 HTML 元素之间的交互，让网站具有交互性和动态性。Echarts 是一个商业级的、纯 JavaScript 的图表库，可以为前端开发提供一个直观、生动、可交互、可高度个性化定制的数据可视化图表。

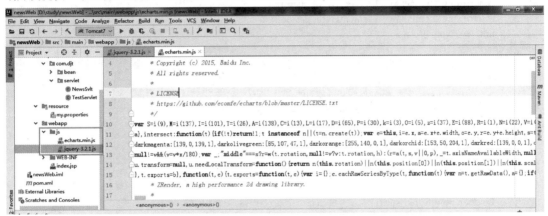

图 8-26　项目引入 js 文件

在项目的 webapp 目录下新建 jsp 文件夹，然后在 jsp 文件中新建 news.jsp 文件，具体代码如下所示。news.jsp 文件利用 jQuery 技术异步提交用户请求，访问数据库，然后动态地创建网页，使用 Echarts 技术大屏展示用户行为数据。

```
<%@ page language="java" import="java.util.*" pageEncoding="UTF-8"%>
<%
String path = request.getContextPath();
String basePath = request.getScheme()+"://"+request.getServerName()+":"+request. getServerPort()+path+"/";
%>

<!DOCTYPE html>
<html lang="en">
<head>
    <meta charset="UTF-8">
    <title>Title</title>
    <script src="http://localhost:8080/newsWeb/js/echarts.min.js"></script>
    <script src="http://localhost:8080/newsWeb/js/jquery-3.2.1.js"></script>
</head>
<body>

<div>
    <div id="main" style="width:700px;height: 420px;float:left;">one</div>
    <div id="sum" style="width:730px;height: 420px;float:left;">two</div>
    <div id="period" style="width:1430px;height: 250px;float:left;">three</div>
</div>
<script type="text/javascript">
var myChart = echarts.init(document.getElementById('main'));
```

```
var myChart_sum = echarts.init(document.getElementById('sum'));
var myChart_period=echarts.init(document.getElementById('period'));
$(document).ready(function(){
    initNewsNum();
    setInterval(function() {
    echarts.init(document.getElementById('sum'));
    echarts.init(document.getElementById('main'));
    echarts.init(document.getElementById('period'));
    initNewsNum();
}, 5000);
});
    function initNewsNum(){
        var action = "<%=path%>/NewsSvlt";
        var $data = $.ajax({url:action, async:false}).responseText;
        var sd = eval('('+$data+')')
        newsRank(sd);
        newsSum(sd.newssum);
        periodRank(sd);
    }
    function newsRank(json){

        var option = {
            backgroundColor: '#ffffff',//背景色
            title: {
                text: '新闻话题浏览量【实时】排行',
                subtext: '数据来自搜狗',
                textStyle: {
                    fontWeight: 'normal',                //标题颜色
                    color: '#408829'
                },
            },
            tooltip: {
                trigger: 'axis',
                axisPointer: {
                    type: 'shadow'
                }
            },
            legend: {
                data: ['浏览量']
            },
            grid: {
                left: '3%',
                right: '4%',
                bottom: '3%',
                containLabel: true
            },
            xAxis: {
                type: 'value',
                boundaryGap: [0, 0.01]
            },
```

```
        yAxis: {
              type: 'category',
              data:json.name
        },
        series: [
              {
                     name: '浏览量',
                     type: 'bar',
                     label: {
                            normal: {
                                   show: true,
                                   position: 'insideRight'
                            }
                     },
                     itemStyle:{ normal:{color:'#f47209',size:'50px'} },
                     data: json.newscount
              }

        ]
    };
    myChart.setOption(option);

}


function newsSum(data){

    var option = {
        backgroundColor: '#fbfbfb',//背景色
        title: {
              text: '新闻话题曝光量【实时】统计',
              subtext: '数据来自搜狗'
        },


        tooltip : {
              formatter: "{a} <br/>{b} : {c}%"
        },
        toolbox: {
              feature: {
                     restore: {},
                     saveAsImage: {}
              }
        },
        series: [
              {
                     name: '业务指标',
                     type: 'gauge',
                     max:50000,
                     detail: {formatter:'{value}个话题'},
```

```
                    data: [{value: 50, name: '话题曝光量'}]
                }
            ]
        };

        option.series[0].data[0].value = data;
        myChart_sum.setOption(option, true);

}

function periodRank(json){
    option = {
        backgroundColor: '#ffffff',//背景色
        color: ['#00FFFF'],
        tooltip : {
            trigger: 'axis',
            axisPointer : {                 //坐标轴指示器，坐标轴触发有效
                type : 'shadow'            //默认为直线，可选为'line' | 'shadow'
            }
        },
        grid: {
            left: '3%',
            right: '4%',
            bottom: '3%',
            containLabel: true
        },
        xAxis : [
            {
                type : 'category',
                data : json.logtime,
                axisTick: {
                    alignWithLabel: true
                }
            }
        ],
        yAxis : [
            {
                type : 'value'
            }
        ],
        series : [
            {
                name:'新闻话题曝光量',
                type:'bar',
                barWidth: '60%',
                data:json.periodcount
            }
        ]
    };
    myChart_period.setOption(option, true);
```

```
    }
  </script>
  </body>
  </html>
```

到这里为止，已经完成了 Java Web 项目的模型层、控制层和视图层的代码开发，接下来对 Java Web 项目打包部署，对用户行为数据进行大屏展示与分析。

8.2　用户行为数据展示与分析

前面已经完成了 newsWeb 项目的开发工作，接下来先对 newsWeb 项目进行打包部署，然后打通大数据项目端到端的完整流程，最后展示用户行为数据并进行分析。

8.2.1　项目打包发布

Java Web 项目的打包部署也比较简单，在 IDEA 中，可以先使用 package 工具直接对 newsWeb 项目进行打包，然后将项目部署到 Tomcat 中启动运行。

1. Java Web 项目打包

在 IDEA 界面右侧单击 Maven 按钮，选择 Lifecycle→package 选项，然后双击 package 对项目进行打包，具体操作如图 8-27 所示。

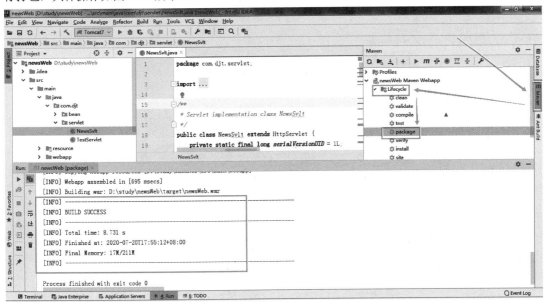

图 8-27　Web 项目打包

项目打包成功之后，在项目的 target 目录下可以找到 newsWeb.war 包，如图 8-28 所示。

2. Java Web 项目部署

将打好的 newsWeb.war 包复制到 Tomcat 的 webapps 目录下，具体操作如图 8-29 所示。

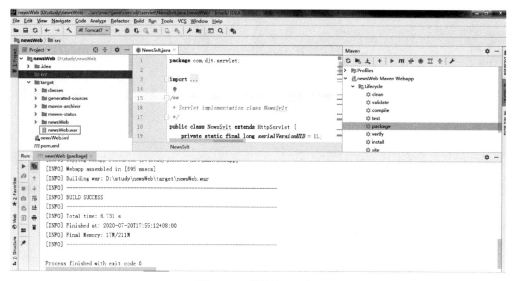

图 8-28　项目的 war 包

名称	修改日期	类型	大小
docs	2020/3/16 8:35	文件夹	
examples	2020/3/16 8:35	文件夹	
host-manager	2020/3/16 8:35	文件夹	
manager	2020/3/16 8:35	文件夹	
ROOT	2020/3/16 8:35	文件夹	
newsWeb.war	2020/6/24 19:09	WAR 文件	2,535 KB

图 8-29　Tomcat 部署项目的 war 包

然后在 Tomcat 的 bin 目录下，双击 startup.bat 文件启动 Tomcat 服务，具体操作如图 8-30 所示。

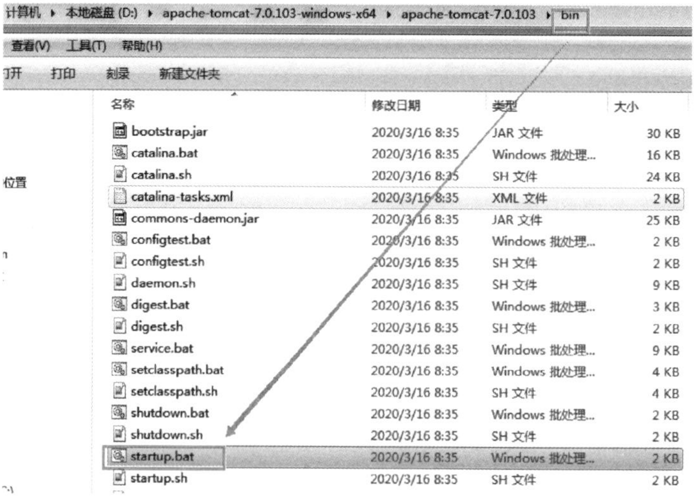

计算机 ▸ 本地磁盘 (D:) ▸ apache-tomcat-7.0.103-windows-x64 ▸ apache-tomcat-7.0.103 ▸ bin

名称	修改日期	类型	大小
bootstrap.jar	2020/3/16 8:35	JAR 文件	30 KB
catalina.bat	2020/3/16 8:35	Windows 批处理...	16 KB
catalina.sh	2020/3/16 8:35	SH 文件	24 KB
catalina-tasks.xml	2020/3/16 8:35	XML 文件	2 KB
commons-daemon.jar	2020/3/16 8:35	JAR 文件	25 KB
configtest.bat	2020/3/16 8:35	Windows 批处理...	2 KB
configtest.sh	2020/3/16 8:35	SH 文件	2 KB
daemon.sh	2020/3/16 8:35	SH 文件	9 KB
digest.bat	2020/3/16 8:35	Windows 批处理...	3 KB
digest.sh	2020/3/16 8:35	SH 文件	2 KB
service.bat	2020/3/16 8:35	Windows 批处理...	9 KB
setclasspath.bat	2020/3/16 8:35	Windows 批处理...	4 KB
setclasspath.sh	2020/3/16 8:35	SH 文件	4 KB
shutdown.bat	2020/3/16 8:35	Windows 批处理...	2 KB
shutdown.sh	2020/3/16 8:35	SH 文件	2 KB
startup.bat	2020/3/16 8:35	Windows 批处理...	2 KB
startup.sh	2020/3/16 8:35	SH 文件	2 KB

图 8-30　启动 Tomcat 服务

在浏览器中输入地址 http://localhost:8080/newsWeb/jsp/news.jsp，可以在屏幕上展示用户行为数据，具体结果如图 8-31 所示。

图 8-31　项目可视化页面

因为目前数据库中没有用户行为数据，所以可视化页面数据为空。

8.2.2　项目整体联调

到本小节为止，已经完成了整个大数据项目开发流程，包含数据的采集、存储与交换、离线分析、实时分析以及大屏展示。接下来以 Flink 实时分析的数据流程为例，打通整个项目。

1. 启动 MySQL 服务

Flink 实时统计新闻用户行为数据，最终结果需要存入 MySQL 数据库，所以首先需要启动 MySQL 数据库服务，具体操作如图 8-32 所示。

图 8-32　启动 MySQL 服务

2. 启动 Zookeeper 服务

因为 Kafka 集群依赖于 Zookeeper 提供协调服务，所以需要先启动 Zookeeper 集群服务，具体操作如图 8-33 所示。

3. 启动 Kafka 集群

Flink DataStream 需要实时消费 Kafka 集群数据，所以需要启动 Kafka 集群服务，具体操作如图 8-34 所示。

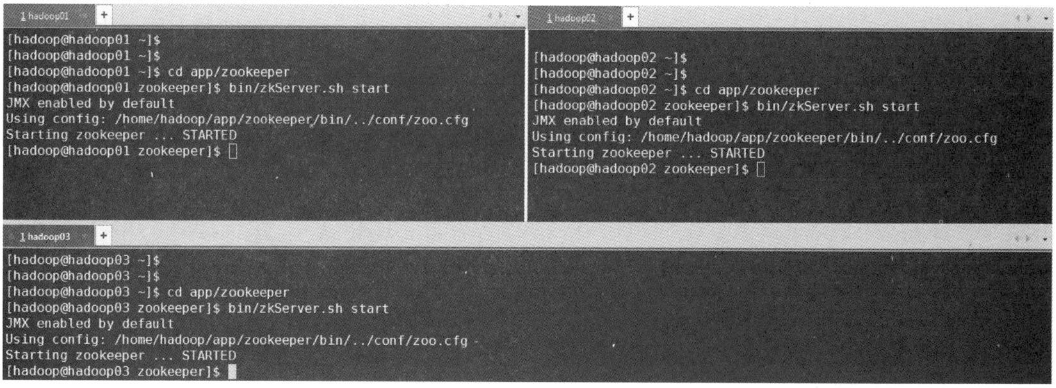

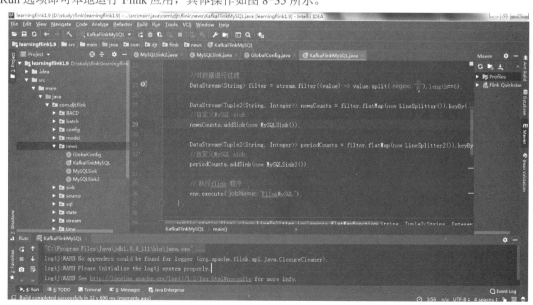

图 8-33 启动 Zookeeper 服务

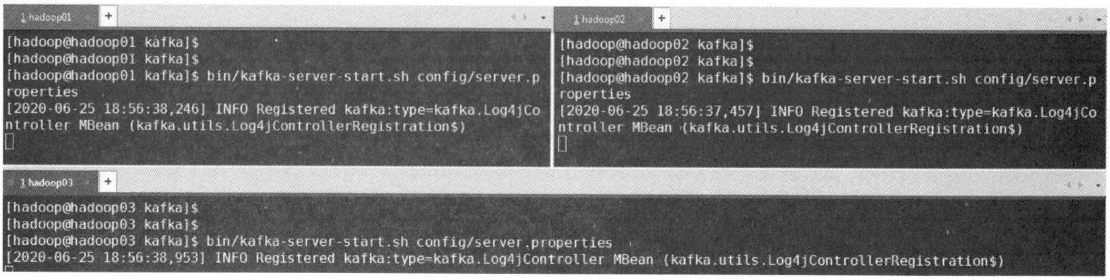

图 8-34 启动 Kafka 集群服务

4. 启动 Flink 实时应用

为了调试方便，直接通过 IDEA 工具右击 KafkaFlinkMySQL 代码区，在弹出的快捷菜单中选择 Run 选项即可本地运行 Flink 应用，具体操作如图 8-35 所示。

图 8-35 启动 Flink 应用

5. 启动 Flume 聚合节点服务

进入 /home/hadoop/app/flume 目录，在 hadoop02 和 hadoop03 节点上分别启动 Flume 服务，具体操作如图 8-36 所示。

图 8-36　启动 Flume 聚合节点服务

6. 启动 Flume 采集节点服务

进入 /home/hadoop/app/flume 目录，在 hadoop01 节点上启动 Flume 服务，具体操作如图 8-37 所示。

图 8-37　启动 Flume 采集节点服务

7. 模拟产生数据

进入 /home/hadoop/shell/bin 目录，在 hadoop01 节点直接执行 sogoulogs.sh 脚本，即可模拟实时产生新闻用户行为日志，具体操作如图 8-38 所示。

图 8-38　模拟产生数据

8. 查看 MySQL 数据库

在 hadoop01 节点登录 MySQL 数据库，查看 newscount 和 periodcount 表中的数据，具体操作如下所示。

```
mysql> use test;
Reading table information for completion of table and column names
```

You can turn off this feature to get a quicker startup with -A

```
Database changed
mysql> show tables;
+----------------+
| Tables_in_test |
+----------------+
| newscount      |
| periodcount    |
| user           |
+----------------+
3 rows in set (0.00 sec)

mysql> select * from newscount order by count desc limit 10;
+----------------------------+-------+
| name                       | count |
+----------------------------+-------+
|健美                        |   205|
|资生堂护肤品                |  2 00|
|邓超+无泪之城               |   64 |
|英语                        |   51|
|刘德华新歌                  |   27 |
|银河英雄传说 4              |   25 |
|漫画小说免费下载            |   24|
|卧室电视多大尺寸合适        |   23 |
| xiao77                     |   20 |
|电脑创业                    |   19 |
+----------------------------+-------+
10 rows in set (0.00 sec)

mysql> SELECT SUBSTR(logtime,1,5) as logtime,sum(count) as count from periodcount group by
SUBSTR(logtime,1,5) order by sum(count) desc limit 10;
+-------------+-------+
| logtime     | count |
+-------------+-------+
| 00:02       |  1082|
| 00:04       |  1048|
| 00:03       |  1043|
| 00:01       |  1040|
| 00:00       |  1038|
| 00:05       |  339 |
| 00:09       |  12  |
| 00:06       |  8   |
| 00:08       |  6   |
| 00:10       |  1   |
+-------------+-------+
10 rows in set (0.00 sec)
```

　　从 MySQL 数据库查询结果可以看出，新闻用户行为日志经过大数据的处理，分析结果已经成功写入 MySQL 数据库。

8.2.3 数据大屏展示与用户行为分析

上一个小节，基于 Flink 流处理完成了项目从数据采集到入库的整体联调，接下来通过 Tomcat 启动 Web 项目对数据进行查询展示并对用户行为进行分析。

1. 启动 Tomcat 服务

在 Tomcat 的 bin 目录下，双击 startup.bat 文件启动 Tomcat 服务，具体操作如图 8-39 所示。

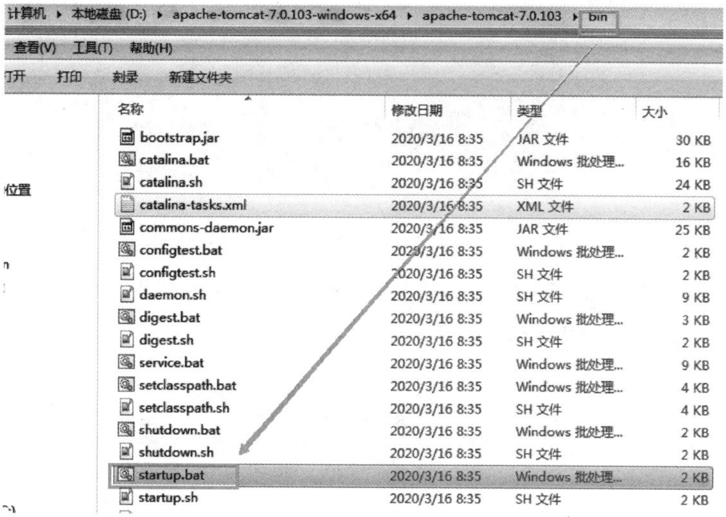

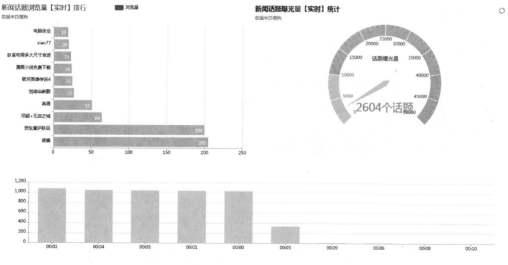

图 8-39 启动 Tomcat 服务

在浏览器中输入地址 http://localhost:8080/newsWeb/jsp/news.jsp，可以大屏展示新闻用户行为数据，具体结果如图 8-40 所示。

图 8-40 项目可视化页面

2. 新闻用户行为分析

可以实时展示排名前 10 的新闻话题，可以做舆情监控，实时了解当前热门话题，如图 8-41 所示。

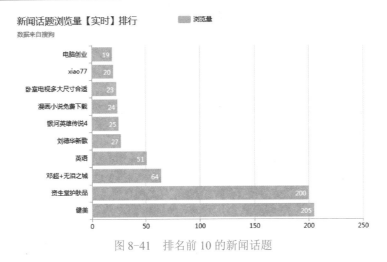

图 8-41　排名前 10 的新闻话题

如图 8-42 所示，可以实时展示新闻话题总量，可以实时了解当前的用户活跃度。

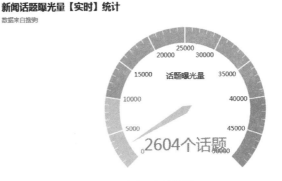

图 8-42　新闻话题总量

可以展示每个时段（可以按小时或分钟划分）的新闻话题量，可以分析出每天哪些时段用户最活跃，如图 8-43 所示。

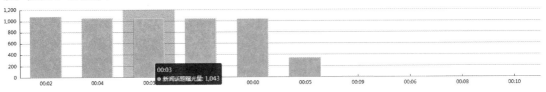

图 8-43　各个时段新闻话题量

8.3　本章小结

本章节先讲解了 Java Web 系统架构及运行机制，然后通过 IDEA 构建并部署了 Java Web 工程，接着按照系统架构实现了三层模型具体功能，完成了 Java Web 项目整体开发并对 Java Web 项目打包部署，最后实现了项目整体联调，打通了大数据项目整个流程，实现了数据的大屏展示与用户行为分析。